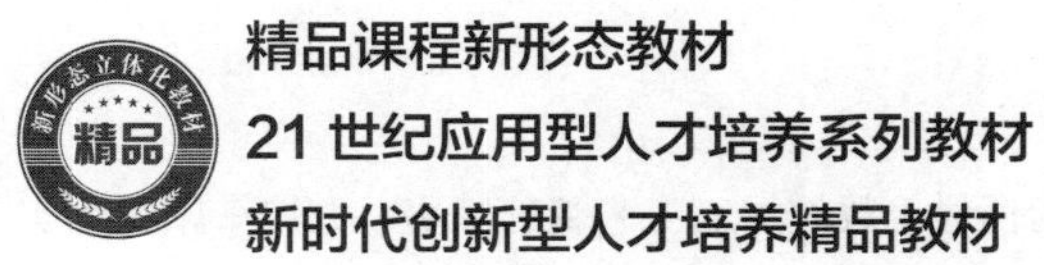

精品课程新形态教材
21 世纪应用型人才培养系列教材
新时代创新型人才培养精品教材

数控加工技术

主　编　黄庆专
副主编　程志杰　李燕玉　伊艺琼

西北工業大學出版社
·西　安·

【内容简介】 本书课程包括：数控机床典型结构模块、数控加工工艺基础模块、数控车床编程实务模块、数控铣床编程要点模块、电火花线切割编程模块、数控加工自动编程模块等内容。各不同专业学习侧重不同，以保证“管用、够用、适用”。通过本课程学习，可为学生日后的专业学习或工作打好基础。

本书适合高等院校学生学习。

图书在版编目（CIP）数据

数控加工技术 / 黄庆专主编. -- 西安 : 西北工业大学出版社, 2015. 1（2025. 8 重印）

ISBN 978-7-5612-4267-4

Ⅰ. ①数… Ⅱ. ①黄… Ⅲ. ①数控机床-加工 Ⅳ. ①TG659

中国版本图书馆 CIP 数据核字（2015）第 014020 号

SHUKONG JIAGONG JISHU

数 控 加 工 技 术

责任编辑：王红英　　**策划编辑**：付高明

责任校对：付高明　　**装帧设计**：尤 岛

出版发行：西北工业大学出版社

通信地址：西安市友谊西路 127 号　　邮编：710072

电　　话：（029）88491757，88493844

网　　址：www. nwpup. com

印 刷 者：河北鹏远艺兴科技有限公司

开　　本：787 mm×1 092 mm　　1/16

印　　张：15

字　　数：330 千字

版　　次：2015 年 1 月第 1 版　　2025 年 8 月第 4 次印刷

书　　号：ISBN 978-7-5612-4267-4

定　　价：39. 50 元

前　言

数控加工技术课程是机械制造类专业（包括数控技术专业、机械制造及自动化专业、机械设计与制造专业、模具设计与制造专业）、机电类专业（机电一体化技术专业）学生学习数控技术知识的一门专业基础课，且是必修课。党的二十大报告中指出：“加强基础学科、新兴学科、交叉学科建设，加快建设中国特色、世界一流的大学和优势学科”。

2009 年 4 月以来，该课程以“数控加工技术模块式教学改革”为课题申请获批了院级教改课题。结合学院现有的数控教学设备（数控车床、加工中心、电火花线切割机床、仿真系统、CAXA 教学软件等），在机电系与实训教学中心大力支持下，通过课题组成员的努力，编写了这本《数控加工技术》模块式教学教材，以推进本课程的模块式教学改革。2011 年，本书第一次修订。2012 年，以数控编程与加工操作院级精品课程建设为契机，进行了第二次修订。

本书课程包括：数控机床典型结构模块、数控加工工艺基础模块、数控车床编程实务模块、数控铣床编程要点模块、电火花线切割编程模块、数控加工自动编程模块等内容。各不同专业学习侧重不同，以保证“管用、够用、适用”。通过本课程学习，可为学生日后的专业学习或工作打好基础。

由于水平有限，本书内容难免存在纰漏，请读者不吝批评指正。

此外，编者还为广大一线教师提供了服务于本教材的教学资源库，有需要者可致电 13810923652 或发邮件至 1173355836@qq.com 获取。

编　者

前言

目录 Contents

模块一　数控机床典型结构

模块导读

（1）了解数控机床组成、分类。
（2）熟悉数控机床的工作原理及主要性能指标。
（3）会判断数控机床的坐标系。
（4）了解数控机床的主要性能指标。
（5）数控机床传动系统结构组成及其控制。
（6）数控机床的传动系统元件工作原理。
（7）数控车床、加工中心自动换刀装置及工作原理。
（8）数控机床典型液压系统构成及其控制原理。
（9）了解常用数控系统及其特点。

任务一　认识数控机床

数控机床的定义：其定义有许多种，具体讲，把数字化了的刀具移动轨迹的信息输入到数控装置，经过译码、运算，从而控制刀具与工件相对运动，加工出所需要的零件的机床。

一、数控机床结构组成及工作原理

1．数控机床组成

图 1-1 为数控机床外形。数控机床主要由控制介质、数控装置、伺服系统、机床本体和辅助部分等五大部分组成。如图 1-2 所示。

图 1-1　数控机床 CK6136 外形

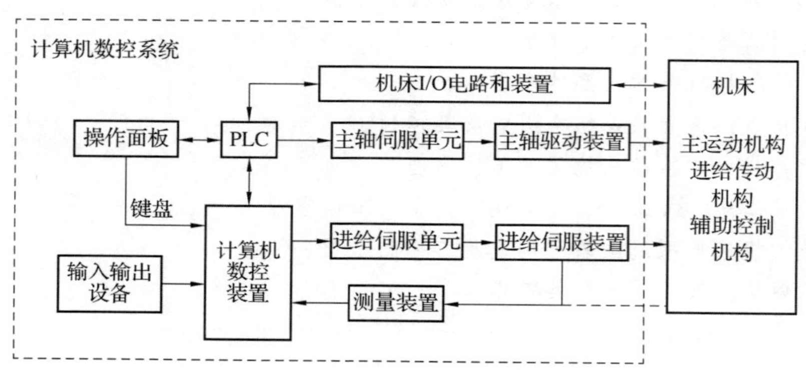

图 1-2　数控机床的组成

（1）控制介质。数控机床工作时，不需要操作工人直接操纵机床，但机床又必须执行人的意图，这就需要在人与机床之间建立某种联系，这种联系的中间媒介物即称为控制介质。

（2）数控系统。数控装置是一种控制系统，是数控机床的中心环节。它能自动阅读输入载体上事先给定的数字，并将其译码，从而使机床进给并加工零件，数控系统通常由输入装置、控制器、运算器和输出装置四大部分组成。

（3）伺服系统。伺服系统由伺服驱动电动机和伺服驱动装置组成，它是数控系统的执行部分。伺服系统接受数控系统的指令信息，并按照指令信息的要求带动机床的移动部件运动或执行部分动作，以加工出符合要求的工件。每一个脉冲使机床移动部件产生的位移量叫做脉冲当量。目前所使用的数控系统脉冲当量通常为 0.001mm/脉冲。

（4）机床本体。机床本体是数控机床的主体，由机床的基础大件（床身、底座）和各运动部件（工作台、床鞍、主轴等）所组成。如图 1-3 所示。

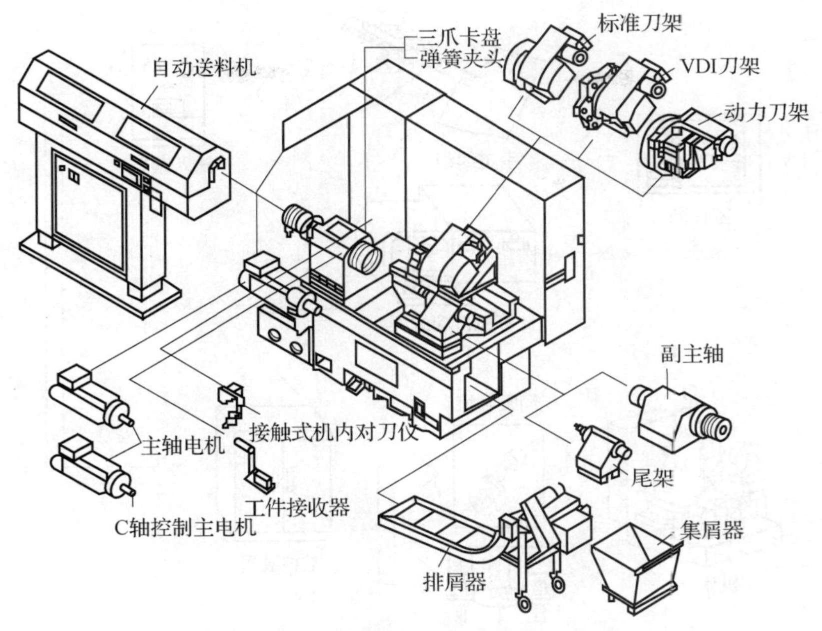

图 1-3　典型数控车床的机械结构组成

(5) 辅助控制系统。辅助控制系统是介于数控装置和机床机械、液压部件之间的强电控制装置。

结合上述图 1-1 数控车床的外形，认真分析图 1-3 所示的典型数控车床的机械结构组成。

2. 数控机床工作原理

数控机床的加工过程，如图 1-4 所示。图 1-5 为数控机床的工作原理图，按照零件加工的技术要求和工艺要求，编写零件的加工程序，然后将加工程序输入到数控装置，通过数控装置控制机床的主轴运动、进给运动、更换刀具、工件的夹紧与松开、润滑泵的开与关，使刀具、工件和其他辅助装置严格按照加工程序规定的顺序、轨迹和参数进行工作，从而加工出符合图纸要求的零件。

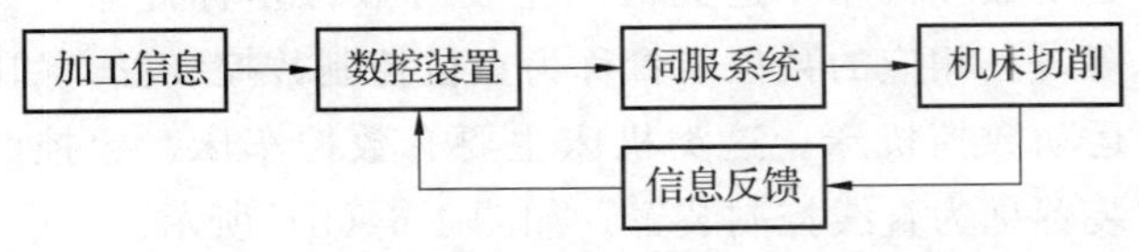

图 1-4　数控机床的加工过程

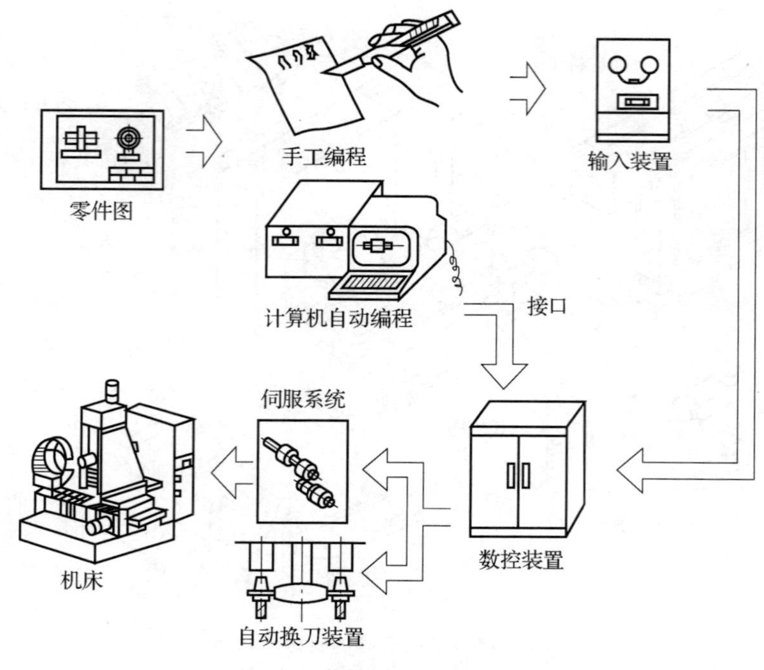

图 1-5　数控机床的工作原理

二、 数控机床分类

1. 按数控机床加工原理分类

（1）普通数控机床。

（2）特种加工数控机床。特种加工数控机床如数控线（电极）切割机床、数控电火花加工机床、火焰切割机床和数控激光切割机床等。

2. 按数控机床运动轨迹分类

（1）点位控制运动数控机床。这类机床主要有数控坐标镗床、数控钻床、数控点焊机和数控折弯机等，其相应的数控装置称为点位控制数控装置。如图 1-6（a）所示。

（2）直线控制运动数控机床。这类机床主要有数控车床、数控磨床和数控镗铣床等，其相应的数控装置称为直线控制装置。如图 1-6（b）所示。

（3）连续（轮廓）控制运动数控机床。属于这类机床的有数控车床、数控铣床、加工中心等。其相应的数控装置称为轮廓控制装置。轮廓数控装置比点位、直线控制装置结构复杂得多，功能齐全得多。如图 1-6（c）所示。

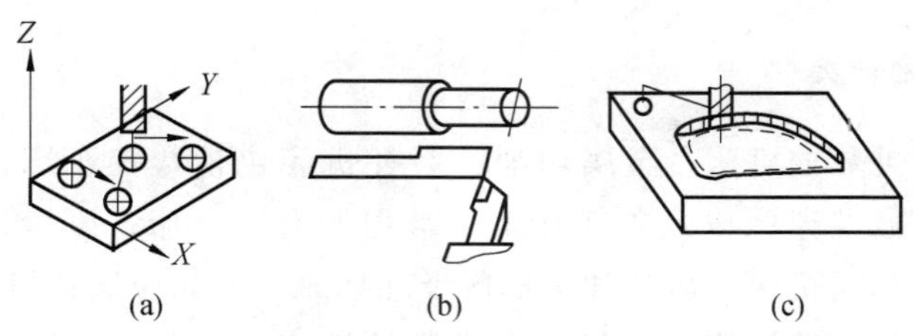

图 1-6　数控系统控制方式

3．按进给伺服系统控制方式分类

（1）开环控制系统数控机床。如图 1-7 所示，开环进给伺服系统通常不带有位置检测元件，伺服驱动元件一般为步进电动机。

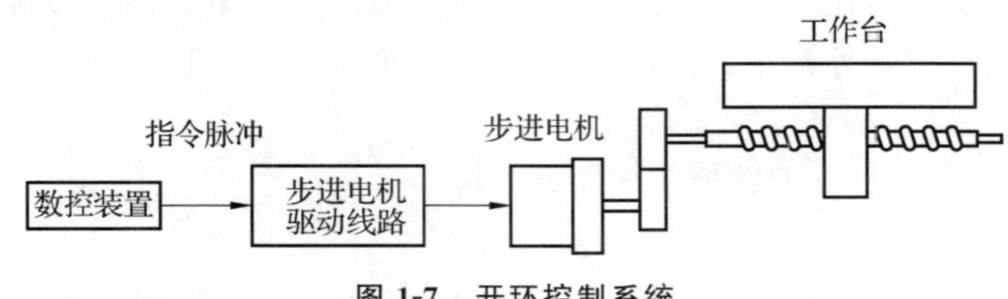

图 1-7　开环控制系统

（2）闭环控制系统数控机床。闭环进给控制系统带有位置检测元件，随时可以检测出工作台的实际位移，并反馈给数控装置，并与设定的指令值进行比较，利用其差值控制伺服电动机，直至差值为零为止，如图 1-8 所示。

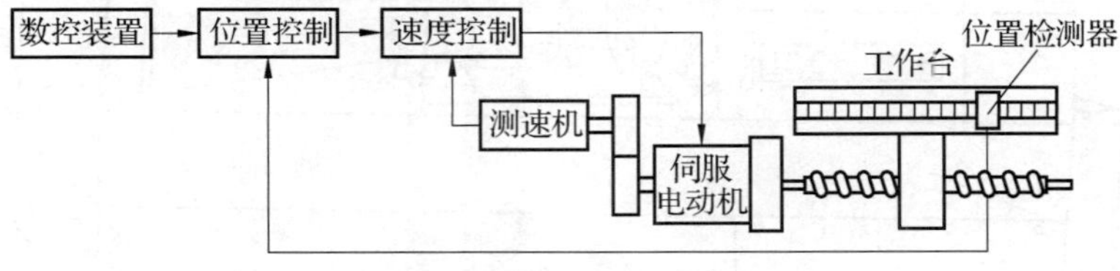

图 1-8　闭环控制系统

（3）半闭环控制系统数控机床。半闭环进给伺服系统是将位置检测元件安装在伺服电动机的轴上或滚珠丝杠的端部，不直接反馈机床的位移量．而是检测伺服机构的转角，将此信号反馈给数控装置进行指令值比较，用差值控制伺服电动机，如图 1-9 所示。

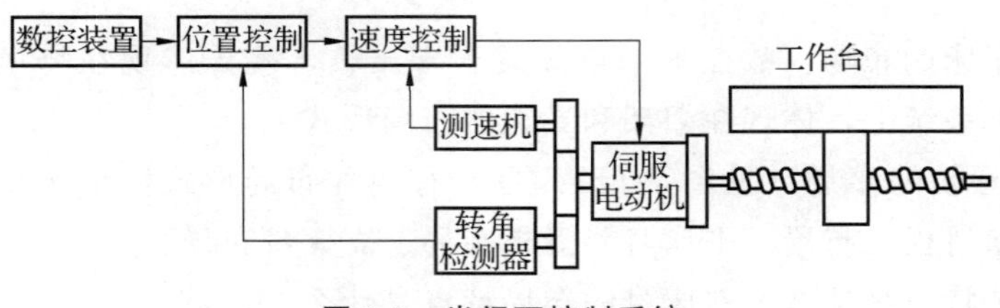

图 1-9　半闭环控制系统

4. 按工艺用途分类

（1）金属切削类数控机床。金属切削类数控机床包括数控车床、数控钻床、数控铣床、数控磨床、数控镗床以及加工中心。常用的有：车床、刨床、磨床、钻床、镗床、插床、拉床、切断机床、齿轮加工机床及除插床外的相应数控机床。

（2）金属成型类数控机床。金属成型类数控机床包括数控折弯机、数控组合冲床和数控回转头压力机等。这类机床起步晚，但目前发展很快。

5. 数控机床的用途

（1）数控车床的用途。数控车床的用途：加工工艺类型：加工车外圆、车断面、车锥面、车成型面、钻孔、镗孔、铰孔、切槽、车螺纹、滚花、攻螺纹等。

数控车床用车刀：外圆车刀、内圆车刀、端面车刀、镗孔刀、螺纹车刀、切断刀（车槽刀）等。

图 1-10 所示为 MJ-50 型数控车床外观结构。

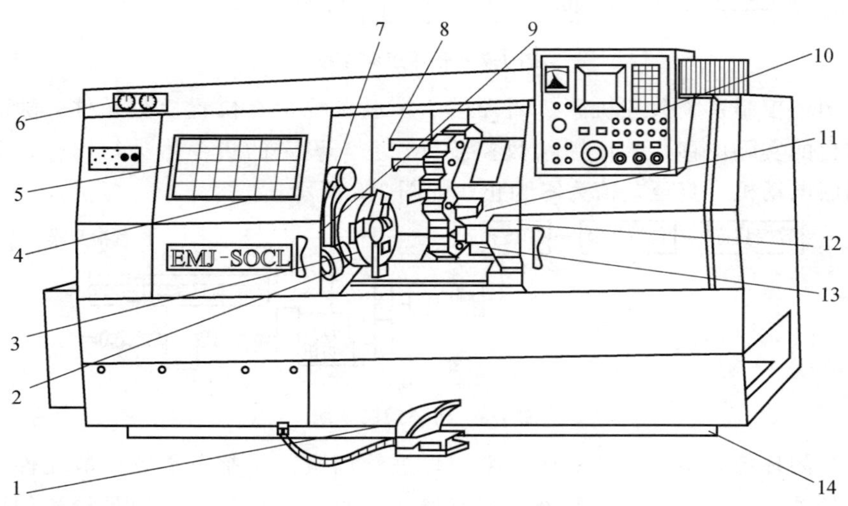

图 1-10　MJ-50 型数控车床

1—脚踏开关；2—对刀仪；3—主轴卡盘；4—主轴箱；5—防护门；6—压力表；7，8—防护罩；9—转臂；10—操作面板；11—回转刀架；12—尾座；13—滑板；14—床身

（2）数控车床的布局。数控车床与普通车床比较，差异体现在哪里？主要体现在移动控制、进给系统上，体现在刀架和导轨的布局形式上。

① 床身和导轨的布局（见图 1-11）：主要有四种布局形式：平床身（平滑板）布局、斜床身（斜滑板）布局、平床身斜滑板布局、立床身布局。

平床身工艺特点是什么？斜床身的布局特点是什么？

平床身机床的工艺性好，便于导轨面加工，水平放置刀架运动精度较高，一般用于大型数控车床或小型精密数控车床布局。

斜床身布局形式容易排屑，占地面积小。斜床身的倾斜角度有四种：30°、45°、60°和75°，中小型规格数控车床斜床身的倾斜角度一般采用60°。

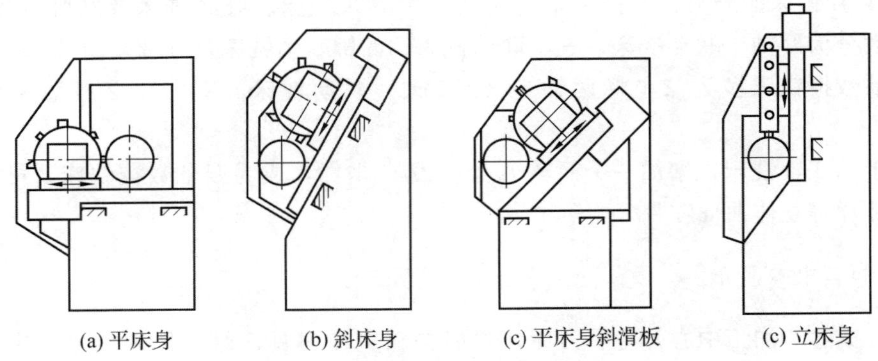

图 1-11　数控机床的布局形式

② 刀架布局：两种形式：一种是刀架回转轴与主轴平行，适用于轴类和盘类零件加工；另一种是刀架回转轴与主轴垂直。

(3) 数控铣床简介。图1-12所示为XK5040A型号数控铣床外形图。

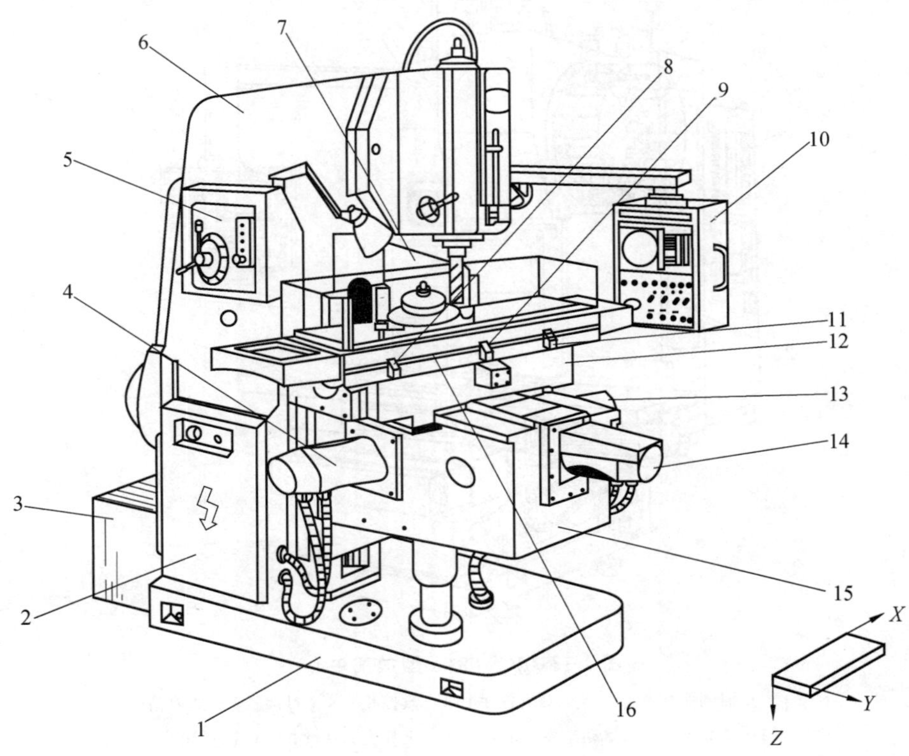

图 1-12　XK5040A 型数控铣床

1—底座；2—强电柜；3—变压器箱；4—垂直升降进给伺服电机；5—按钮板；6—床身；7—数控柜；8，11—保护开关；9—挡铁；10—操纵台；12—横向溜板；13—纵向进给伺服电机；14—横向进给伺服电机；15—升降台；16—纵向工作台

① 加工工艺范围：水平面、竖直面、各式沟槽、分齿零件（齿轮、花键轴、螺旋形表面）、各种曲面、孔加工机切断加工。

② 数控铣床的分类：根据主轴的角度分为立式铣床、卧式铣床及立卧两用铣床。根据轴数分为两轴半联动铣床、三轴联动铣床、四轴联动铣床及五轴联动铣床等。

目前数控铣床多为三坐标两轴半（2.5 轴）联动铣床，X，Y，Z 任意两轴可以联动。

对于 2.5 轴铣床，增加一个回转 A 坐标或 C 坐标，成为四轴数控铣床，可加工螺旋槽、叶片等立体曲面零件。

6．加工中心简介

（1）概述。加工中心是备有刀库，并能自动更换刀具，对工件进行多工序加工的数字控制机床（本书介绍的加工中心指镗铣类加工中心），图 1-13 所示为 JCS-081A 型加工中心。

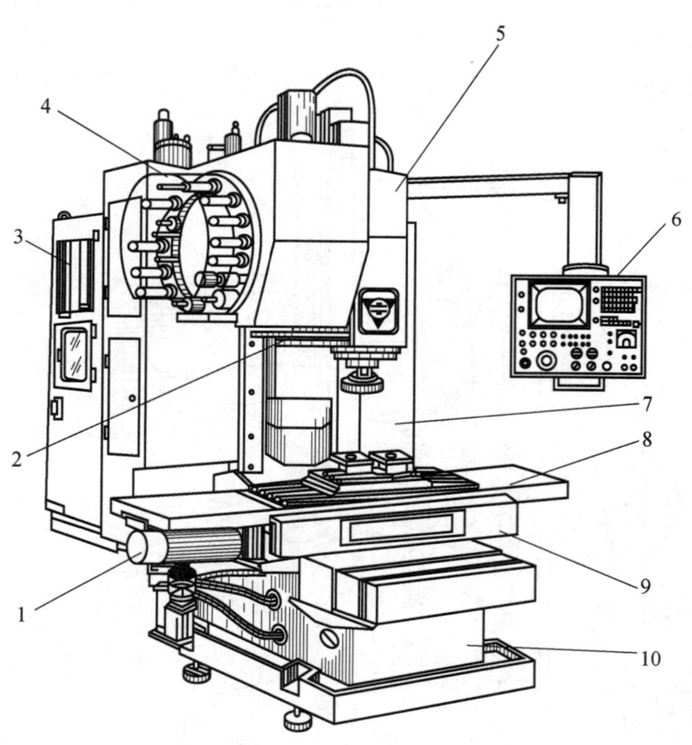

图 1-13　JCS-081A 型加工中心

1—X 轴伺服电机；2—换刀机械手；3—数控柜；4—刀架；5—主轴箱；6—操纵台；7—驱动电源柜；8—纵向工作台；9—滑座；10—床身

工件经一次装夹后，数字控制系统能控制机床按不同工序自动选择和更换刀具，自动改变机床主轴转速、进给量和刀具相对工件的运动轨迹及其他辅助机能，依次完成工件几个面上多工序的加工。加工中心由于工序的集中和自动换刀，减少了工件的

装夹、测量和机床调整等时间，使机床的切削时间达到机床开动时间的 80%左右（普通机床仅为 15%～20%）；同时也减少了工序之间的工件周转、搬运和存放时间，缩短了生产周期，具有明显的经济效果。

加工中心是一种综合加工能力较强的设备，工件一次装夹后能完成较多的加工内容，加工精度较高，如果加工中等加工难度的批量工件，其效率是普通加工设备的 5～10 倍。特别是它能完成许多普通设备不能完成的加工，而且对形状较复杂、精度要求高的单件或中小批量加工更为适用。因此，加工中心是从一个方面判断企业技术能力和工艺水平高低的标志。

加工中心设置有存放着不同数量的各种刀具或检具的刀库，在加工过程中由程序控制自动选用和更换，这是它与数控铣床、数控镗床的主要区别。加工中心为了加工出所需零件形状，至少要有 3 个坐标运动，即由 3 个直线运动坐标 X，Y，Z 和 3 个转动坐标 A，B，C 适当组合而成，多者能达十几个运动坐标。加工中心与普通数控机床相比结构较复杂，控制系统功能较多。其控制功能最少可实现三轴联动控制，实现刀具运动直线插补和圆弧插补，多的可实现五轴联动、六轴联动以及螺旋线插补。加工中心还具有不同的辅助功能，如各种加工固定循环、自动对刀、刀具半径及长度补偿、刀具破损检测报警、刀具寿命管理、过载与超行程自动保护、丝杠螺距误差补偿、丝杠间隙补偿、故障自动诊断、工件与加工过程图形显示等，它们对于提高机床的加工效率、保证产品的加工精度和质量等都是普通加工设备无法相比的。

与普通数控机床相比，加工中心具有以下突出特点。

① 全封闭/半封闭防护；

② 工序集中，加工连续进行；

③ 使用多把刀具，刀具自动交换；

④ 使用多个工作台，工作台自动交换；

⑤ 功能强大，趋向复合加工；

⑥ 高自动化、高精度、高效率。

（2）加工中心分类。一般情况下转塔式刀库所能更换的刀具数量较少。按主轴加工时间、空间位置的不同，分为立式加工中心、卧式加工中心、龙门式加工中心和万能加工中心（复合加工中心）。

① 立式加工中心：立式加工中心指主轴轴线为垂直状态设置的加工中心，如图 1-14 所示。其结构形式多为固定立柱式，十字滑台为工作台，工作台为长方形，无分度回转功能，适合加工盘、套、板类零件。一般具有 3 个直线运动坐标，并可在工作台上安装一个水平轴的数控回转台，用以加工螺旋线零件。

立式加工中心装夹工件方便，便于操作，易于观察加工情况，但加工时切屑不易排除，且受立柱高度和换刀装置的限制，不能加工太高的零件。

图 1-14　立式加工中心外形图

② 卧式加工中心：卧式加工中心指主轴轴线为水平状态设置的加工中心，如图 1-15 所示。卧式加工中心一般具有分度转台或数控转台。卧式加工中心一般都具有 3～5 个运动坐标，常见的是 3 个直线运动坐标加一个回转运动坐标，它能够使工件在一次装夹后完成除安装面和顶面以外的其余 4 个面的加工，最适合加工箱体等“四面加工”类零件。也可作多个坐标的联合运动，以便加工复杂的空间曲面。

图 1-15　卧式加工中心外形图

卧式加工中心调试程序及试切时不便观察，加工时不便监视，零件装夹和测量不方便，但加工时排屑容易，对加工有利。

与立式加工中心相比，卧式加工中心的结构复杂，占地面积大，价格也较高。

③ 龙门式加工中心：龙门式加工中心的形状（如图 1-16 所示）与龙门铣床相似，主轴多为垂直设置（也有水平设置），除自动换刀装置外，还带有可更换的主轴附件，数控装置的功能也较齐全，能够一机多用，尤其适用于加工大型或形状复杂的零件，如飞机上的梁、框、壁板等。

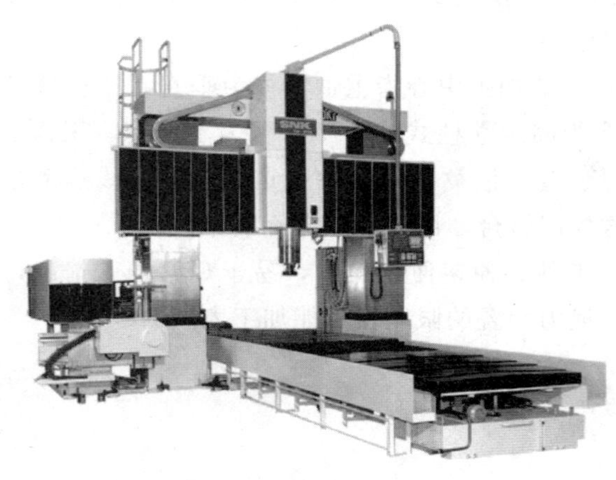

图 1-16　龙门式加工中心

④ 万能加工中心：万能加工中心兼有立式和卧式加工中心的功能，使原来要在两台机床上完成的任务在一台机床上即可完成，工序更加集中。常见的万能加工中心有两种形式：一种是主轴可旋转 90°，进行立卧式加工；另一种是工作台带动工件旋转 90°，能完成工件安装面外的“五面加工”，称为五面加工中心。

(3) 加工中心的工艺特点及加工对象

① 适合于加工中心加工的零件：

a. 周期性重复投产的零件；

b. 高效、高精度工件；

c. 合适批量的工件；

d. 工位和工序可集中的工件；

e. 形状复杂的零件；

f. 难测量的零件。

② 按零件形状特点分类适合于加工中心加工的零件

a. 箱体类零件，如图 1-17 所示。

箱体类零件是指具有一个以上的孔系，并有较多型腔的零件。这类零件在机械、汽车、飞机等领域的产品中应用较多，如汽车的发动机缸体、变速箱体，机床的床头箱、主轴箱，柴油机缸体，齿轮泵壳体等。

箱体类零件在加工中心上加工，一次装夹可以完成普通机床 60%～95%的工序内容，零件各项精度一致性好，质量稳定，同时可缩短生产周期，降低成本。对于加工工位较多，工作台需多次旋转角度才能完成的零件，一般选用卧式加工中心；当加工的工位较少，且跨距不大时，可选立式加工中心，从一端进行加工。

图 1-17　箱体零件

b. 复杂曲面，如图 1-18 所示。

图 1-18　复杂曲面零件

在航空航天、汽车、船舶、国防等领域的产品中，复杂曲面类占有较大的比重，如叶轮、螺旋桨、各种曲面成型模具等。

就加工的可能性而言，在不出现加工干涉区或加工盲区时，复杂曲面一般可以采用球头铣刀进行三坐标联动加工，加工精度较高，但效率较低。如果工件存在加工干涉区或加工盲区，就必须考虑采用四坐标或五坐标联动的机床。

c. 还可用于加工异型件、板类零件，如图 1-19 和图 1-20 所示；雕刻图案类零件，如图 1-21 所示。

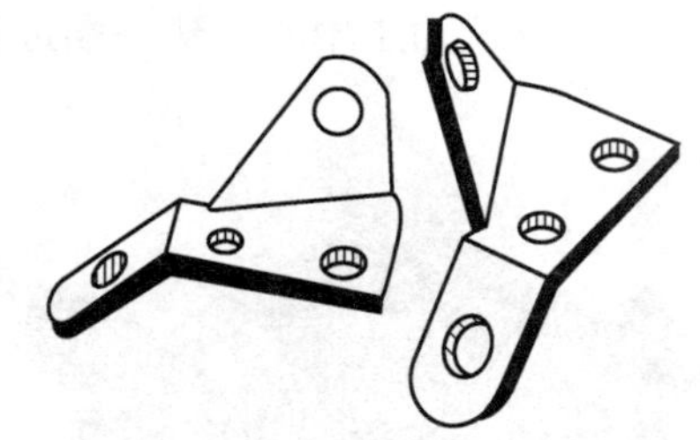

图 1-19　异型件

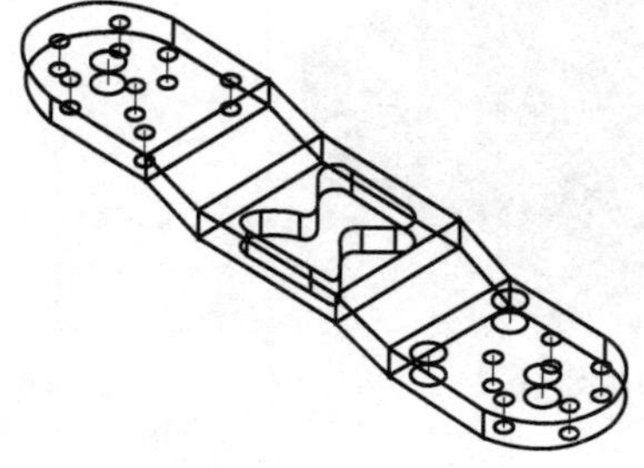

图 1-20　板类零件

图 1-21　雕刻图案

三、数控机床的主要性能指标

1. 精度指标

（1）分辨率和脉冲当量。分辨率是指两个相邻的分散细节之间可以分辨的最小间隔，达到了 0.001μm（针对数控系统）。

脉冲当量是指数控装置每发出一个信号，反映到机床移动部件上的移动量。脉冲当量决定了数控机床能达到的加工精度和表面质量。包括 0.01mm，1μm，0.1μm，达到 0.001μm。

（2）定位精度和重复定位精度。定位精度指数控机床移动部件移动到指定位置的精确度。定位误差指移动部件达到的实际位置与指定位置之间的误差。定位误差直接影响零件加工的位置精度。重复定位精度指在同一台数控机床上应用相同的程序、相同的代码加工一批零件，所得到连续结果的一致程度。

（3）分度精度。分度精度指分度工作台在分度时，理论要求回转的角度值和实际回转的角度值误差。

2. 加工性能指标

（1）最高主轴转速和最大加速度 5000～10000r/min，高速加工达到 100000r/min。

（2）最快位移速度和最高进给速度。加工时 10～30m/min，非加工时 20～100m/min。

3. 可控轴数语联动轴数

世界上最高级数控装置的可控轴数已经达到了 40 轴，我国目前可控轴数已经达到 9 轴（华中数控研制）。

联动轴数指机床数控装置控制的坐标轴同时到达某一点的坐标数目。如 2 轴联动、3 轴联动、4 轴联动、5 轴联动、3 轴 2 联动等。我国目前达到 7 轴 5 联动。

4. 可靠性指标

可靠性指标包括平均故障时间（MTBF）、平均修复时间（MTTR）、平均速度（a）。

MTBF＝总工作时间/总故障次数，MTBF 越长越好。

MTTR＝总故障停机时间/总故障次数，MTTR 越短越好。

a＝MTBF/（MTBF＋MTTR），平均速度反映了设备提供正常使用的能力，是衡量设备可靠性的一个重要指标。

5. 运动性能指标

运动性能指标包括 5 个：主轴转速，进给速度，坐标行程，摆角范围，刀库容量（达到 100 把以上）和换刀时间。

主轴转速跟零件加工质量、表面质量有什么关系？

在进给速度不变时，主轴转速越高，零件加工质量越好，粗糙度越低。

进给速度大小对零件的加工质量、生产率有什么影响？

一般情况下进给速度小零件加工质量好，但生产力就小，所以粗加工时选大进给速度、小主轴转速，提高生产力。

坐标行程决定能够加工零件的大小。

换刀时间指将主轴上使用的刀具与装在刀库上的下一工序需要的刀具进行交换所需的时间。据了解国内达到 5～10s、国外 2～3s。

四、数控机床传动系统结构

MJ-50 型数控车床传动系统图如图 1-22 所示。

主轴 35～3500r/min 的转速由功率为 11kW 的可调速电动机驱动并经过 1∶1 带传动，实现无级调速。

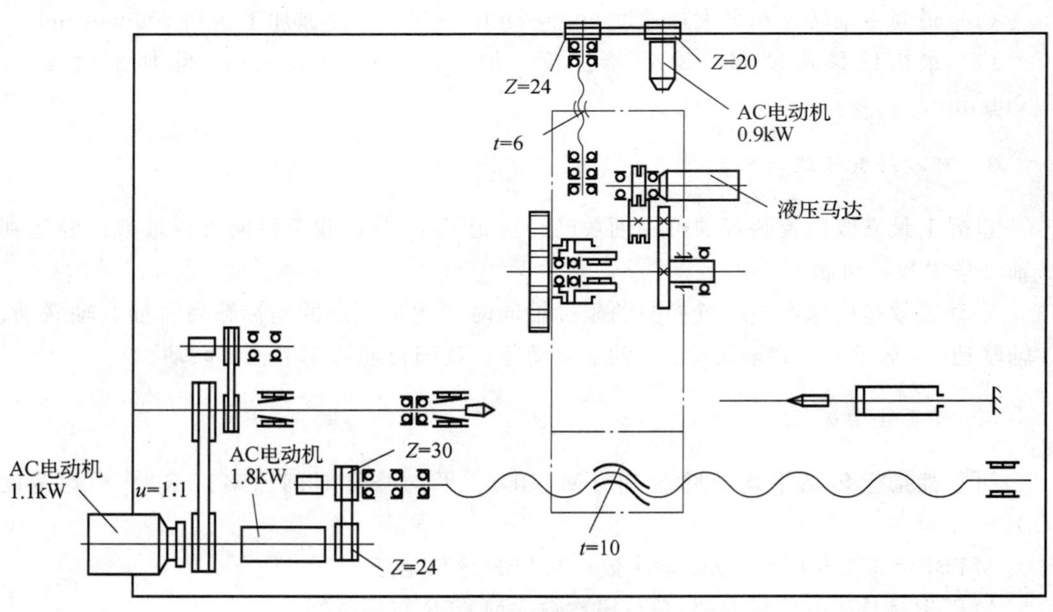

图 1-22 MJ-50 型数控机床传动系统图

系统控制的 Z 轴移动传动如何实现？

由 1.8kW 伺服电动机经 24∶30 带传动传至纵向丝杆（螺距 $t=10$mm）转动，通过滚珠丝杠螺母副带动刀架滑台移动，从而实现控制 Z 轴移动。Z 轴最小移动量一般为

0.001mm。

刀架 X 轴的进给传动如何实现？

刀架 X 轴移动，由 0.9kW 的伺服电机经 20∶24 一级带传动，带动螺距 $t=6$mm 的横向丝杆转动，由滚珠丝杠螺母副带动力架滑台移动，从而实现控制 X 轴移动。X 轴最小移动量为 0.0005mm。

Z 轴转动、Z 轴移动、X 轴移动，三者的移动量均由脉冲编码器检测与反馈。

刀架的换刀（刀位更换）如何实现？

由液压马达传动，使回转刀架转位，并经机械结构、电路检测等控制实现刀架自动换刀。

XA5040A 型数控铣床传动系统图，如图 1-23 所示。

其主体运动是主轴的旋转运动，由 7.5kW，1450r/min 的主电动机驱动，经 ϕ140/ϕ285mm 三角带传动，再经 I～II 轴间的三联滑移动齿轮变速组、II～III 轴间的三联滑移动齿轮变速组、III～IV 轴间的双联滑移动齿轮变速组和 IV～V 轴间的圆锥齿轮副 29/29 及 V～VI 轴间的齿轮副 67/67 传至主轴，使之获得 18 级转速，转速范围达到 30～1500r/min。

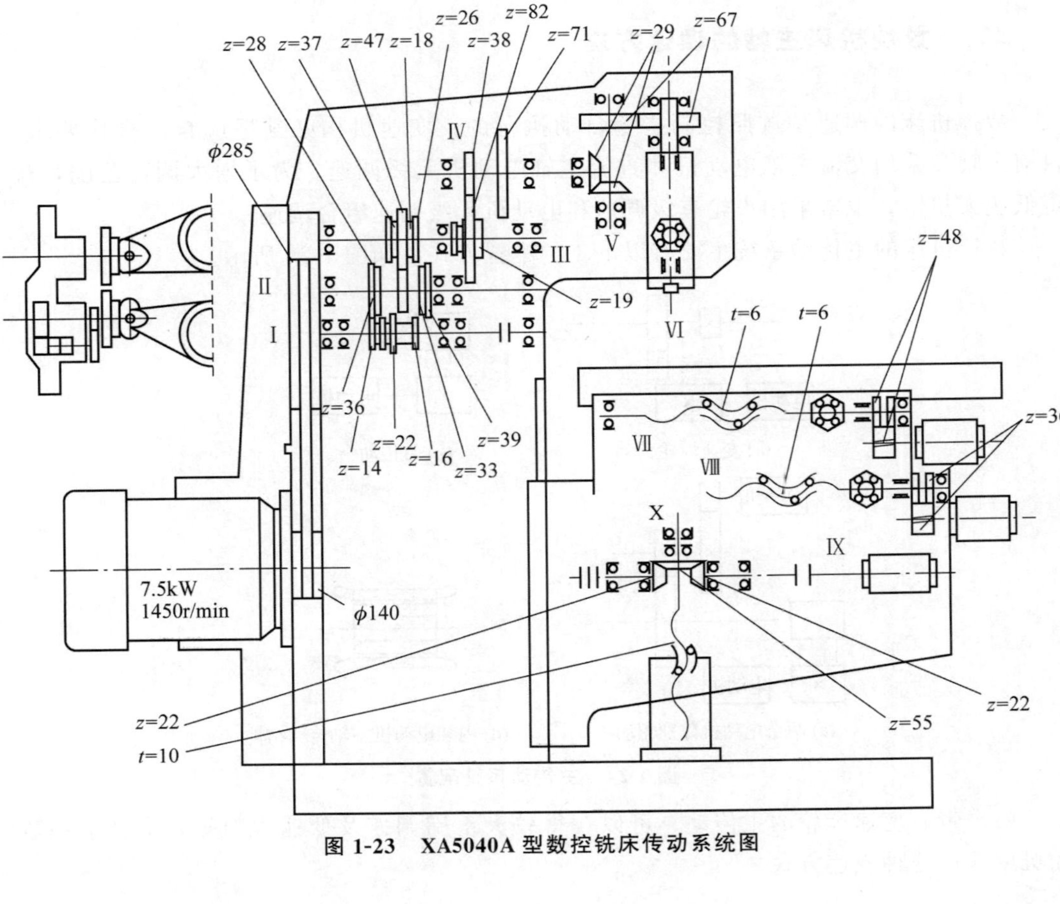

图 1-23　XA5040A 型数控铣床传动系统图

进给运动有工作台纵向、横向和垂直 3 个方向。纵向、横向进给运动由 FB-15 型直流伺服电动机驱动，经过圆柱斜齿轮副带动滚珠丝杠转动。垂直方向进给运动由 FB-25 型带制动器的直流伺服电动机驱动，经圆锥齿轮副带动滚珠丝杠转动。

任务二　熟悉数控机床主传动系统

一、数控机床主传动系统的特点

数控机床主传动系统具有以下特点。

(1) 转速高、功率大；

(2) 变速范围宽；

(3) 主轴变速迅速可靠；

(4) 主轴组件耐磨性高。

二、数控机床主轴的调速方法

数控机床的调速是按照控制指令自动执行的，变速机构必须适应自动操作要求。目前主轴多采用交流主轴电动机和直流主轴电动机无级调速。为了增大调速范围，获得低速大扭矩，也常采用齿轮有级调速和电动机无级调速组合调速。

数控机床的主传动系统主要有以下 4 种配置方式，如图 1-24 所示。

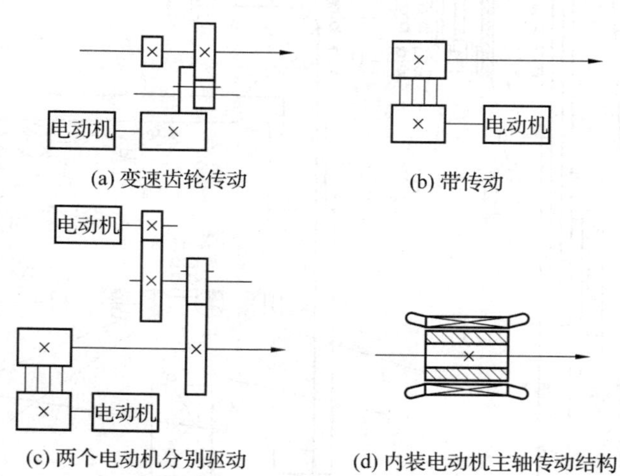

(a) 变速齿轮传动　(b) 带传动

(c) 两个电动机分别驱动　(d) 内装电动机主轴传动结构

图 1-24　主传动系统配置

(1) 带有变速齿轮的主传动。可以获得较大范围调速及低速大扭矩，大、中型数控机床采用这种变速方式。

什么叫分段无级变速？数控机床在交流或直流电机无极变速的基础上配以齿轮变速，称为分段无极变速。

(2) 通过带传动的主传动。主要用于转速较高、变速范围不大的机床，适用于高速、低转矩特性要求的主轴。

(3) 两个电动机分别驱动主轴。属于以上 (1)，(2) 两种方式的混合传动，具有上述两种性能。

(4) 内装电动机主轴传动结构。这种主传动方式大大简化了主轴箱体与主轴的结构，有效地提高了主轴部件的刚度。

三、 数控机床的主轴部件

数控机床主轴部件，既要满足精加工时的高精度要求，又要具备粗加工时的高效切削能力。主轴的旋转精度、刚度、抗震性和热变形要求很高。

具有自动换刀装置的数控机床，主轴具有自动装卸及吹屑装置、主轴准停装置。

1. 主轴的支承与润滑

主轴是切削力承受主部件，因此轴径设计较大。

图 1-25 所示为 TND360 型数控车床主轴部件。

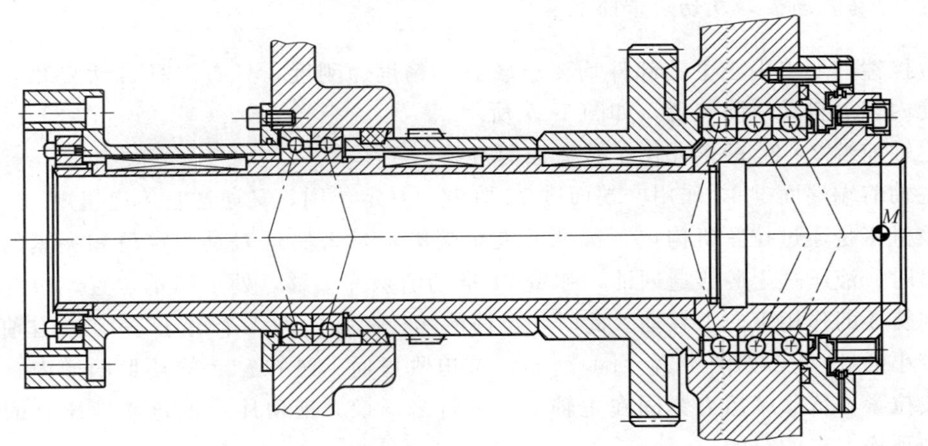

图 1-25　TND360 型数控车床主轴

前 (右) 支承为 3 个推力角接触球轴承，两个接触角 25°的轴承开口朝向主轴前端，承受轴向切削力；另一个朝向的轴承，接触角为 14°。

注意 3 个轴承的定位，如何使主轴承受轴向切削力？

3 个轴承的内外圈轴向由轴肩和箱体孔的台阶固定 (定位)，以承受轴向载荷。

后 (左) 支承为一对背靠背的推力角接触球轴承，只承受径向载荷。

主轴采用油脂润滑，以压力继电器作为失压报警装置。

2. 卡盘

数控车床多采用动力卡盘装夹工件，目前较多的是自动定心液压动力卡盘。

图 1-26 所示为液压驱动力自动定心卡盘。

原理，卡盘如何实现夹紧、松开工件的？

改变液压缸 5 左、右腔的通油状态、活塞杆 4 带动卡盘内的驱动爪 1，夹紧或放松工件，并通过行程开关 6 和 7 发出相应信号，用于电控需要。

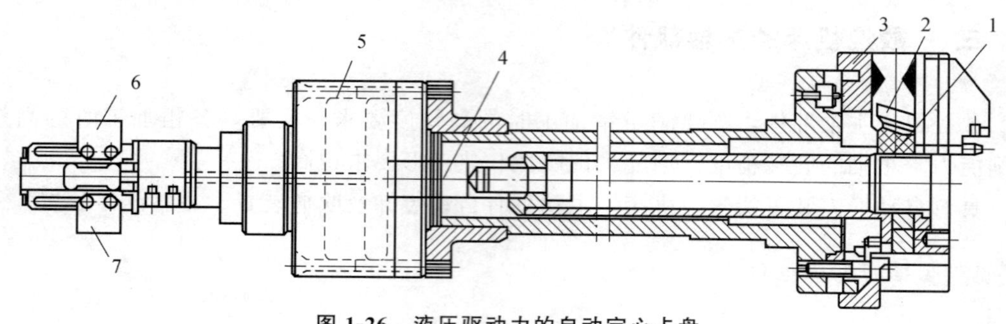

图 1-26　液压驱动力的自动定心卡盘

1—驱动爪；2—卡爪；3—卡盘；4—活塞杆；5—液压缸；6，7—行程开关

3. 刀具自动装卸及切屑清除装置

数控镗铣加工中心主轴部件均要求较高的精度、刚度，具有刀具自动装卸装置和主轴孔内切屑自动清除装置，如图 1-27 所示。

主轴前端 7：24 的锥孔用于装夹锥柄刀具。

主轴前端端面键 13 作用？端面键 13 既做刀具定位用，又通过它传递扭矩。

该机床是通过拉紧机构拉紧锥柄刀夹尾端的轴颈来实现刀具的定位和夹紧的。夹紧刀夹时，液压缸上腔接通回油，弹簧 11 推动活塞 6 上移，处于图示位置，拉杆 4 在蝶形弹簧 5 的作用下向上移动。此时，拉杆前端径向孔中的 4 个钢球 12 进入主轴孔中直径较小的 d2 处，如图 1-27（b）所示，被迫收拢而卡进拉钉 2 的环形凹槽内，因而刀杆被拉紧，依靠摩擦力紧固在主轴上。反过来，换刀前由压力油进入液压缸的上腔而达到顶松刀夹的目的。

主轴孔内的切屑是什么时候清除、怎样清除的，清除切削的目的是什么？

当刀夹被顶松时，行程开关 10 发出信号，换刀机械手随即将刀夹取下，与此同时，压缩空气由管接头 9 经活塞和拉杆中心通孔吹入主轴装刀孔内，把切削或污物清除干净，以保证刀具的装夹精度。

4. 主轴准停装置

自动换刀数控机床，必须保证每次换刀时，主轴要准确停止在固定的周向位置，

以保证主轴上的端面键对准刀具上刀夹的键槽，因此主轴必须由准停装置来控制定位。

图 1-28 所示为主轴的电气准停控制装置。

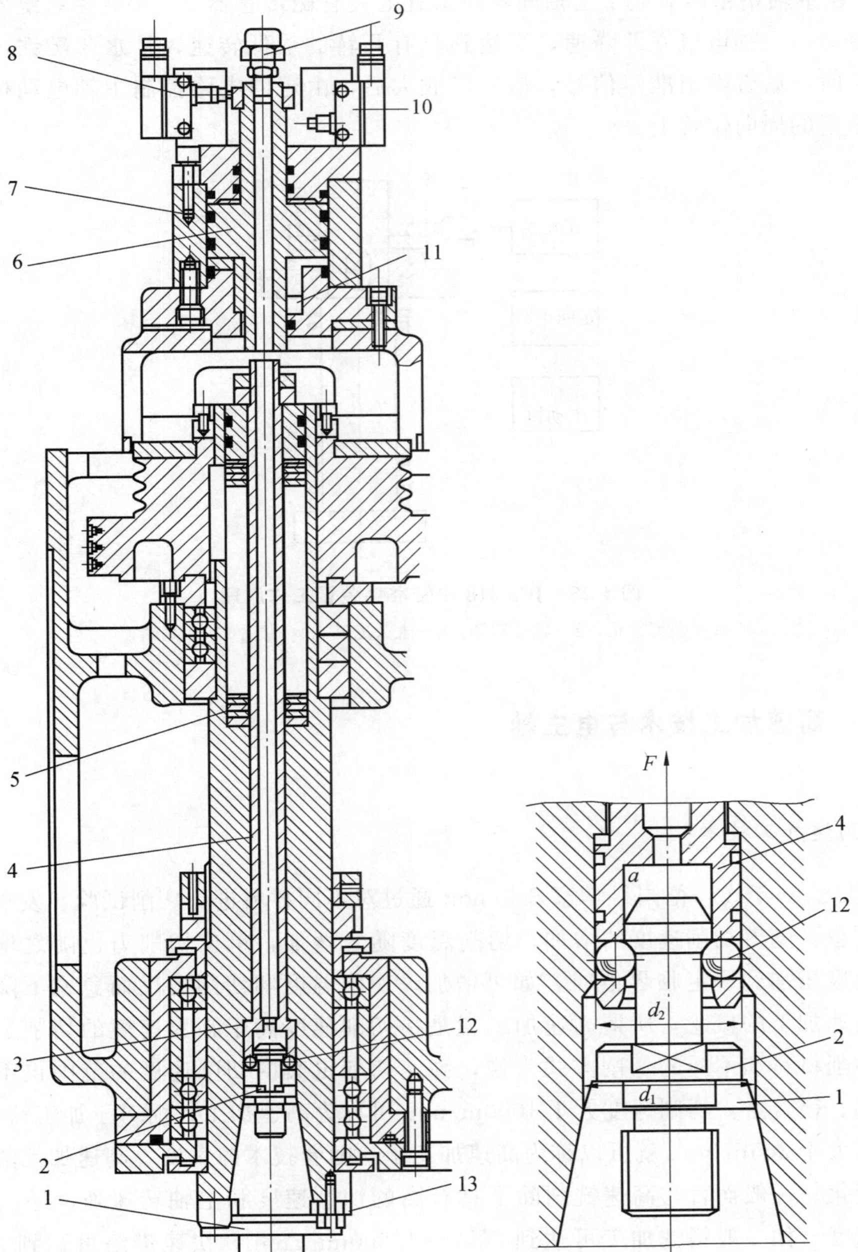

图 1-27　数控镗铣床主轴部件

1—刀架；2—拉钉；3—主轴；4—拉杆；5—蝶形弹簧；6—活塞；7—液压缸；8，10—行程开关；9—压缩空气管接头；11—弹簧；12—钢球；13—端面键

请问 JCS-018 主轴准停装置是如何实现准确定位停止的？

在带动主轴旋转的多契带轮 1 的端面上装有一个厚垫片 4，其上装有小体积的永久磁铁 3。在主轴箱箱体对应于主轴准停的位置上装有磁传感器 2。在数控系统发出主轴停转指令时，主轴电机立即降速，当达到只有几转的最低转速，且永久磁铁 3 对准磁传感器 2 时，后者发出准停信号，信号经放大后，由定向电路控制主轴电动机准确地停止在规定的周向位置上。

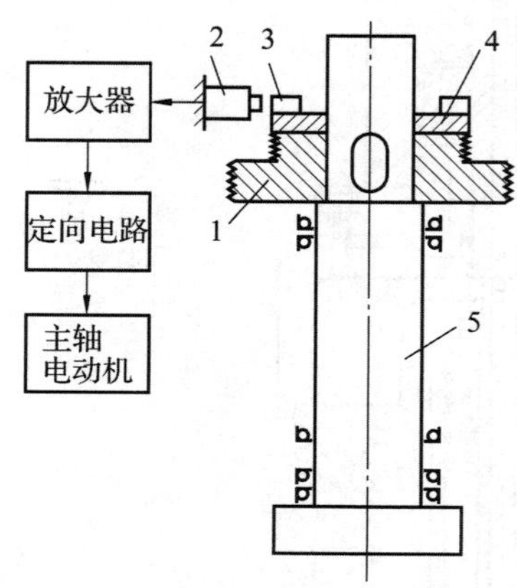

图 1-28　JCS-018 主轴准停装置工作原理

1—多契带轮；2—磁传感器；3—永久磁铁；4—垫片；5—主轴

四、 高速加工技术与电主轴

1. 高速加工技术

20 世纪 30 年代，德国科学家 Salomon 通过对不同材料进行切削试验，发现了一个有趣的现象：随着切削速度的增加，切削温度随之增加，单位切削力也随之增加。而当切削速度增加到一定临界值时，如再增加，切削温度和切削力反而急剧下降。由此提出了高速加工的概念，所谓高速加工就是指切削速度高于临界速度的切削加工。对不同的切削材料和不同的切削方式来说，高速切削定义的切削速度的范围也不同。对于铣削铝、镁合金，切削速度大于 1000m/min 可称为高速加工；而对于加工铸铁或钢，切削速度大于 305m/min 就可以称为高速加工了。随着技术的发展，高速加工的概念也在不断变化。一般而言，高速铣削除了具有高的切削速度和主轴转速外，还应具有高的进给速度。如一般精铣加工可达到 5000～15000mm/min，快速进给可达到 20000～60000mm/min。

与常规切削加工相比，高速加工有以下优点。

(1) 由于采用高的切削速度和高的进给速度，高速加工能在单位时间内切除更多的金属材料，因而切削效率高；

(2) 在高速加工的时候，可以采用较少的步距，达到提高零件表面质量的目的，采用高速加工技术，可以使得零件表面达到磨削的效果；

(3) 由于高速加工时切削力大大降低，大部分切削热被切屑带走，因而工件的变形大大减少；

(4) 高的切削速度意味着高的主轴转速，机床运转激励的振动频率能大大高于工艺系统的固有频率，因而使机床和工艺系统的振动小，工作平稳，这也有利于提高被加工零件的精度和表面质量；

(5) 高速加工时，由于切削温度较低，单位切削力较小，因而提高了刀具的耐用度。由于这些优点，所以高速加工首先在航空航天制造领域得到应用。

根据高速加工技术的特点，高速加工技术应用于模具制造业中主要有以下优点。

(1) 减少加工工序，粗加工后，直接精加工，不需要半精加工；

(2) 表面质量提高，减少或不需要打磨；

(3) 精度提高，减少试模工作量；

(4) 可以使用小刀具加工模具细节，减少电极制作和电加工工序；

(5) 可以在高精度、大进给的方式完成淬火钢的精加工，且达到很高的模具表面质量，因而可以减少传统加工因精加工后再淬火引起模具变形。

高速加工技术主要涉及机床、刀具和高速加工数控编程 3 个方面。目前，高速加工机床和刀具技术已取得了相当大的进展，为高速加工技术的广泛应用奠定了基础。

2. 电主轴知识简介

电主轴是最近几年在数控机床领域出现的将机床主轴与主轴电机融为一体的新技术，它与直线电机技术、高速刀具技术一起，将会把高速加工推向一个新时代。电主轴是一套组件，它包括电主轴本身及其附件：电主轴、高频变频装置、油雾润滑器、冷却装置、内置编码器、换刀装置。

电主轴所融合的技术。

高速轴承技术：电主轴通常采用复合陶瓷轴承，耐磨耐热，寿命是传统轴承的几倍；有时也采用电磁悬浮轴承或静压轴承，内外圈不接触，理论上寿命无限；

高速电机技术：电主轴是电动机与主轴融合在一起的产物，电动机的转子即为主轴的旋转部分，理论上可以把电主轴看作一台高速电动机。关键技术是高速度下的动态平衡；

润滑：电主轴的润滑一般采用定时定量油气润滑，也可以采用油脂润滑，但相应的速度要打折扣。所谓定时，就是每隔一定的时间间隔注一次油。所谓定量，就是通过一个叫定量阀的器件，精确地控制每次润滑油的油量。而油气润滑，指的是润滑油在压缩空气的携带下，被吹入陶瓷轴承。油量控制很重要，太少，起不到润滑作用；太多，在轴承高速旋转时会因油的阻力而发热。

冷却装置：为了尽快给高速运行的电主轴散热，通常对电主轴的外壁通以循环冷却剂，冷却装置的作用是保持冷却剂的低温状况。

内置脉冲编码器：为了实现自动换刀以及刚性攻螺纹，电主轴内置一脉冲编码器，以实现准确的相角控制以及与进给的配合。

自动换刀装置：为了应用于加工中心，电主轴配备了自动换刀装置，包括碟形簧、拉刀油缸等；

高速刀具的装卡方式：广为熟悉的BT，ISO刀具，已被实践证明不适合于高速加工。这种情况下出现了HSK，SKI等高速刀具。

高频变频装置：要实现电主轴每分钟几万甚至十几万转的转速，必须用一高频变频装置来驱动电主轴的内置高速电动机，变频器的输出频率必须达到上千或几千赫兹。

任务三　熟悉数控机床的进给传动系统

一、数控机床进给传动系统的特点

数控机床的进给传动系统具有以下特点：

(1) 摩擦阻力小；

(2) 传动精度和刚度高；

(3) 运动部件惯量小。

二、齿轮传动副

1. 数控机床齿轮传动副要解决的问题：消除齿侧间隙

以开环控制系统为例，如图1-29所示。

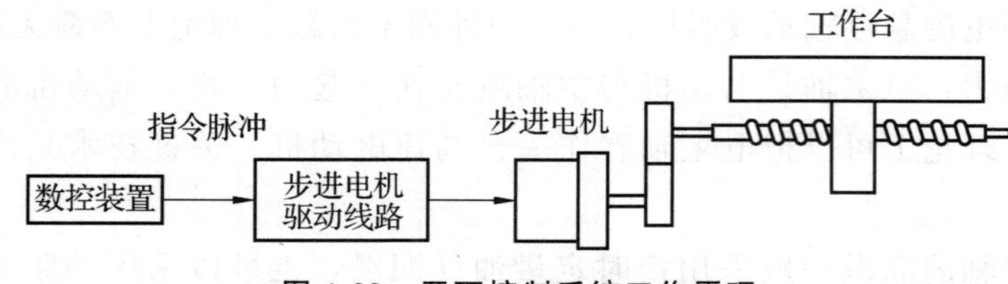

图1-29　开环控制系统工作原理

由于是开环系统或半闭环系统，数控系统对整个机械传动部分无任何误差检测及补偿，或根据测试数据只有静态的补偿，机械传动精度直接影响着加工精度。

对于齿轮副，由于存在齿侧间隙，当工作台运动反向时，会使工作台的反向动作落后于数控指令，引起加工误差。

数控机床齿轮传动副要解决的主要问题是消除齿侧间隙。

2. 直齿圆柱齿轮副消隙

直齿圆柱齿轮副消隙方法包括：偏心套调整法、锥度齿轮调整法、双齿轮错齿调整法。请查阅相关资料，掌握直齿圆柱齿轮副 3 种方法消隙原理。

3. 斜齿圆柱齿轮副消隙

斜齿圆柱齿轮副消隙方法包括：轴向垫片调整法、轴向压簧调整法。请查阅相关资料，掌握斜齿圆柱齿轮副两种方法消隙原理。

三、 齿轮齿条副

大型数控机床不宜采用丝杠传动，因长丝杠制造困难，且易弯曲下垂，影响传动精度；同时轴向刚度与扭转刚度也难提高。如加大丝杠直径，因转动惯量增大，伺服系统的动态特性不易保证，故常用静压蜗杆蜗条副和齿轮齿条副传动。

1. 静压蜗杆蜗条副

静压蜗杆蜗条副的工作原理与静压丝杠螺母副相同，蜗条实质上相当于长螺母的一部分，蜗杆相当于一根短丝杠。

2. 齿轮齿条副

如图 1-30 所示。

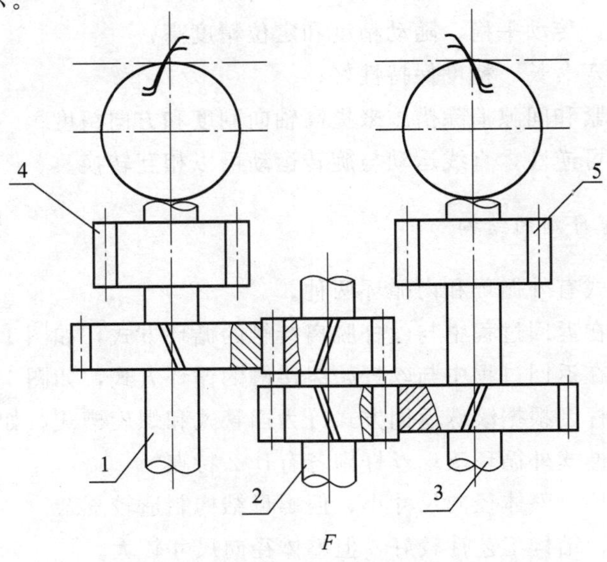

图 1-30　齿轮齿条副消除间隙

1，2，3—轴；4，5—齿轮

齿轮齿条副特点：速度快、传动比大、刚度即效率高，但传动不平稳、传动精度差且不能自锁。

消除间隙措施：采用双薄片齿轮消间隙（常用于小负载机床），采用双片厚齿轮消间隙（常用于大负载机床）。

四、滚珠丝杆螺母副

滚珠丝杆螺母副的作用是实现回转运动与直线运动的相互转换，应用很广泛。

主要结构特点：具有螺旋槽的丝杆与螺母间装有滚珠作为中间传动体，以减小摩擦。

滚珠丝杆螺母副的传动工作原理见图 1-31。

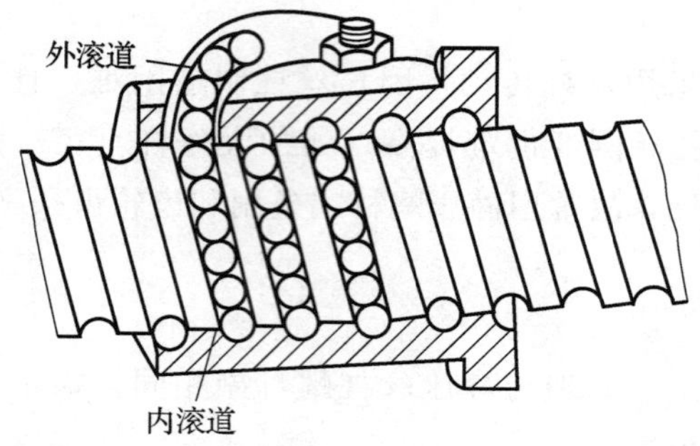

图 1-31　滚珠丝杆螺母副的传动工作原理

滚珠丝杠螺母副主要有如下优点。

(1) 摩擦系数小，传动效率高，所需传动转矩小；

(2) 灵敏度高，传动平稳，随动精度和定位精度高；

(3) 磨损小，寿命长，精度保持性好；

(4) 可通过预紧和间隙消除措施来提高轴向刚度和方向精度；

(5) 运动具有可逆性，直线运动与旋转运动可以相互转换。

1. 滚珠丝杆螺母副的结构

滚珠的循环方式有外循环和内循环两种。

外循环：滚珠在返回过程中与丝杆脱离接触的循环方式，如图 1-32 所示。

内循环：滚珠在返回过程中与丝杆始终接触的循环方式，如图 1-33 所示。

外循环滚珠丝杆副根据滚珠返回方式分为插管式和螺旋槽式，如图 1-40 所示。

插管式和螺旋槽式外循环滚珠丝杆副各有什么特点？

螺旋槽式外循环，整体径向尺寸小，但螺母结构制造较复杂。

插管式外循环，结构工艺性较好，但整体径向尺寸较大。

图 1-33 所示为内循环结构滚珠丝杆副，其中反向器上铣有 S 型回珠槽，将相邻的

两螺纹滚道连接起来。滚轴从一个滚道借助 S 型反向器越过丝杆牙顶进入相邻滚道而实现循环。

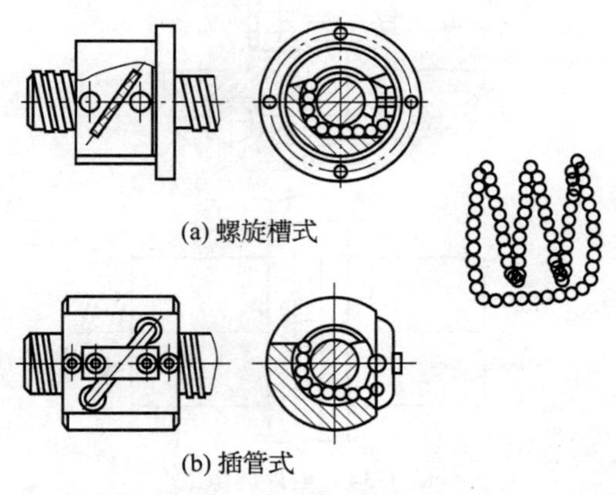
(a) 螺旋槽式

(b) 插管式

图 1-32　外循环滚珠丝杠副

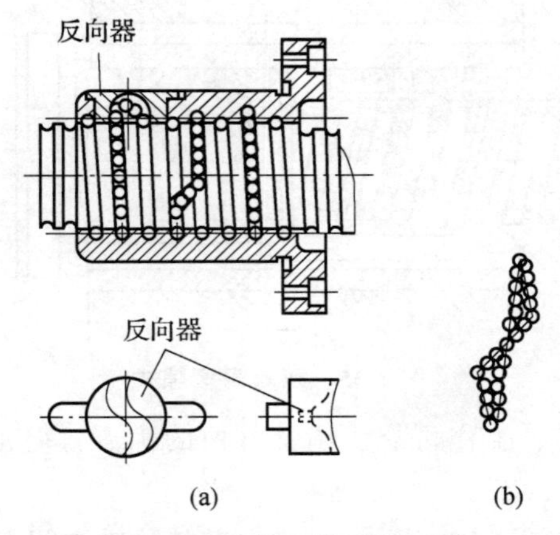

(a)　(b)

图 1-33　内循环滚珠丝杠副

2. 滚株丝杆螺母副轴向间隙的调整

滚珠丝杆（机床）的传动间隙是轴向间隙。

为了保证反向传动精度和轴向刚度，必须消除轴向间隙。

常用的方法：双螺母结构，两个螺母相对位移使得各自的滚珠分别贴紧在螺旋滚道两个相反的侧面上。如图 1-34 所示，通过适当预紧完成。

使用双螺母消除间隙的具体方法：

（1）垫片调隙式，如图 1-34 所示。结构简单、刚性好，但调整不便。

（2）双螺母调隙式，如图 1-35 所示。如何调整消除轴向间隙，有什么特点?

左螺母外端有凸缘，右螺母外端没有凸缘而制有螺纹，并用两个圆螺母固定，用平键限制有螺母在螺母座内的转动。调整时，只要拧动内侧圆螺母，即可消除间隙并产生预紧力，然后用外侧螺母锁紧。

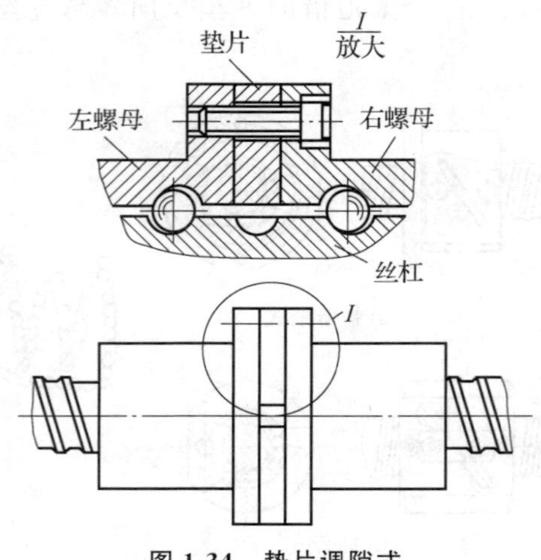

图 1-34 垫片调隙式

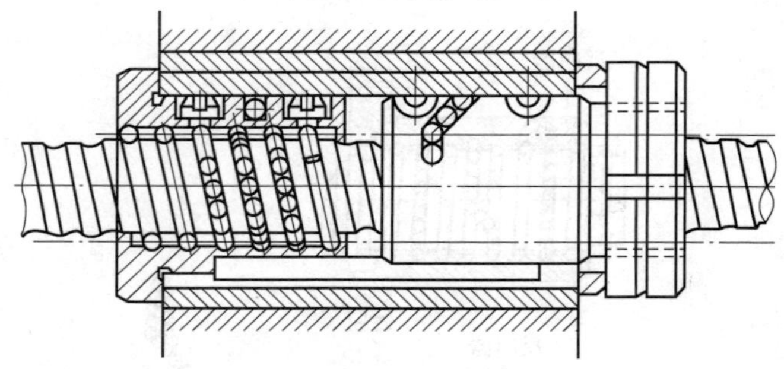

图 1-35 双螺母调隙式

特点：具有结构简单、工作可靠、调整方便的优点，但预紧量不够准，保持性不如垫片调隙式。

(3) 齿差调隙式，如图 1-36 所示。如何调整消除轴向间隙？有什么特点？

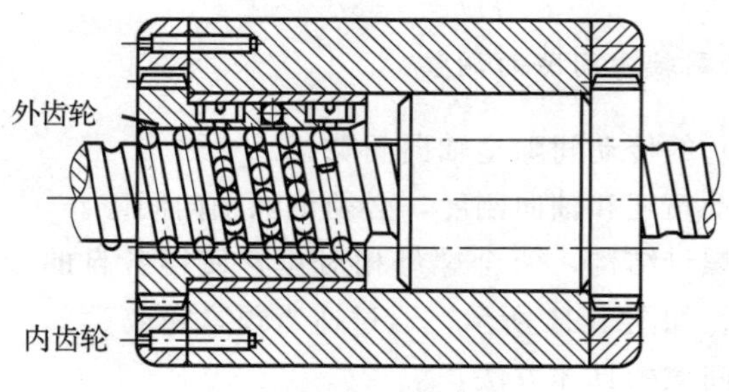

图 1-36 齿差调隙式

在两个螺母的凸缘上各制有圆柱外齿轮，分别与紧固在套筒两端的内齿圈啮合，齿数 Z_1 与 Z_2 相差一个齿。

调整时，先取下内齿圈，让两个螺母相对于套筒同方向都转动一个齿，再插入内齿圈，如此 2 个螺母便产生相对角位移：$360(1/Z_1-1/Z_2)$，相应轴向位移量 X＝L/

$360 \times \{360(1/Z_1 - 1/Z_2)\} = L(1/Z_1 - 1/Z_2)$。

特点：能够精确调整预紧量，调整方便、可靠，但结构尺寸较大，多用于高精度传动。

3. 滚珠丝杆的支承方式

滚珠丝杆的正确安装及支承结构有利于提高丝杆的刚度。几种支承方式如图 1-37 所示。

图 1-37（a）为一端装推力轴承，适用于行程小的丝杆。

图 1-37（b）为两端装推力轴承，两端施加预紧力有利于提高丝杆刚度，但对丝杆热变形较敏感。

图 1-37（c）为一端装推力轴承，一端装向心球轴承，适用于长丝杆，有利于热变形丝杆伸长。

图 1-37（d）为两端装推力轴承及向心球轴承，丝杆有较大的刚度，热变形可以转化为推力轴承的预紧力。

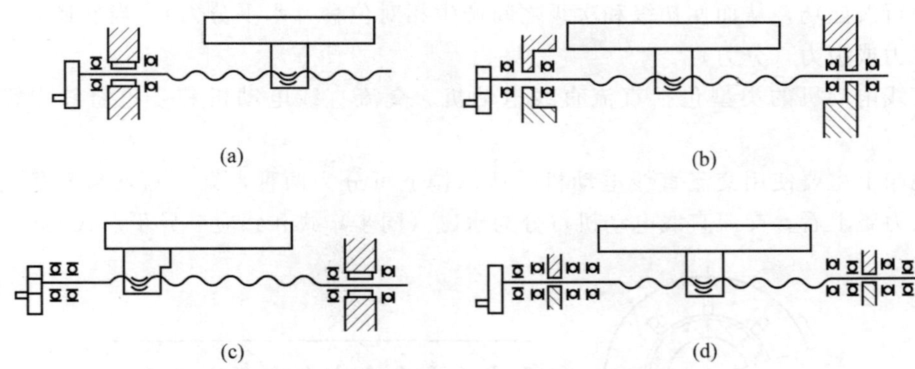

图 1-37　滚珠丝杠在机床上的支撑方式

另外，丝杆副要用润滑剂等润滑以提高耐磨性，且要安装避免灰尘、污物进入的防护装置。

五、直线电动机进给系统

传统的“旋转电机＋滚珠丝杆”开始满足不了近年来的超高速、超高精度加工技术，使得直线电动机有了用武之地。

直线电动机指可以直接产生直线运动的电动机，可作进给驱动系统。直线电动机的进给系统外观如图 1-38 所示。

1. 直线电动机的工作原理

直线电动机可以视为旋转电动机沿着四周方向拉开展平的产物。如图 1-39 所示。

请说明直线电动机的组成和工作原理？

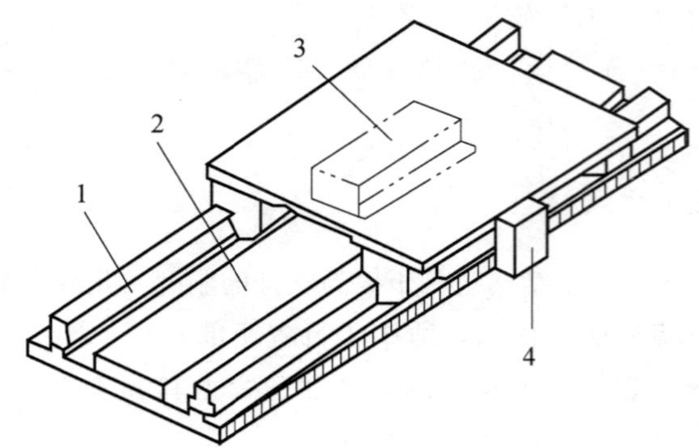

图 1-38 直线电动机进给系统外观

1—导轨；2—次级；3—初级；4—检测系统

直线电机构成主要有初级（类似旋转电机定子）和次级（类似旋转电机转子）。当多相交变电流通入多相对称绕组时，就会在直线电动机的初级和次级之间的气隙中产生一个行波磁场，从而使初级和次级之间产生相对位移（水平分力），当然还有一个垂直的斥力或吸力（分力）。

直线电动机的类型包括直流直线电动机、交流直线电动机和步进直线电动机三大类。

机床上主要使用交流直线电动机，从结构上可分为两种形式：短次级和短初级两种。从力磁上看，交流直线电动机可分为永磁（同步）式和感应（异步）式两种。

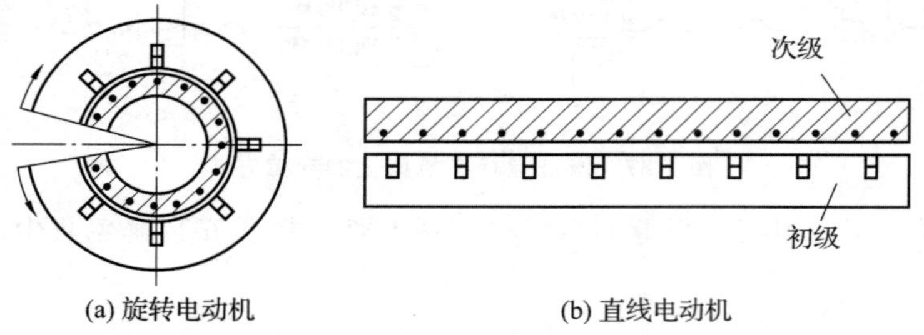

(a) 旋转电动机　　(b) 直线电动机

图 1-39 旋转电动机和直线电动机

使用直线电动机的驱动系统有以下特点。

（1）没有传动的机械滞后或齿节周期误差，精度完全取决于反馈系统的检测精度；

（2）工作台对位置指令几乎立即反应，在任何速度下可实现非常平稳的进给运动；

（3）高效率传动，可获得很好的动态刚度；

（4）传动件间无相互接触、无机械摩擦、无行程限制，可使用多段拼接技术实现超长行程；

（5）直线电动机的动件与机床工作台合为一体，机床只能采用闭环控制系统。

六、数控机床导轨

机床的加工精度和使用寿命很大程度上取决于机床导轨的质量。

机床导轨应满足的基本要求：导向精度高，耐磨性好、精度保持性好；摩擦阻力小，运动平稳；结构简单，便于加工、装配、调整和维修。

数控机床导轨要求更高：高速进给不振动，低速进给不爬行，运动灵敏性高，可以重载下连续运行等。

机床导轨类型：滑动导轨、滚动导轨和静压导轨。

1. 塑料滑动导轨

现代机床已广泛采用铸铁—塑料、镶钢—塑料滑动导轨。

塑料导轨是导轨副中短的动导轨，长的支撑导轨为铸铁或钢质。

目前常用的、性能好的塑料导轨是聚四氟乙烯导轨软带和环氧型耐磨导轨涂层两类。

聚四氟乙烯导轨软带是塑料导轨中最成功、性能最好的一种。具有以下特点：①摩擦特性好；②耐磨性好；③减振性好；④工艺性好；⑤刚度比滚动导轨好。

环氧型耐磨涂层导轨特别适合重型机床和不能用导轨软带的复杂配合型面。

2. 滚动导轨

滚动导轨：在相配合的两个导轨面间放置滚动体，如滚珠、滚柱和滚针等，导轨面间成为滚动摩擦的导轨副。

滚动导轨有哪些特点？

滚动导轨副摩擦系数很小，一般为0.0025～0.005；低速平稳性好，位移精度和定位精度高；硬度高、耐磨性好，精度保持性好；但是其抗振性差，结构复杂，制造成本高，抗污染性差。

现代数控机床常用的滚动导轨有两种：直线滚动导轨副和滚动导轨块。

（1）直线滚动导轨副。结构如图1-40所示。

请说明其结构组成及传动工作原理？

支撑导轨条7安装在床身、立柱上，滑块5安装在工作台、滑座等移动件上，滑块5与导轨条之间有四组能在滚道内循环的滚珠1，滑块做直线运动。滚珠在端面挡板4和滑块中的回珠孔作用下实现循环滚动。四组滚珠与导轨条和滚道接触，使滑块相对导轨条完全定心。

直线滚动导轨副的导轨配置：导轨条常选两根（见图1-41），每根导轨条配置2个滑块。实际使用时，根据工作台宽度设置导轨条数目，根据工作台长度配置滑块数目。

图1-42是滑块与导轨条的定位安装方法。请说明如何定位、安装工作台、滑块、导轨条的？

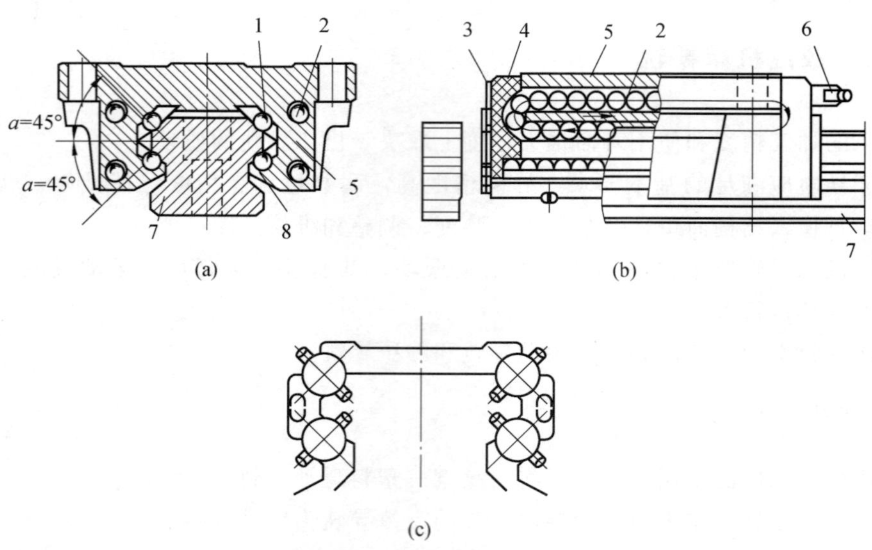

图 1-40　直线滚动导轨副结构

1—滚珠；2—回珠孔；3，8—密封垫；4—挡板；5—滑块；6—注润滑脂油嘴；7—导轨条

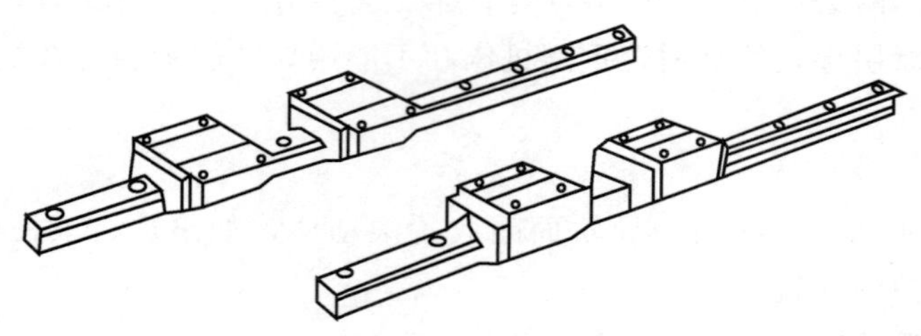

图 1-41　直线滚动导轨副的配置

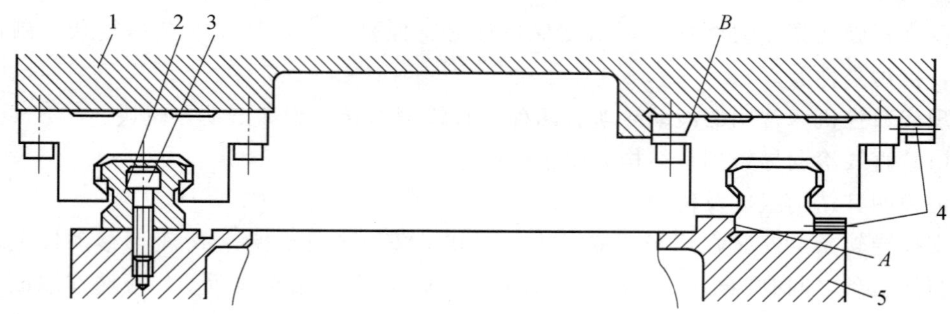

图 1-42　直线滚动导轨副的固定

1—移动件；2—防尘盖；3—固定螺钉；4—定位紧钉螺钉；5—支承件；A、B—定位面

两条（或更多）导轨，其中一条为基准导轨，其余为从动导轨。定位时，通过导轨条与滑块上的基准面在支承件 5 与移动件 1（工作台）上的正确定位来保证移动件相对支撑件的正确导向轨迹。如右导轨所示，首先使基准导轨的基准面 A 靠在支承件 5 的定位面上，并用螺钉 4 顶靠；然后把滑块上的基准面 B 靠在移动件 1 的定位面上，

并用螺钉 4 顶靠；再用螺栓把滑块固定在移动件上。最后调整从动导轨，使其轻快移动，无干涉，并把导轨条和滑块分别固定在支承件 5 和移动件 1 上，即完成导轨副的定位和安装。

(2) 滚动导轨块。属于一种滚动体作循环运动的滚动导轨。

移动部件（工作台）运动时，滚动体沿着它自己的封闭导道作连续的循环运动，所以与工作台的行程无关。

请说明滚动导轨块的结构与工作原理？

滚动导轨块的滚动体为滚珠和滚动导轨块，目前数控机床上常采用滚柱式滚动导轨块，其结构如图 1-43 所示，多用于中等负载导轨。支承块 2 用紧钉螺钉 1 固定在移动件 3 上，滚子 4 在支承块 2 与导轨 5 之间滚动，并经两端挡板 6 和 7 及上面的返回槽返回，作循环运动。使用时每条导轨副至少使用两块或更多块导轨块。

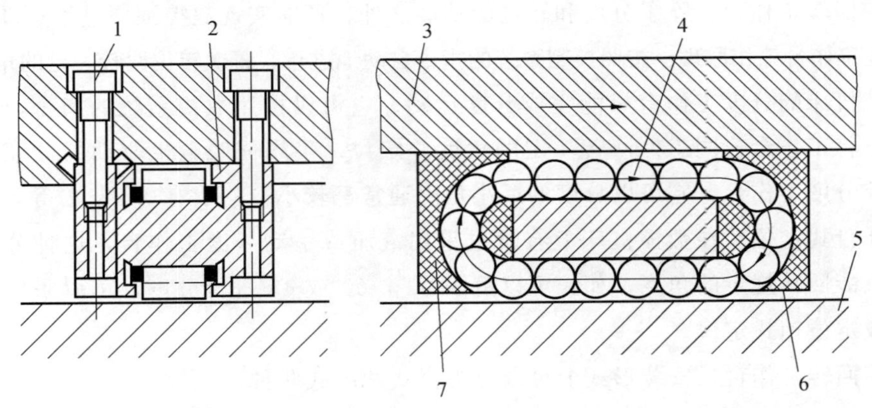

图 1-43　滚动导轨块

1—紧固螺钉；2—支承块；3—移动件；4—滚子；5—支承导轨；6，7—挡板

(3) 滚动导轨直线运动滚动支承的精度和预紧。数控机床导轨直线运动滚动支承精度采用 1 级或 2 级。

导轨支承的工作间隙直接影响它的运动精度、承载能力和刚度。间隙分为普通间隙和负间隙（即预紧）。

请说明预紧的作用？

通过预紧可以增加滚动体和导轨面的接触，减小导轨面平面度、滚子直线度，使大多数滚动体参加工作，提高导向精度。同时增加接触刚度，提高抗震性。

轻预紧、中预紧各自的使用场合？

轻预紧用于精度要求高、载荷较轻的机床。

中预紧用于精度和刚度要求较高的机床。

3. 静压导轨

液体静压导轨是在两个相对运动导轨间通入压力油，使运动部件稍微抬起，同时油液压力随负载同向变化。

目前，液体静压导轨主要是在大型、重型数控机床上应用较多。

七、 数控机床回转工作台

数控机床的回转工作台指实现周向进给和分度运动的工作台。

回转工作台的基本形式有分度工作台、数控回转工作台。

分度工作台：实现工作台的定角度回转运动，即分度、转位和定位工作。

数控回转工作台：除了分度和转位的功能之外，还能实现数控圆周进给运动。

分度工作台工作原理：按照控制系统的指令自动地进行，每次转位回转一定的角度。

数控机床的分度工作台只能完成分度运动。它可以按照数控系统的指令，在需要分度时，将工作台连同工件回转一定的角度并定位。采用伺服电机驱动的分度工作台称为数控分度工作台，它可以分度的最小角度通常都较小，一般有0.5°，1°等，一般都采用鼠牙盘式定位。在数控机床上有时也采用液压或手动分度工作台，这种分度工作台一般只能回转规定的角度，如：可以每隔90°，60°或45°进行分度，可以采用鼠牙盘式定位或定位销式定位。

数控回转工作台从安装形式上可以分为立式和卧式两种。

工作原理：实现圆周进给运动的工作台——立式数控回转工作台（数控转台）

功能：除了可以实现圆周进给运动之外，还可以完成分度运动。

数控机床的回转工作台不但能完成分度运动，而且还能进行连续圆周进给运动。数控回转工作台可以按照数控系统的指令进行连续回转，回转速度是无级、连续可调的。

立式回转工作台用于卧式数控机床，台面为水平安装，其回转直径通常都比较大，一般有500×500，630×630，800×800，1000×1000等常用规格。

任务四 熟悉数控机床换刀装置

自动换刀系统能完成工件一次装夹中的多个工步，可以缩短辅助时间，减少多次安装工件所引起的误差。

自动换刀系统由控制系统和换刀装置组成。

各种不同的换刀装置都要满足换刀时间短、刀具重复定位精度高、刀具存储量多、刀库占地面积小及安全可靠等的要求。

一、自动换刀装置分类

数控机床自动换刀装置分为转塔式和刀库式：转塔式分为回转刀架和转塔头。

刀库式分为刀库与主轴之间直接换刀（无机械手的换刀装置）、用机械手配合刀库进行换刀（用机械手、运输装置配合刀库进行换刀）。目前大量使用这种带有刀库的自动换刀装置。

回转刀架多为顺序换刀，换刀时间短，结构紧凑，容纳刀具较少，用于数控机床、数控车削中心机床。

二、数控车床的自动转位刀架

数控车床典型的换刀装置常见有：数控车床方刀架、盘形自动回转刀架

1. 数控车床方刀架

如图 1-44 所示，为方刀架结构，该刀架可以安装四把不同的刀具。

其换刀工作过程：刀架抬起—刀架转位—刀架定位—刀架夹紧。

说明工作过程的每一步动作是如何完成的？

（1）刀架抬起。执行换刀指令时，电动机 1 启动正转，经平键套筒联轴器 2 使蜗杆轴 3 转动，带动蜗轮丝杆 4 转动。刀架体 7 的内孔加工有螺纹，与丝杆连接，蜗轮与丝杆为整体结构。由于刀架底座 5 和刀架体 7 上的端面齿处在啮合状态，且蜗轮丝杆轴向固定，当蜗轮开始转动时，刀架体 7 抬起。

（2）刀架转位。当刀架体抬起一定距离后，端面齿脱开，转位套 9 用销钉与蜗轮丝杠 4 连接，随蜗轮丝杠一同转动，当端面齿完全脱开后，转位套正好转过 160°，如图 1-44（b）所示，球头销 8 在弹簧力的作用下进入转位套 9 的槽中，带动刀架体转位。

（3）刀架定位。刀架体 7 转动时带着电刷座 10 转动，当转到程序指定的刀号时，粗定位销 15 在弹簧的作用下进入粗定位盘 6 的槽中进行粗定位，同时电刷 13 接触导体使电动机 1 反转。由于粗定位槽的限制，刀架体 7 不能转动，使其在该位置垂直落下，刀架体 7 和刀架底座 5 上的端面齿啮合实现精确定位。

（4）刀架夹紧。电动机继续反转，此时蜗轮停止转动，蜗杆轴 3 自身转动，两端面齿增加到一定夹紧力时，电动机 1 停止转动。

刀架换刀工作过程用到了译码装置，由发信体 11、电刷 13、14 组成，电刷 13 负责发信，电刷 14 负责位置判断。当刀架定位出现过位或不到位时，可松开螺母 12，调整发信体 11 与电刷 14 的相对位置。

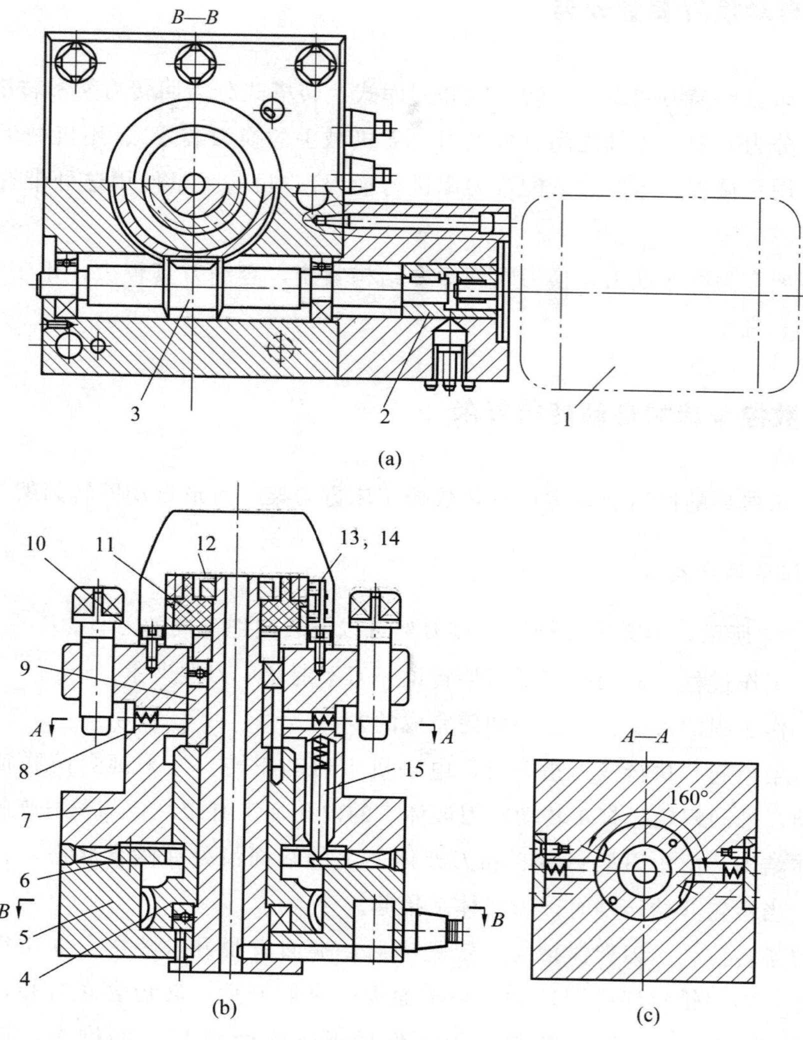

图 1-44　数控车床方刀架结构

1—电动机；2—联轴器；3—蜗杆轴；4—蜗轮丝杠；5—刀架底座；6—粗定位盘；7—刀架体；8—球头销；9—转位套；10—电刷座；11—发信体；12—螺母；13，14—电刷；15—粗定位销

2. 盘形自动回转刀架

车床上常用的刀架还有盘型刀架。

例如某型号车床盘型刀架：A 型（或 B 型）刀架可配置 12 位 25mm×25mm 外径刀，C 型刀架可配置 8 位 20mm×20mm 外径刀，如图 1-45 所示。

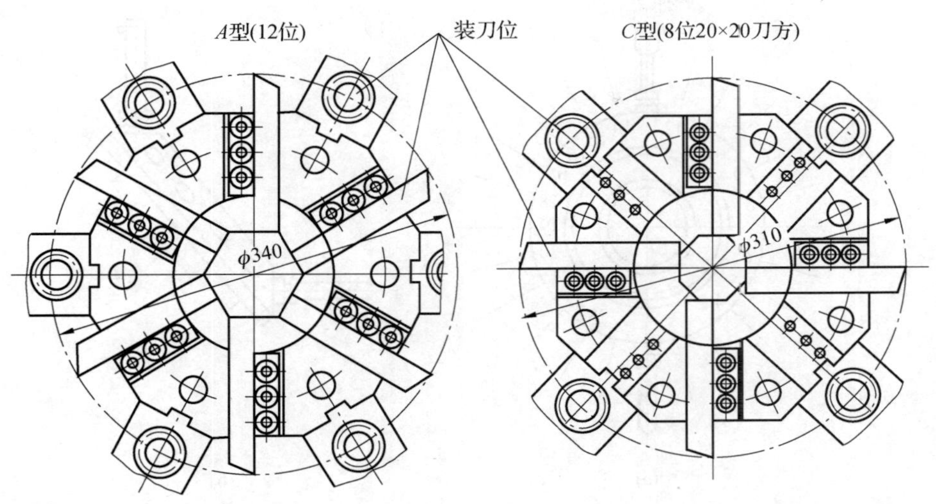

图 1-45　盘形刀架

三、 加工中心自动换刀装置

加工中心自动换刀装置形式多种多样，有利用刀库自动换刀形式、自动更换主轴箱形式、自动更换刀库形式等。

1. 自动换刀的刀库种类（形式）

加工中心刀库有鼓盘式刀库、链式刀库、格子盒式刀库、直线式刀库、多盘式刀库等。

（1）鼓盘式刀库，结构如图 1-46、图 1-47 所示。

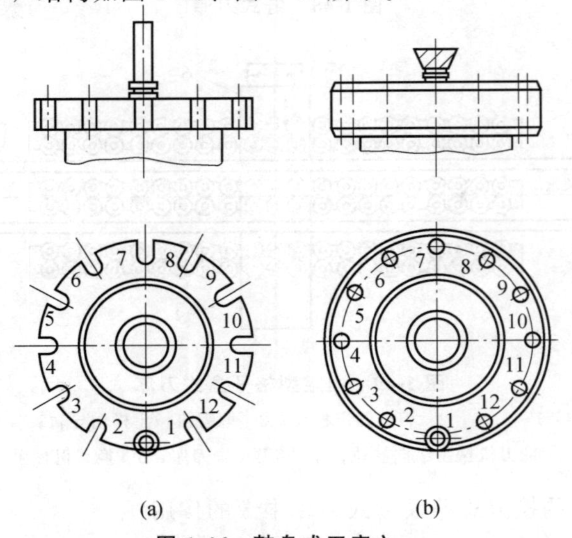

图 1-46　鼓盘式刀库之一

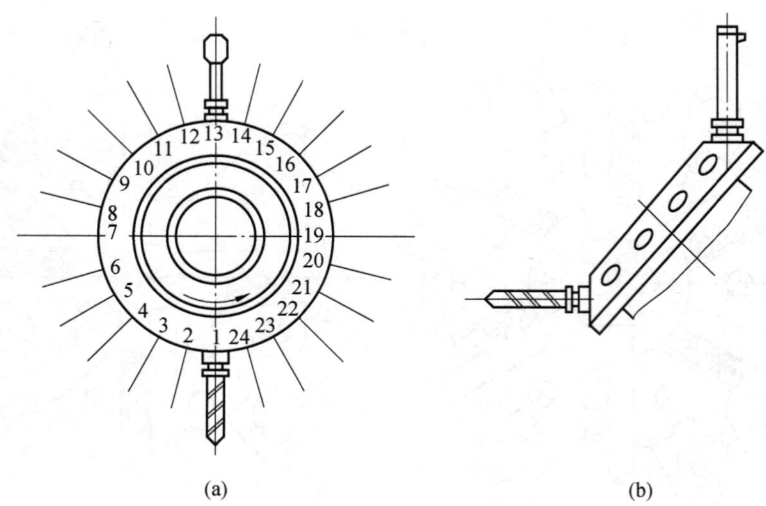

(a) (b)

图 1-47 鼓盘式刀库之二

(2) 链式刀库，如图 1-48 所示，适用于刀库容量较大的场合，且多为轴向取刀。注意比较它们的区别。

(3) 格子盒式刀库，如图 1-49 所示，刀具排列密集、空间利用率高、刀库容量大。

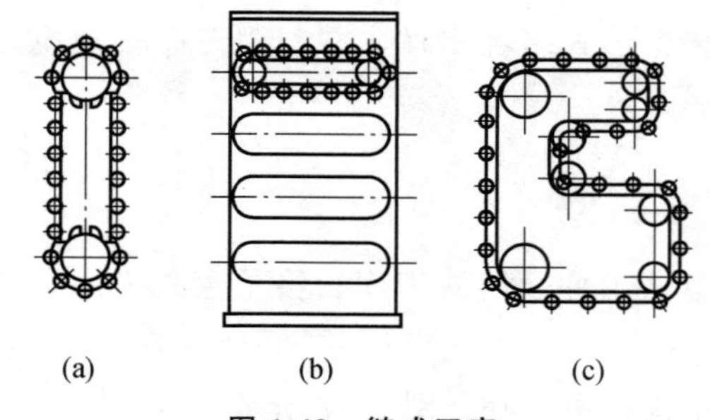
(a) (b) (c)

图 1-48 链式刀库

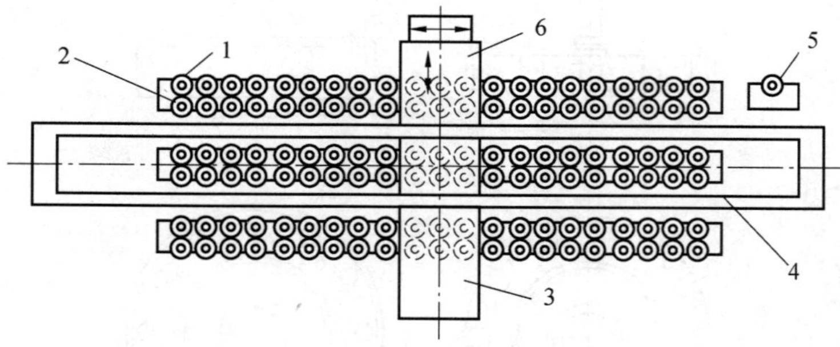

图 1-49 固定型格子盒式刀库

1—刀座；2—刀具固定板架；3—取刀机械手横向导轨；4—取刀机械手纵向导轨；5—换刀位置刀座；6—换刀机械手

请说明各式刀库的换刀思路及盒式刀库中 5 的作用？

图 1-46 所示鼓盘式刀库，刀具轴线与鼓盘轴线平行，(a) 图为径向取刀形式，(b) 图为轴向取刀形式。

图 1-47 所示，(a) 图为刀具径向安装在鼓盘上，(b) 图为刀具 90°角安装在鼓盘上。

图 1-48 所示链式刀库，链条上装有许多刀座及其刀具，由链轮驱动链条，多为轴向取刀，适用于刀库容量大的场合。

图 1-49 所示固定型格子盒式刀库，刀具分几排直线排列，纵、横向移动的取刀机械手完成选刀运动，将选取的刀具送到固定的换刀位置刀座 5 上，由换刀机械手交换刀具。

2. 自动选刀

自动选刀指根据程序中刀具选择指令从刀库中挑选所需刀具的操作。

常用的选刀形式有顺序选刀和任意选刀两种。

(1) 顺序选刀。将刀具按工件加工工序的顺序依次存放入刀库的每一个刀座内，用刀时按同样的顺序依次选刀，顺序不能搞错，加工工件不同就得重新排刀。缺点是同一工件上的相同刀具不能重复使用。

(2) 任意选刀。预先把刀库中的每把刀具（刀座）编代码，用刀时按照编码选刀，刀库中刀具可以随机放位。

编码方式有刀具编码、刀座编码和计算机记忆方式。

① 刀具编码方式：刀具刀柄上有编码环，系统认编码环不认刀座，所以刀具放回刀库时不必放回取刀时的原刀座。任一把刀具可以在不同的工序中多次重复使用。

编码刀柄如图 1-50 所示，为什么是 127 种刀具编码？

编码环的外径有大、小两种规格，大的表示二进制的“1”，小的表示二进制的“0”。根据 7 个编码环的不同排列，并且其中全部为“0”的代码不使用，以免与刀库中没有刀具的状态相混淆，所以能区别 $2^7-1=127$ 种刀具。

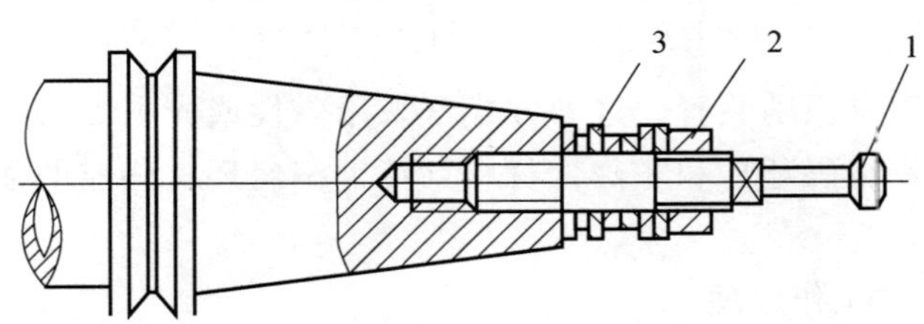

图 1-50　编码刀柄示意图

1—拉紧螺杆；2—锁紧螺母；3—编码环

② 刀座编码方式：指对刀座预先编码，刀具放入相应位置后就表示有对应的编码了，刀具在刀座的位置是固定的，刀具放回刀库时必须放在原来的刀座上。优点是同一把刀具可重复多次使用。

③ 计算机记忆方式：属于目前使用最多的方式，其刀具号和存刀位置或刀座号（地址）对应地记忆在计算机相关设备上。

最大特点是不论刀具存放在哪个地址，始终被记住踪迹，因此刀具可以随意取出与放回。

3. 刀具（刀座）识别装置

常用的刀具识别有以下两种方式：

（1）接触式刀具识别装置，其原理如图 1-51 所示，请说明其工作原理。

与编码环相同数量的五个触针 2 用于判断编码环的“1”或“0”，同时触针与继电器相连，当各继电器读出的数码与所需刀具编码一致时，由数控装置发出信号，使刀具停转，等待换刀。

接触式刀具识别装置的结构简单，但可靠性较差，寿命较短，而且不能快速选刀。

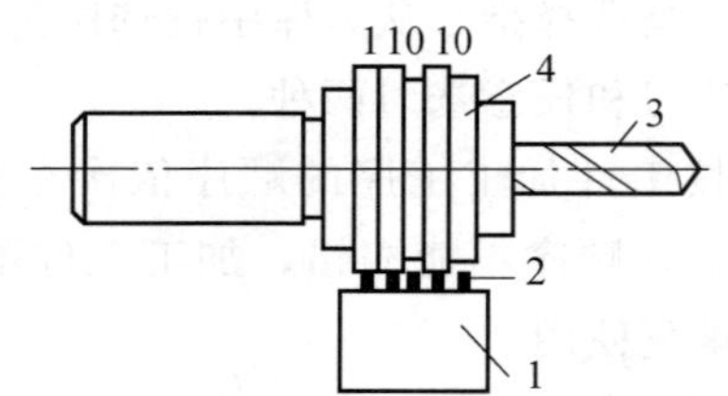

图 1-51　接触式刀具识别装置

1—刀具识别装置；2—触针；3—刀具；4—编码环

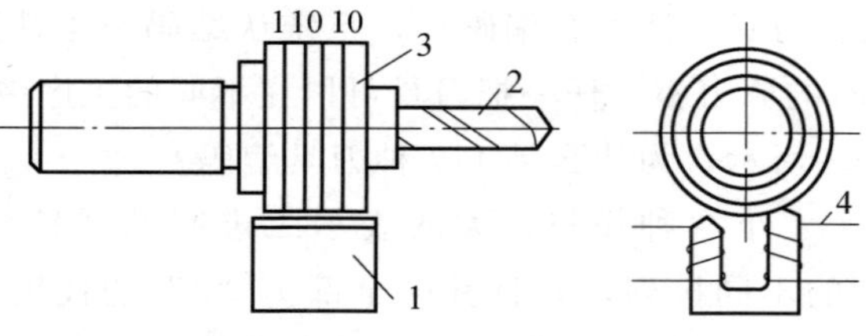

图 1-52　磁性识别装置

1—刀具识别装置；2—刀具；3—编码环；4—线圈

（2）非接触式刀具识别装置。这种方式常采用磁性或光电方法。磁性识别方法是利用磁性材料（软钢编码环）和非磁性材料（黄铜编码环）感应的强弱不同，再通过感应线圈读取代码。

请说明图 1-52 的工作原理。

如图所示，当编码环 3 通过线圈 4 时，只有对应于软钢编码环的那些绕组才能感应出高电位，其余绕组输出低电位，然后通过识别电路选出所需的刀具。磁性识别装置没有机械接触，可以快速选刀，而且具有结构简单、工作可靠、寿命长等优点。

光电识别装置，如图 1-53 所示，这种识别系统不仅能识别编码，还能识别图样，因此给刀具管理带来了很大的便利。

请说明光电识别方法的工作原理?

装刀时，屏板 5 将每一把刀具的图样转换成对应的脉冲信息，经过处理将代表每一把刀具的“信息图形”记入存储器。选刀时，当某一把刀具在识别位置出现的“信息图形”与存储器指定刀具的“信息图形”相一致时，便发出信号，使该刀具停在换刀位置，由机械手 4 将刀具取出。

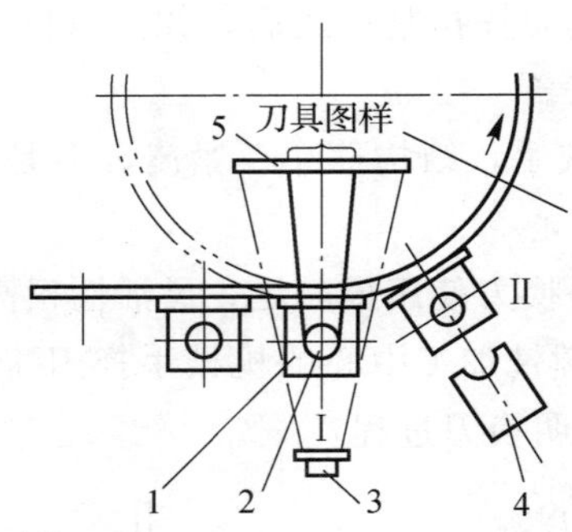

图 1-53　光电识别装置

1—刀座；2—刀具；3—投光器；4—机械手；5—屏板

4．刀具交换装置

刀具交换装置实现刀库与主轴之间传递和装卸刀具。刀具交换方式有无机械手换刀和有机械手换刀两类。

(1) 无机械手换刀。指利用刀库与机床主轴的相对运动实现刀具交换，如图 1-54 所示。

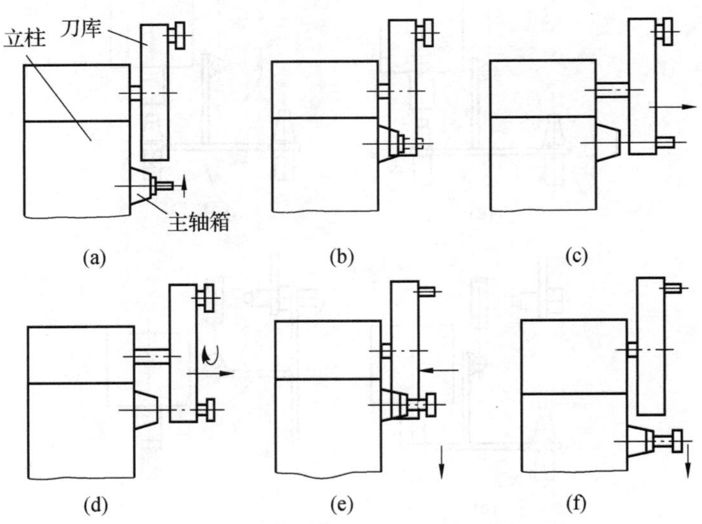

图 1-54　无机械手的换刀过程

图 1-54 所示无机械手换刀过程说明：

完成某步加工，接到换刀指令，如图 (a) 所示，先主轴准停，主轴箱沿 Y 轴上升，对准刀库上的空刀位，空刀位卡爪也打开；到了图 (b)，主轴箱进入空刀位的极限位置，空刀位卡爪夹紧刀具，主轴便松开刀具；此时，如图（c）所示，刀库向右伸出，拔出主轴孔的刀具；到了图（d），刀库转位，按照指令要求把选好的刀具转到主轴孔对应位置，同时压缩空气将主轴孔吹净；然后如图（e）所示，刀库退回把所选刀具插入主轴锥孔，主轴把刀具刀杆拉紧；之后，如图（f）所示，主轴下降到加工位置后启动，可以进行下一步加工。

这种换刀机构不需要机械手，结构简单、紧凑，但是受刀库尺寸限制，装刀数量不能太多，常用于小型加工中心。

（2）机械手换刀。机械手换刀使用最广泛，灵活性很高，且可以减少换刀时间。

图 1-55 所示为一种卧式镗铣加工中心的机械手换刀工作原理图。图示机械手需要 3 个自由度，请问哪 3 个？说明换刀过程？

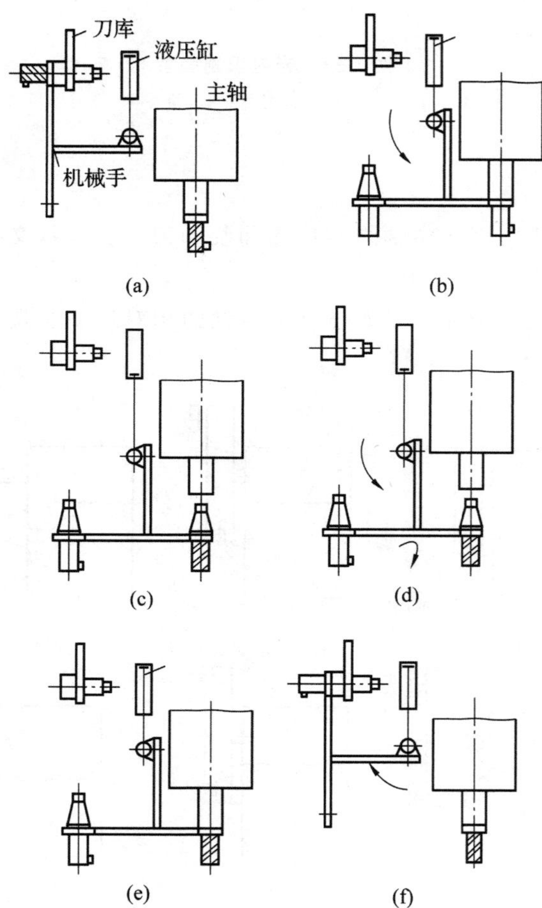

图 1-55　机械手的换刀分解动作示意图

5. 机械手

机械手的形式多种多样，常见的有：

（1）两手呈 180°的回转式单臂双手机械手；

① 两手不伸缩的回转式单臂双手机械手，如图 1-56 所示。

该机械手适用于刀库中刀座轴线与主轴轴线平行的自动换刀装置，手臂的回转由蜗杆凸轮机构传动，快速可靠，换刀时间在 2s 内完成。注意避免回转机械手与换刀位置相邻刀具的干涉。

② 两手伸缩的回转式单臂双手机械手，如图 1-57 所示。

该机械手的两手可以伸缩，缩回后回转，可避免与刀库中其它刀具干涉，但是增加了伸缩动作，比两手不伸缩的回转式机械手换刀时间要长。

③ 剪式手抓的回转式单臂双手机械手（剪式机械手）（略）

（2）两手互相垂直的回转式单臂双手机械手，如图 1-58 所示。

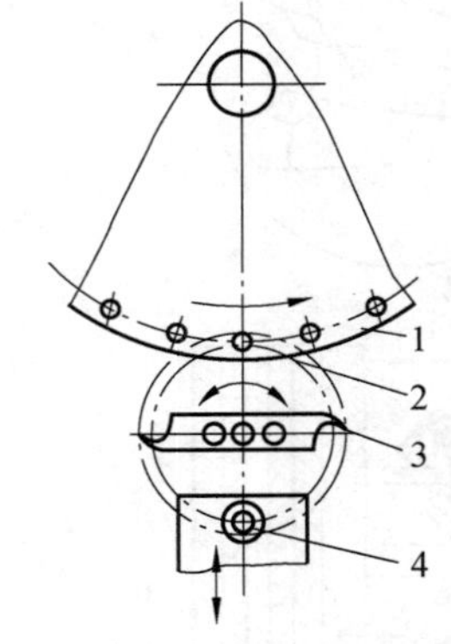

图 1-56　两手不伸缩的回转式单臂双手机械手

1—刀座；2—换刀位置的刀座；3—机械手；4—机床主轴

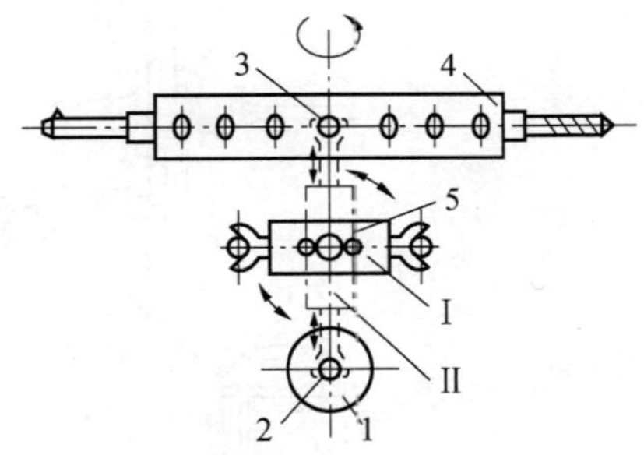

图 1-57　两手伸缩的回转式单臂双手机械手

1—机床主轴；2—主轴中刀具；3—刀库中刀具；4—刀库；5—机械手

请分析该机械手的工作原理，包括伸缩动作、回转动作、抓刀动作、松刀动作。

图 1-58 所示的机械手用于刀库刀座轴线与机床主轴轴线垂直，刀库为径向存取刀具的自动换刀装置。

伸缩动作：液压缸带动手臂托架 5 沿主轴轴向移动。

回转动作：液压缸活塞驱动齿条 2，使与机械手相连的齿轮 3 旋转。

抓刀动作：液压驱动抓刀活塞 4 移动，通过活塞杆末端的齿条传动两个小齿轮 10，再分别通过小齿条 14、小齿轮 12、小齿条 13，移动两个手部中的抓刀动块 7，抓刀动块上的销 8 插入刀具颈部后法兰上的对应孔中，抓刀动块 7 与抓刀定块 9 撑紧在刀具颈部两法兰之间。

松刀动作：换刀后在弹簧 11 的作用下，抓刀动块 7 松开及销 8 退出。

(3)（手臂座移动）双手交叉式机械手，如图 1-59 所示。

说明其各个动作过程如何实现：机械手在主轴处的装、卸刀具，机械手在刀库的取刀及送回。

机械手移动到机床主轴处，卸刀手 7 伸出，抓住主轴 1 中的刀具 3，手臂座 4 沿主轴轴向前移，拔出刀具 3；卸刀手 7 缩回；装刀手 6 带着刀具 2 前伸到对准主轴；手臂座 4 沿着主轴轴向后退，装刀手 6 把刀具 2 插入主轴，刀具缩回。

机械手移动到刀库处，送回卸下的刀具，并选取继续加工所需的刀具，手臂座 4 横向移动至刀库上方位置Ⅰ并轴向前移；卸刀手 7 前伸使刀具 3 对准刀库空刀座；手臂座后退，卸刀手 7 把刀具 3 插入空刀座；卸刀手缩回。刀库的选刀动作与上述动作相同，选刀后横移到等待换刀的中间位置Ⅱ。

特点：该类机械手适用于距主轴较远的、容量较大的、落地分置式刀库的自动换刀装置。

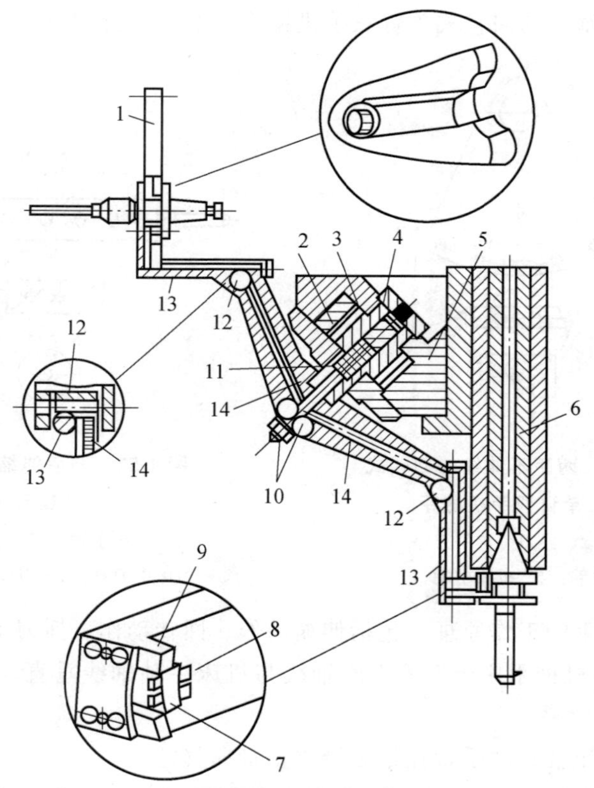

图 1-58　两手互相垂直的回转式单臂双手机械手

1—刀库；2—齿条；3—齿轮；4—抓刀活塞；5—手臂托架；6—机床主轴；7—抓刀动块；8—销；9—抓刀定块；10，12—小齿轮；11—弹簧；13，14—小齿条

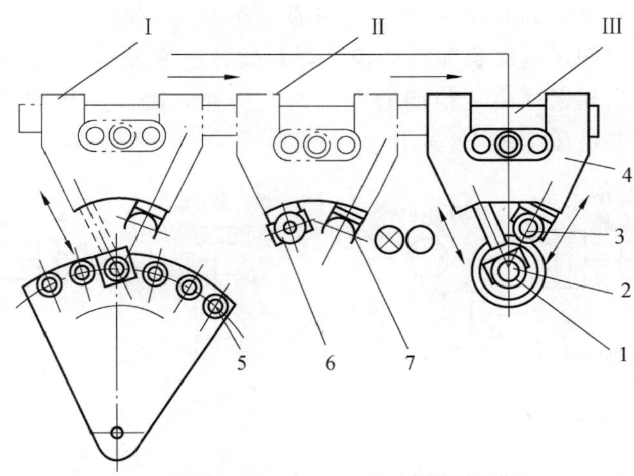

图 1-59　双手交叉式机械手换刀示意图

Ⅰ—向刀库归还用过的刀具并选取下一工序要使用的刀具；Ⅱ—等待与主轴交换刀具；Ⅲ—完成主轴的刀具交换；
1—主轴；2—装上的刀具；3—卸下的刀具；4—手臂座；5—刀库；6—装刀手；7—卸刀手

任务五　了解数控机床的液压系统

液压系统广泛应用于数控机床的主轴自动装夹、主轴箱齿轮的变挡、主轴箱齿轮和主轴轴承的润滑、换刀装置、回转工作台以及尾座等。

MJ-50 型数控车床液压系统

MJ-50 型数控车床液压系统功用：控制卡盘的夹紧与松开、卡盘夹紧力的高低压转换、回转刀架的松开与固紧、刀架刀盘的正转与反转、尾座套筒的伸出与退回。而液压系统各电磁阀、电磁铁由 PC 控制实现。

图 1-60 为 MJ-50 型数控车床的液压系统原理图。

主油路控制压力由单向变量泵提供，图中压力表 14 测定主油路压力。

(1) 卡盘的夹紧与松开动作如何控制？控制油路怎么走？

(2) 回转刀架刀盘松开—刀架转位—刀盘夹紧过程如何实现？

(3) 尾座套筒的伸出与退回动作如何控制？

(4) 通过认真分析液压系统原理图，完成一份各种情况下的电磁铁动作顺序表。

卡盘的夹紧与松开由一个二位四通电磁阀 1 控制，卡盘夹紧力大小转换由另一个二位四通电磁阀 2 接通减压阀 6 和减压阀 7 来实现，压力表 12 显示卡盘压力。

回转刀具换刀时，首先是刀盘松开，接着刀盘就近转位到指定的刀位，最后刀盘复位固紧。刀盘的松开与固紧由一个二位四通电磁阀 4 控制。刀盘的正转和反转两个旋转方向由一个三位四通电磁换向阀 3 控制，其旋转速度分别由调速阀 9 和 10 控制。

尾座套筒的伸出与退回由 3 位四通电磁阀 5 控制，套筒伸出时的预紧力大小通过减压阀 8 来调整，并由压力表 13 显示。

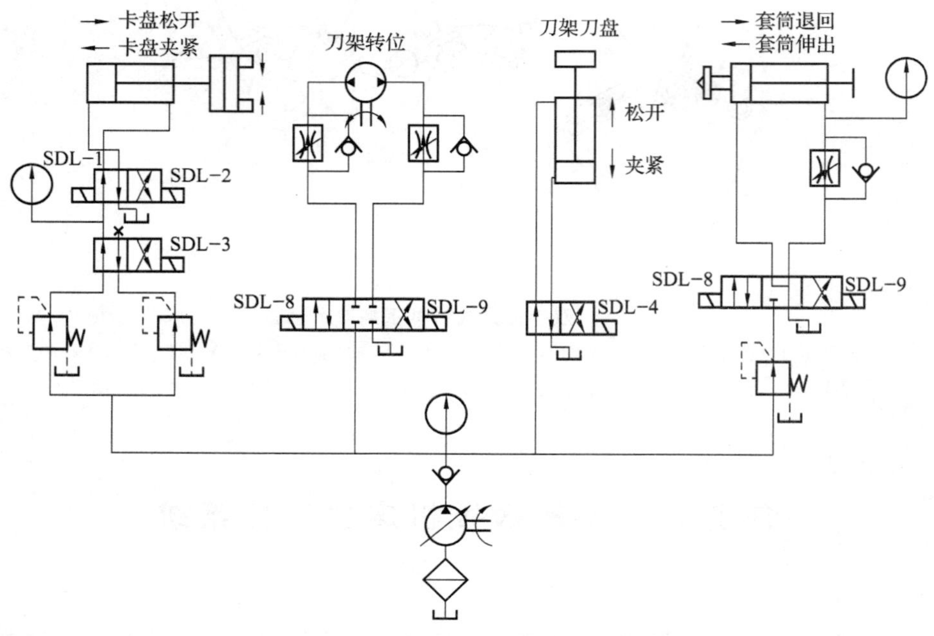

图 1-60　MJ-50 型数控车床液压系统原理

任务六　了解数控系统

计算机数控系统是计算机数字控制装置、可编程控制器、进给驱动与主轴驱动装置等相关设备的总称，它利用计算机控制功能，实现数值控制。

一、数控系统的组成及各部分作用

计算机数控系统由输入/输出装置、CNC 装置、可编程控制器（PLC）、主轴驱动装置、伺服驱动装置及检测反馈装置等组成，如图 1-61 所示。

工作原理：机床数控装置读取来自输入介质或输入设备、通信设备的数控程序后，根据加工程序信息进行信息处理，计算出（插补方法）理想轨迹和运动速度，并将处理的结果输出到机床的主轴及进给装置，控制机床运动部件按预定的轨迹和速度运动，完成数控加工。

（1）输入/输出装置。手工键盘输入、RS232C 接口方式或网络通信计算机输入至 CNC 装置的存储器。

（2）CNC 装置。属于数控系统的核心，从存储器读出程序，进行译码等数据处理与管理，为控制伺服驱动装置作准备。

（3）伺服驱动装置。属于 CNC 装置与机床本体的联系环节。它将来自 CNC 的指令通过调解、转换、放大后驱动伺服电机，驱动机床各执行部件按数控编程轨迹运动实现符合图纸的加工。包括主轴驱动单元（主轴转速控制）、进给驱动单元（进给位移和速度控制）、回转工作台和刀库伺服控制等。

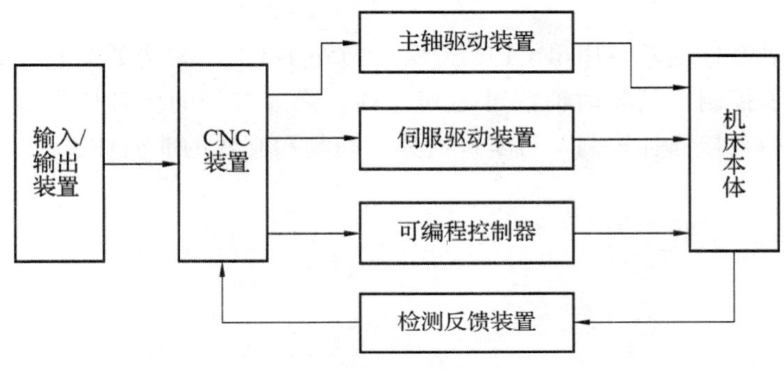

图 1-61　数控系统组成图

（4）位置检测反馈装置。主要用于闭环和半闭环的反馈控制，常用检测装置有旋转变压器、编码器、感应同步器、光栅、磁栅和霍尔元件等。

（5）可编程控制器（PLC）。用于控制机床上一些开关量的动作，包括主轴的驱动与停止、冷却液的开与关、刀具的更换和工作台的夹紧与松开等。

二、　常用数控系统

随着科学技术的高速发展，制造业发生了根本性变化。由于数控技术的广泛应用，普通机械逐渐被高效率、高精度的数控机械所代替，形成了巨大的生产力。未来机械制造技术的竞争，已成为数控技术的竞争。

常用数控系统有德国西门子公司的 SIEMENS 系统，日本富士通公司的 FANUC 系统、三菱公司的 MELDAS 系统，以及国产的武汉华中系统、广州数控系统等，其中最著名的是 FANUC 系统、SIEMENS 系统。

华中数控系统

武汉华中数控股份有限公司是从事数控系统的研究、开发和生产的高科技企业，公司以华中科技大学和“国家数控系统工程技术研究中心”为技术依托，其开发的具有自主知识产权的华中 I 型高性能数控系统达到国际先进水平。

目前华中数控已派生出了 10 多种系列 30 多个产品，广泛用于车、铣、磨、锻、齿轮、仿形、激光加工、纺织机械等设备。

华中数控系统具有高性能、低价位、易使用、高质量、多品种、易开发的特点。

XK2186数控龙门铣床和XKF4560数控仿形铣床是针对复杂模具加工而设计的高性能、低价位的加工设备，具有承载能力大、工作台面宽、系统功能强的特点。还可扩展四轴、五轴转台和高速主轴等功能模块。

CJK6032数控车床、ZJK7532A数控铣床和五轴教学机器人是针对大专院校、中专技校对机电一体化教学培训而开发，也可作为企业的小型零件生产设备。系统以普通微机进行控制，其功能和操作界面与华中高档系统相同，可作为数控技术教学培训的实验装置。

华中数控以软件创新，用单CPU实现了国外多CPU结构的高档系统的功能。可进行多轴多通道控制，其联动轴数可达到9轴。国际首创的多轴曲面插补技术能完成多轴曲面轮廓的直接插补控制，可实现高速、高精和高效的曲面加工。

模块二　数控加工工艺基础

模块导读

（1）数控加工工艺分析方法与步骤。

（2）零件数控加工工艺路线的规划。

（3）会分析并制定被加工零件在机床上的定位、装夹方案。

（4）了解数控机床常用刀具及切削用量的选择原则。

（5）会制定简单的零件数控加工工艺卡。

（6）熟悉数控机床所用相关坐标系。

（7）务必掌握相关数控加工的对刀方法。

（8）了解数控机床编程程序构成及指令类型。

任务一　了解数控加工工艺特点

数控加工工艺是伴随着数控机床的产生，不断发展和逐步完善起来的一门应用技术，研究的对象是数控设备完成数控加工全过程相关的集成化技术，最直接的研究对象是与数控设备息息相关的数控装置、控制系统、数控程序及编制方法。数控加工工艺源于传统的加工工艺，将传统的加工工艺、计算机数控技术、计算机辅助设计和辅助制造技术有机地结合在一起，它的一个典型特征是将普通加工工艺完全融入数控加工工艺中。数控加工工艺是数控编程的基础，高质量的数控加工程序，源于周密、细致的技术可行性分析、总体工艺规划和数控加工工艺设计。

编程员接到一个零件或产品的数控编程任务，主要的工作包括根据零件或产品的设计图纸及相关技术文件进行数控加工工艺可行性分析，确定完成零件数控加工的加工方法；选择数控机床的类型和规格；确定加工坐标系、选择夹具及其辅助工具、选择刀具和刀具装夹系统，规划数控加工方案和工艺路线，划分加工区域、设计数控加工工序内容，编写数控程序，进行数控程序调试和实际加工验证，最后对所有的数控工艺文件进行完善、固化并存档等方面的内容。

数控编程可以简单地理解成从零件的设计图开始，直到数控加工程序编制完成的整个过程。

数控加工工艺是数控编程的核心，只有将数控加工工艺合理、科学地融入数控编程中，编程员才能编制出高质量和高水平的数控程序。数控编程也是逐步完善数控工艺的过程。

一、数控加工工艺的特点

1. 数控加工工艺远比普通机械加工工艺复杂

数控加工工艺要考虑加工零件的工艺性，加工零件的定位基准和装夹方式，也要选择刀具，制定工艺路线、切削方法及工艺参数等，而这些在常规工艺中均可以简化处理。因此，数控加工工艺比普通加工工艺要复杂得多，影响因素也多，因而有必要对数控编程的全过程进行综合分析、合理安排，然后整体完善。相同的数控加工任务，可以有多个数控工艺方案，既可以选择以加工部位作为主线安排工艺，也可以选择以加工刀具作为主线来安排工艺。数控加工工艺的多样化是数控加工工艺的一个特色，是与传统加工工艺的显著区别。

2. 数控加工工艺设计要有严密的条理性

由于数控加工的自动化程度较高，相对而言，数控加工的自适应能力就较差。而且数控加工的影响因素较多，比较复杂，需要对数控加工的全过程深思熟虑，数控工艺设计必须具有很好的条理性，也就是说，数控加工工艺的设计过程必须周密、严谨，没有错误。

3. 数控加工工艺的继承性较好

凡经过调试、校验和试切削过程验证的，并在数控加工实践中证明是好的数控加工工艺，都可以作为模板，供后续加工相类似零件调用，这样不仅节约时间，而且可以保证质量。作为模板本身在调用中也是一个不断修改完善的过程，可以取得逐步标准化、系列化的效果。因此，数控工艺具有非常好的继承性。

4. 数控加工工艺必须经过实际验证才能指导生产

由于数控加工的自动化程度高，安全和质量是至关重要的。数控加工工艺必须经过验证后才能用于指导生产。在普通机械加工中，工艺员编写的工艺文件可以直接下到生产线用于指导生产，一般不需要上述的复杂过程。

二、数控加工工艺分析的一般步骤

数控加工工艺分析的一般步骤：

（1）机床的合理选用。

（2）数控加工零件工艺性分析。

（3）加工方法的选择与加工方案的确定。

（4）工序与工步的划分。

（5）零件的安装与夹具的选择。

（6）刀具的选择与切削用量的确定。

（7）对刀点与换刀点的确定。

（8）加工路线（走刀路线）的确定。

关于机床的合理选用：在数控机床上加工零件时，一般有两种情况。第一种情况：有零件图样和毛坯，要选择适合加工该零件的数控机床。第二种情况：已经有了数控机床，要选择适合在该机床上加工的零件。无论哪种情况，考虑的因素主要是毛坯的材料和类、零件轮廓形状复杂程度、尺寸大小、加工精度、零件数量、热处理要求等。概括起来有三点：①要保证加工零件的技术要求，加工出合格的产品；②有利于提高生产力；③尽可能降低生产成本（加工费用）。

任务二　掌握数控加工零件工艺性分析及工艺路线拟定

一、零件工艺性分析

数控加工工艺性分析涉及面很广，在此仅从数控加工的可能性和方便性两方面加以分析。

1. 零件图样上尺寸数据的给出应符合编程方便的原则

（1）零件图上尺寸标注方法应适应数控加工的特点，在数控加工零件图上应以同一基准引注尺寸或直接给出坐标尺寸。

由于零件设计人员一般在尺寸标注中较多地考虑装配等使用特性方面，而不得不采用局部分散的标注方法，这样就会给工序安排与数控加工带来许多不便。因为数控加工精度和重复定位精度都很高，不会因产生较大的积累误差而破坏使用特性，所以可将局部的分散标注法改为同一基准引注尺寸或直接给出坐标尺寸的标注法。

（2）构成零件轮廓的几何元素的条件应充分。在手工编程时要计算基点或节点坐标。在自动编程时，要对构成零件轮廓的所有几何元素进行定义。因此在分析零件图时，要分析几何元素的给定条件是否充分。如圆弧与直线，圆弧与圆弧在图样上相切，但根据图上给出的尺寸，在计算相切条件时，变成了相交或相离状态，则属于构成零件几何元素条件的不充分，编程无法进行。遇到这种情况时，应与零件设计者协商解决。

2. 零件各加工部位的结构工艺性应符合数控加工的特点

（1）零件的内腔和外形最好采用统一的几何类型和尺寸，这样可以减少刀具规格和换刀次数，方便编程，提高生产效益。

（2）内槽圆角的大小决定着刀具直径的大小，因而内槽圆角半径不应过小。零件工艺性的好坏与被加工轮廓的高低、转接圆弧半径的大小等有关。

（3）零件铣削底平面时，槽底圆角半径 r 不应过大。

（4）应采用统一的基准定位。在数控加工中，若没有统一基准定位，会因工件的重新安装而导致加工后的两个面上轮廓位置及尺寸不协调。因此要避免上述问题的产生，保证两次装夹加工后其相对位置的准确性，应采用统一的基准定位。

零件上最好有合适的孔作为定位基准孔，若没有，要设置工艺孔作为定位基准孔（如在毛坯上增加工艺凸耳或在后续工序要铣去的余量上设置工艺孔）。若无法制出工艺孔时，最起码也要用经过精加工的表面作为统一基准，以减少两次装夹产生的误差。零件结构工艺性好坏示例见表 2-1。

表 2-1 零件结构工艺性示例

序号	结构的工艺性不好	结构的工艺性好	说　明
1	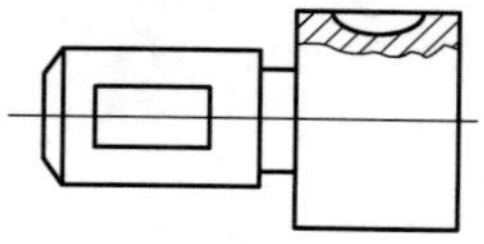	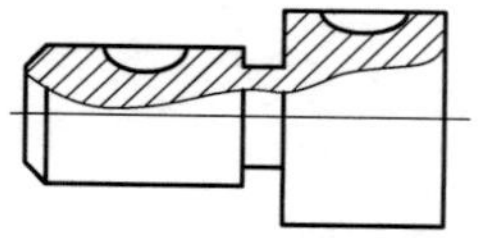	链槽的尺寸、方位相同，可在一次装夹中加工出全部键槽，提高生产率
2	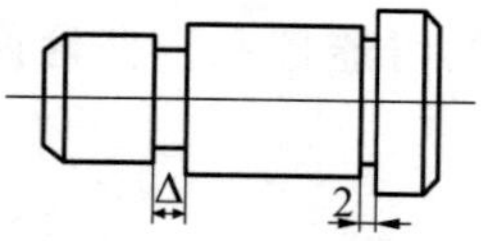 Δ 2	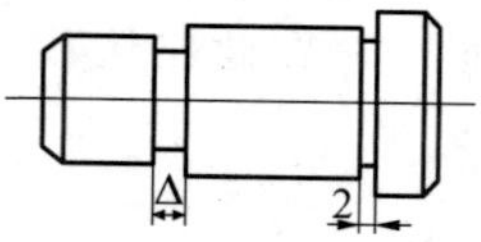 Δ 2	退刀槽尺寸相同，可减少刀具种类，减少换刀时间
3	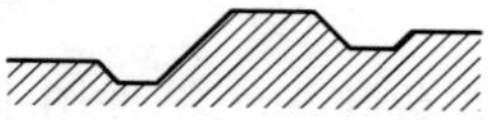	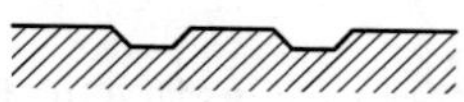	3 个凸台表面在同一平面上，可在一次进给中加工完成
4	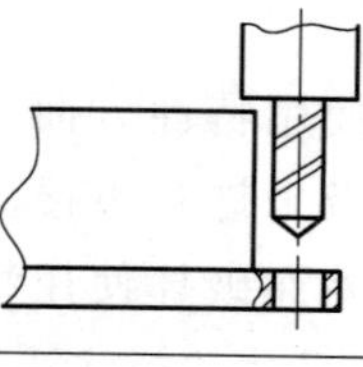	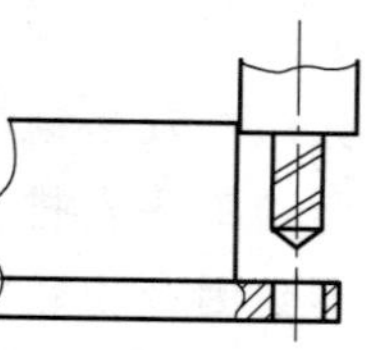	小孔与壁距离适当，便于引进刀具

续表

序号	结构的工艺性不好	结构的工艺性好	说　明
5			型腔淬硬后，骑缝销孔无法用钻铰方法配作
6			销孔太深，增加铰孔工作量，螺钉太长，没有必要

此外，还应分析零件所要求的加工精度、尺寸公差等是否可以得到保证、有无引起矛盾的多余尺寸或影响工序安排的封闭尺寸等。

二、工艺路线拟定

工艺路线的主要任务是选择零件表面的加工方法、确定加工顺序、划分工序。

1. *表面加工方法的选择*

加工方法的选择原则是保证加工表面的加工精度和表面粗糙度的要求。由于获得同一级精度及表面粗糙度的加工方法一般有许多，因而在实际选择时，要结合零件的形状、尺寸大小和热处理要求等全面考虑。例如，对于IT7级精度的孔采用镗削、铰削、磨削等加工方法均可达到精度要求，但箱体上的孔一般采用镗削或铰削，而不宜采用磨削。一般小尺寸的箱体孔选择铰孔，当孔径较大时则应选择镗孔。此外，还应考虑生产力和经济性的要求，以及工厂的生产设备等实际情况。

对于精度要求较高的表面，先是根据各种工艺方法所能达到的加工经济精度和表面粗糙度等因素来选定它的最后加工方法。然后再选定前面一系列准备工序的加工方法和顺序。

常见的加工方法所能达到的经济精度及表面粗糙度可以查阅有关工艺手册。表2-2为部分圆柱表面加工方法及加工精度摘录。

表2-2　外圆柱表面的加工方法及加工精度（摘录）

序号	加工方法	经济精度	表面粗糙度	适用范围
1	粗车	IT11～IT13	12.5～50	适用于淬火钢以外的各种金属
2	粗车—半精车	IT8～IT10	3.2～6.3	
3	粗车—半精车—精车	IT7～IT8	0.8～1.6	
4	粗车—半精车—精车—滚压（或抛光）	IT7～IT8	0.025～0.2	

续表

序号	加工方法	经济精度	表面粗糙度	适用范围
5	粗车—半精车—磨削	IT7～IT8	0.4～0.8	主要用于淬火钢，也可用于未淬火钢，但不宜加工有色金属
6	粗车—半精车—粗磨—精磨	IT6～IT7	0.1～0.4	
7	粗车—半精车—粗磨—精磨—超精加工（或轮超精磨）	IT5	0.012～0.1（或 R_Z0.1）	
8	粗车—半精车—精车—精细车（金刚车）	IT6～IT7	0.025～0.4	主要用于要求较高的有色金属加工
9	粗车—半精车—粗磨—精磨—超精磨（或镜面磨）	IT5 以上	0.006～0.025（或 R_Z0.05）	极高精度的外圆加工
10	粗车—半精车—粗磨—精磨—研磨	IT5 以上	0.006～0.1（或 R_Z0.05）	

2. 工艺阶段的划分（加工方案）

零件上比较精密表面的加工，常常是通过粗加工、半精加工和精加工逐步达到的。对这些表面仅仅根据质量要求选择相应的最终加工方法是不够的，还应正确地确定从毛坯到最终成形的加工方案。

确定加工方案时，首先应根据主要表面的精度和表面粗糙度的要求，初步确定为达到这些要求所需要的加工方法。例如，对于孔径不大的 IT7 级精度的孔，最终加工方法取精铰时，则精铰孔前通常要经过钻孔、扩孔和粗铰孔等加工。

（1）粗加工阶段。粗加工阶段主要任务是切除加工表面上的大部分余量，主要考虑如何提高劳动生产力。

（2）半精加工阶段。半精加工阶段主要任务是为表面的精加工做好必要的精度和余量准备，并完成一些次要表面的加工（如钻孔、攻螺纹、切槽等）。

（3）精加工阶段。精加工阶段主要任务是提高并达到规定的表面质量要求。

（4）光整加工阶段。光整加工阶段主要任务是提高被加工表面的尺寸精度，减小表面粗糙度，一般对尺寸精度和表面粗糙度要求特别高的表面才安排光整加工。

工艺路线划分加工阶段是就零件加工的整个工艺过程而言，不是以某一表面的加工或某一工序的加工而论。

3. 工序的划分

在数控机床上加工零件，工序可以比较集中，在一次装夹中尽可能完成大部分或全部工序。首先应根据零件图样，考虑被加工零件是否可以在一台数控机床上完成整个零件的加工工作，若不能则应决定其中哪一部分在数控机床上加工，哪一部分在其他机床上加工，即对零件的加工工序进行划分。

一般工序划分有以下几种方式：

（1）按所用刀具划分工序。即以同一把刀具完成的哪一部分工艺过程为一道工序。

目的：减少安装次数，提高加工精度；减少换刀次数，缩短辅助时间，提高加工效率。适用于工件的待加工表面较多、机床连续工作时间过长（如在一个工作班内不能完成）、加工程序的编制和检查难度较大等情况。

（2）按安装次数划分工序。即以一次安装完成的那一部分工艺过程为一道工序.适合于加工内容不多的工件，加工完成后就能达到待检状态。

（3）以粗、精加工划分工序。即粗加工中完成的那一部分工艺过程为一道工序，精加工中完成的那一部分工艺过程为一道工序。适用于加工变形大，需要粗、精加工分开的零件，如薄壁件或毛坯为铸件和锻件，也适用于需要穿插热处理的零件。

（4）以加工部位划分工序。即完成相同型面的那一部分工艺过程为一道工序。适用于加工表面多而复杂的零件，此时，可按其结构特点（如内形、外形、曲面和平面）将加工划为分几个部分。

在一个工序内往往需要采用不同的刀具和切削用量，对不同的表面进行加工。为了便于分析和描述较复杂的工序，在工序内又细分为工步。

工步的划分主要从加工精度和效率两方面考虑。下面以加工中心为例来说明工步划分的原则：

（1）同一表面按粗加工、半精加工、精加工依次完成，或全部加工表面按先粗后精加工分开进行。

（2）对于既有铣面又有镗孔的零件，可先铣面后镗孔。按此方法划分工步，可以提高孔的精度。

因为铣削时切削力较大，工件易发生变形。先铣面后镗孔，使其有一段时间恢复，减少由变形引起的对孔加工精度的影响。

（3）按刀具划分工步。某些机床工作台回转时间比换刀时间短，可采用按刀具划分工步，以减少换刀次数，提高加工效率。

总之，工序与工步的划分要根据具体零件的结构特点、技术要求等情况综合考虑。

4. 加工顺序的安排

（1）切削加工工序的安排。

①“先粗后精”的加工顺序——先进行粗加工，再进行半精加工，最后进行精加工和光整加工。

② 先加工基准表面，后加工其他表面。

③ 先加工主要表面，后加工次要表面。

④ 先加工平面，后加工内孔。

（2）热处理工序的安排

① 退火、正火和调质等，一般安排在粗加工前后。

② 淬火、正火和调质等，一般安排在半精加工之后，精加工、光整加工之前。

③ 渗氮处理温度低、变形小，且渗氮层较薄，渗氮工序应尽量靠后，安排在工件

粗磨之后，精磨、光整加工之前。

④ 时效处理在粗加工之后，精加工之前进行。对于高精度的零件，在加工过程中常多次时效处理。

(3) 辅助工序的安排

辅助工序主要包括检验、去毛刺、清洗、涂防锈油等。

检验工序是主要的辅助工序，检验工序应作如下安排：

① 零件粗加工或半精加工结束之后。

② 重要工序加工前后。

③ 零件送外车间（热处理）加工之前。

④ 零件全部加工结束之后。

钳工去毛刺常安排在易产生毛刺的工序之后，检验及提高硬度的热处理工序之前。

任务三　熟悉工件的定位与装夹方案

一、工件的定位

1. 工件定位原理

六点定位原理：任一刚体，在空间都有 6 个自由度，即沿直角坐标系 X，Y，Z 三轴方向移动的自由度，以及绕三轴转动的自由度，如图 2-1 所示。

限制工件在空间的 6 个自由度，使之完全定位，即为工件的六点定位原理。

例：如图 2-2 所示，采用相应的定位零件支承其 6 个固定点，使每个固定点限制成型件的一个自由度，则工件的 6 个自由度将完全被限制，此工件在机床上或夹具中将既不能移动，也不能转动，即在空间获得了正确定位。

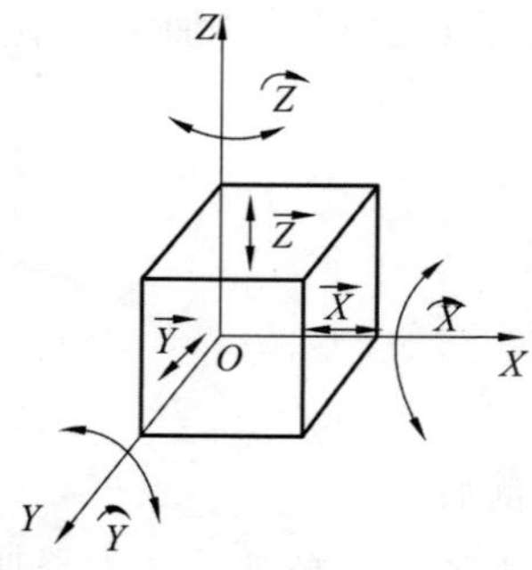

图 2-1　工件在空间的自由度

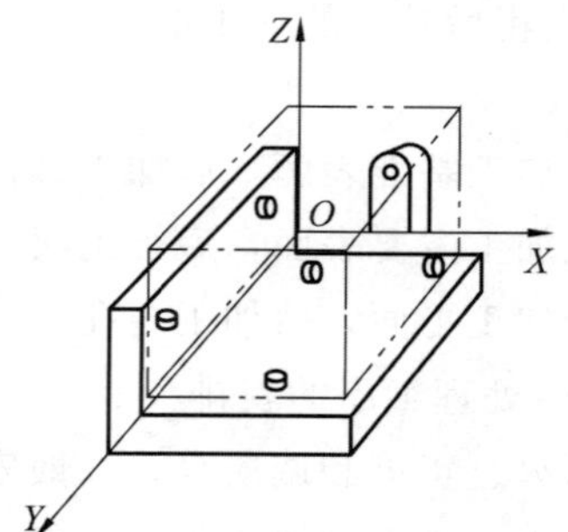

图 2-2　六点定位原理图

六点定位原理是进行夹具设计与制造的技术基础理论。

2. 定位方法

完全定位：加工中，工件的 6 个自由度全部没有重复地被限制的定位，称为工件的完全定位。如图 2-3 所示。

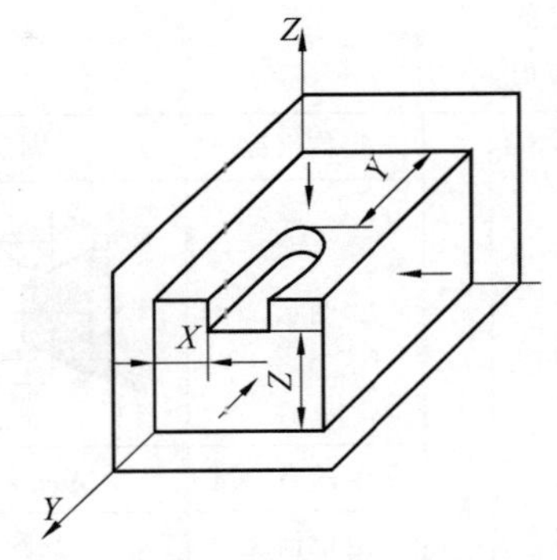

图 2-3 凹模型腔加工时的完全定位

不完全定位：工件在加工时，不一定都需要进行完全定位，少于 6 个自由度的不重复工件定位为不完全定位。

欠定位：定位支承点或其实际定位所限制的自由度数目，比其加工时所必须限制的自由度数目少，或比必须设置的支承点少，这种状态称为欠定位。

过定位：若工件的某个自由度被限制了两次以上，或几个定位支承点重复限制同一个自由度或几个自由度，这样重复限制工件自由度的现象，称为过定位。

表 2-3 所列为部分典型定位元件的定位情况。

表 2-3 典型定位元件的定位分析

工件的定位面	夹具的定位元件				
平面	支承钉	定位情况	1 个支承钉	2 个支承钉	3 个支承钉
		图示			
		限制的自由度	$\vec{X}$	$\vec{Y}$ $\overset{\frown}{Z}$	$\vec{Z}$ $\overset{\frown}{X}$ $\overset{\frown}{Y}$
平面	支承钉	定位情况	一块条形支承板	二块条形支承板	一块矩形支承板
		图示			
		限制的自由度	$\vec{Y}$ $\overset{\frown}{Z}$	$\vec{Z}$ $\overset{\frown}{X}$ $\overset{\frown}{Y}$	$\vec{Z}$ $\overset{\frown}{X}$ $\overset{\frown}{Y}$

续表

工件的定位面	夹具的定位元件				
圆孔	圆锥销	定位情况	固定锥销	浮动锥销	固定锥销与浮动锥销组合
		图示			
		限制的自由度	$\vec{X}$ $\vec{Y}$ Z	$\vec{Y}$ $\vec{Z}$	$\vec{X}$ $\vec{Y}$ $\vec{Z}$ $\overset{\frown}{Y}$ $\overset{\frown}{Z}$
		定位情况	长圆柱心轴	短圆柱心轴	小锥度心轴
		图示			
		限制的自由度	$\vec{X}$ $\vec{Z}$ $\overset{\frown}{X}$ $\overset{\frown}{Z}$	$\vec{X}$ $\vec{Z}$	$\vec{X}$ $\vec{Z}$

3. 定位基准的选择

定位基准：在加工时，为了保证工件相对于机床和刀具之间的正确位置（即将工件定位）所使用的基准称为定位基准。

工序基准：在工序图上用来确定本工序被加工表面加工后的尺寸、形状、位置的基准称为工序基准，如图 2-4 所示。

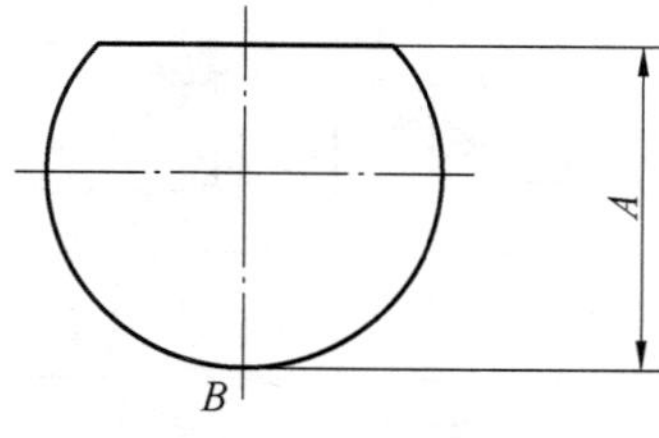

图 2-4　工序基准

工序基准分为粗基准和精基准。选择工件的定位基准十分重要。

最初工序只能用工件毛坯上未经加工的表面作定位基准，这种定位基准称为粗基准。用已经加工过的表面作定位基准，则称为精基准。

(1) 粗基准的选择。选择粗基准主要应考虑如何保证各加工表面都有足够的加工余量，明确不加工表面与加工表面之间的位置尺寸要求，同时为后续工序提供精基准。一般应注意以下几个问题：

① 为了保证加工表面与不加工表面的位置尺寸要求，选择不加工表面作为粗基准。如图 2-5 所示。

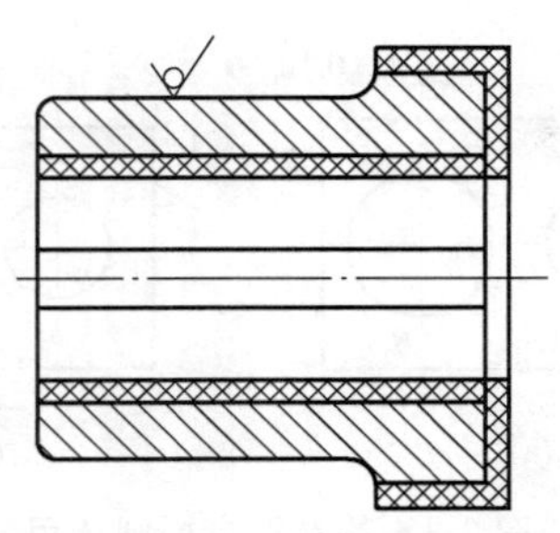

图 2-5 选择不加工面作粗基准

② 若要保证某加工表面切除的余量均匀，应选择该表面作粗基准。如图 2-6 所示，选择 A 面为粗基准。

③ 选作粗基准的表面应尽可能平整，不能有飞边、浇注系统、冒口或其他缺陷，以使工件定位稳定可靠、夹紧方便。

④ 一般情况下粗基准不重复使用。如图 2-7 所示小轴加工，如果重复使用毛坯表面 B 定位加工表面 A 和表面 C，必然使 A，C 之间产生较大的同轴度误差。

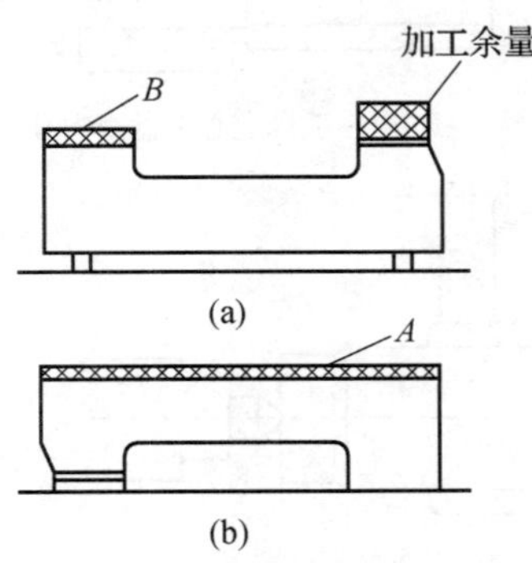

图 2-6 选择均匀余量面作粗基准

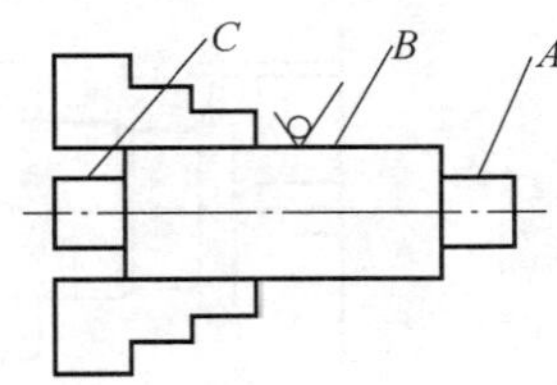

图 2-7 小轴加工图

（2）精基准的选择原则。

① 基准重合原则：选择被加工表面的设计基准为定位基准，以避免因基准不重合引起基准不重合误差，从而保证加工精度。

如图 2-8（a）所示零件图，加工 A 孔时，选用图（b）所示的定位基准，即符合基准重合原则。而加工 B 孔时运用图（b）定位方式，则存在基准不重合误差。所以基准重合时工序的加工精度要求比基准不重合时低，确保加工精度。

② 基准统一原则：应选择几个被加工表面（或几道工序）都能使用的定位基准为精基准。既便于保证各个被加工表面间的位置精度，又有利于提高生产力。

③ 自为基准原则：有些精加工要求加工余量小而均匀，这时应尽可能以加工表面自身为精基准，如浮动铰刀铰孔、圆拉刀拉孔等。

④ 互为基准原则：当两个表面之间的位置精度较高，加工余量要求小而均匀时，多以两表面互为基准进行加工。如图 2-9 所示。

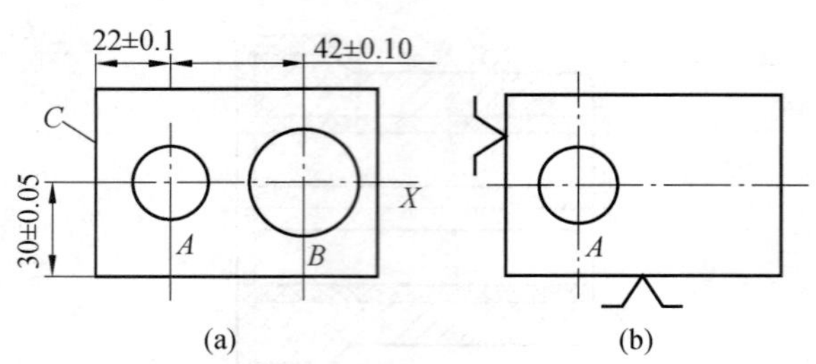

图 2-8　基准重合原则选用

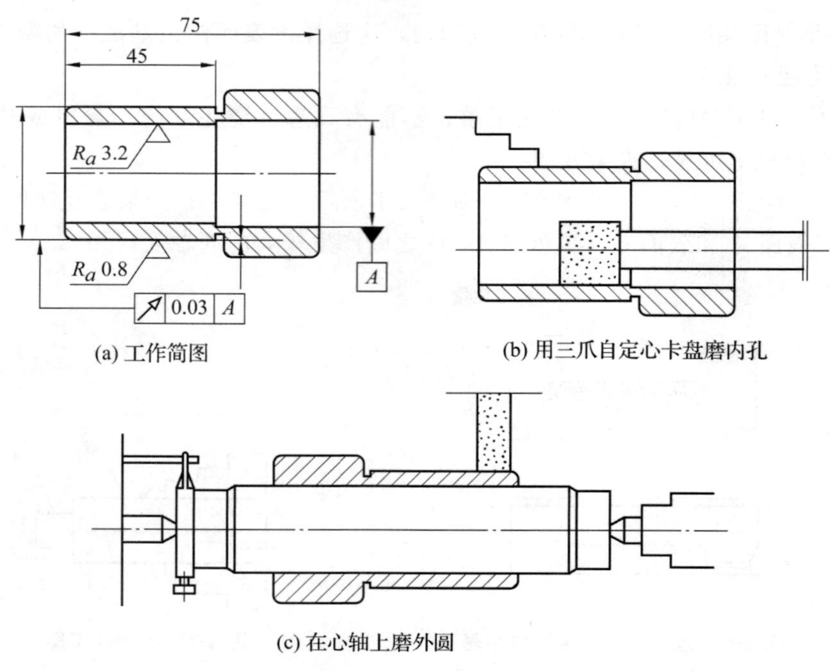

图 2-9　互为基准示例

二、装夹方案确定

夹具作为机械加工工艺系统的重要组成部分，在机械加工中占有十分重要的地位。工件在加工前必须确立在机床上占据的位置，以使加工后达到工件的加工要求。

1. 夹具分类

（1）按夹具所在机床的功用范围分。机床夹具：指各类机床上使用的通用夹具或针对某产品设计的专用夹具，有车床夹具、磨床夹具、铣床夹具等。自动线夹具：自动线上所使用的夹具，有自动线固定夹具和随行夹具。

（2）按夹具的通用特征分。通用夹具：指已经标准化的，在一定范围内可用于加

工不同工件的夹具（例如三爪卡盘、平口虎钳）。专用夹具：指专为某一工件的某道工序的加工而专门设计和制造的夹具。组合夹具：指按某一工件的某道工序的加工要求，由一套事先制造好的标准元件和部件组装而成的夹具，如图 2-10 所示。

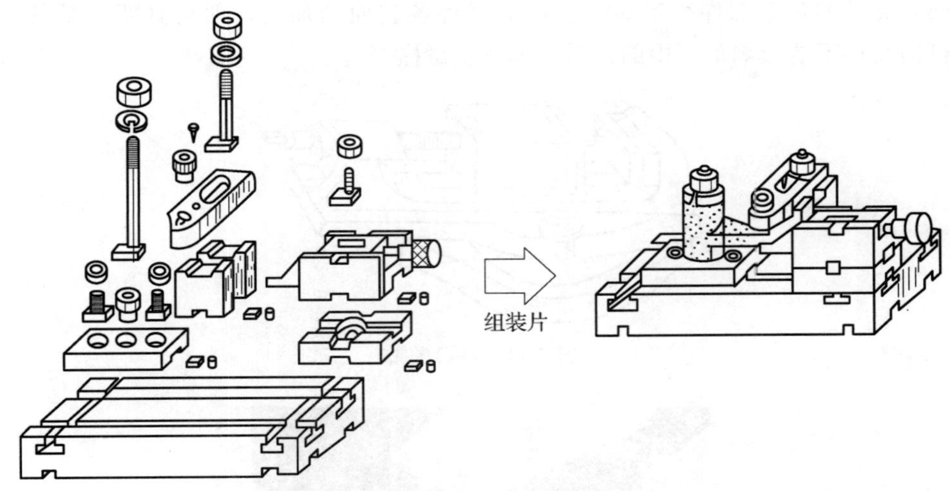

图 2-10　组合夹具组装示意图

可调夹具：有通用可调夹具（调整或更换个别定位元件或夹紧元件而形成的夹具）和成组夹具（专为成组加工工艺中的某一组零件而设计的夹具）。

（3）按动力源分。分为手动夹具、气动夹具（见图 2-11）、液压夹具、电动夹具、磁力夹具、真空夹具等。

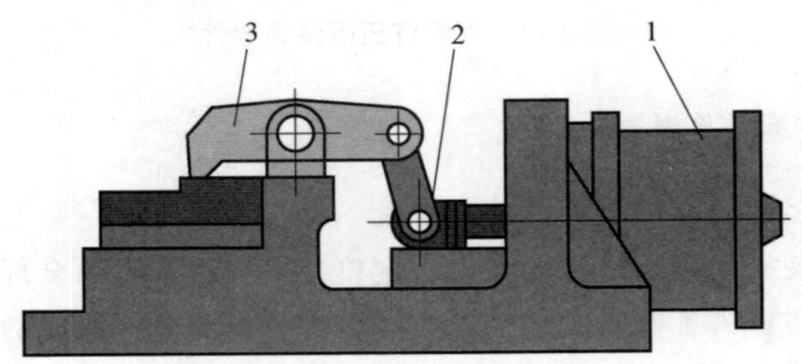

图 2-11　气动夹具装置图

1—气缸；2—杠杆；3—压板

2．选择夹具的基本原则

数控加工的特点对夹具提出了两个基本要求：一是要保证夹具的坐标方向与机床的坐标方向相对固定；二是要协调零件和机床坐标系的尺寸关系。除此之外，还要考虑以下四点：

（1）当零件加工批量不大时，应尽量采用组合夹具（见图 2-10）、可调式夹具及其他通用夹具（见图 2-12、图 2-13），以缩短生产准备时间、节省生产费用。

（2）在成批生产时考虑采用专用夹具，并力求结构简单。

（3）大批量生产时，考虑多工位夹具、机动夹具。

（4）零件的装卸要快速、方便、可靠，以缩短机床的停顿时间。

（5）夹具上各零部件应不妨碍机床对零件各表面的加工，即夹具要开敞其定位、夹紧机构元件不能影响加工中的走刀（如产生碰撞等）。

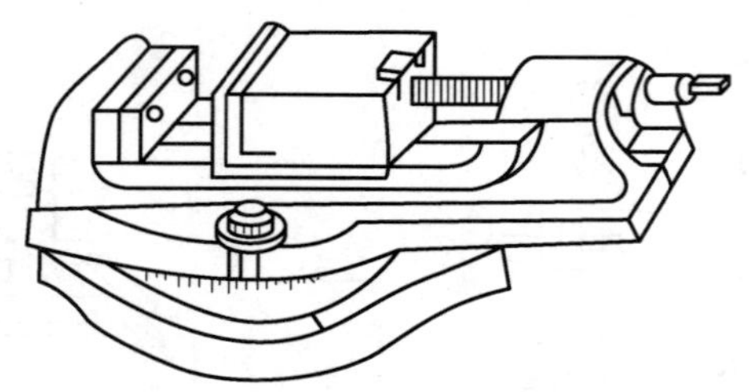

图 2-12　平口虎钳

图 2-13　用螺钉压板装夹零件

3. 定位装夹的基本原则

（1）力求设计、工艺与编程计算的基准统一。

（2）尽量减少装夹次数，尽可能在一次定位装夹后，加工出全部待加工表面。

（3）避免采用占机人工调整式加工方案，以充分发挥数控机床的效能。

任务四　选择数控机床刀具及切削用量

编程时，选择刀具通常要考虑机床的加工能力、工序内容、工件材料等因素。与传统的加工方法相比，数控加工对刀具的要求更高。不仅要求精度高、刚度好、耐用度高，而且要求尺寸稳定、安装调整方便。

选取刀具时，要使刀具的尺寸与被加工工件的表面尺寸和形状相适应。生产中，平面零件周边轮廓的加工，常采用立铣刀。铣削平面时，应选硬质合金刀片铣刀；

加工凸台、凹槽时，选高速钢立铣刀；加工毛坯表面或粗加工孔时，可选镶硬质合金的玉米铣刀。选择立铣刀加工时，刀具的有关参数，推荐按经验数据选取。曲面加工常采用球头铣刀，但加工曲面较平坦部位时，刀具以球头顶端刃切削，切削条件较差，因而应采用环形刀。在单件或小批量生产中，为取代多坐标联动机床，常采用鼓形刀或锥形刀，加工零件上一些变斜角零件；加镶齿盘铣刀适用于在五坐标联动的数控机床上加工一些球面，其效率比用球头铣刀高近十倍，并可获得好的加工精度。

一、 数控车床常用刀具及工艺

图 2-14 所示为在数控车床上加工的工艺范围。数控车削刀具按工艺分为外圆车刀、内孔车刀、螺纹车刀、车槽刀和成形车刀等，图 2-15-1 所示为数控车削加工中常用的车刀类型，属于整体车刀类型。目前机夹式可转位车刀，如图 2-15-2 所示，已经被国家列为重点推广项目，其相应的常用部分刀片形状及代码如图 2-15-3 所示，更详细的刀片代码可查阅相关手册。车削时刀具形状和工件形状的关系如图 2-15-4 所示。

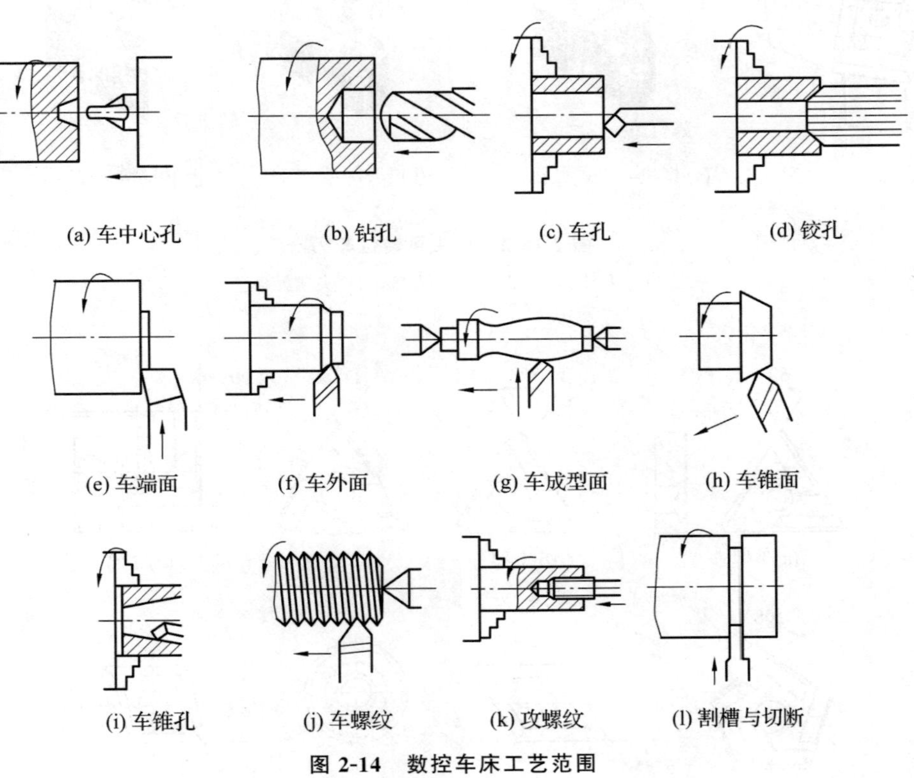

图 2-14　数控车床工艺范围

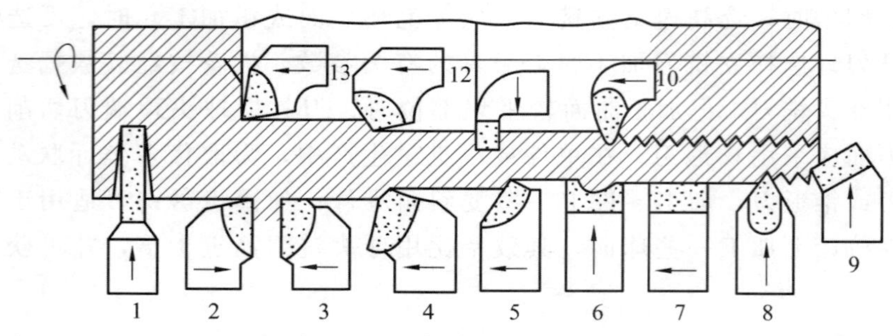

图 2-15-1 控车刀的种类

1—切断刀；2—90 度左偏刀；3—90 度右偏刀；4—弯头车刀；5—直头车刀；6—成形车刀；7—宽刃精车刀；8—外螺纹车刀；9 端面车刀；10—内螺纹车刀；11—内槽车刀；12—通孔车刀；13—盲孔车刀

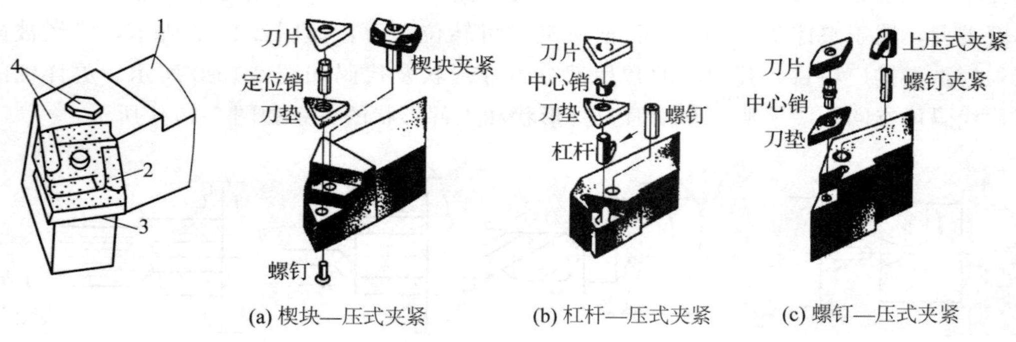

(a) 楔块—压式夹紧　(b) 杠杆—压式夹紧　(c) 螺钉—压式夹紧

图 2-15-2 机夹可转位车刀

1—刀杆；2—刀片；3—刀垫；4—夹紧元件

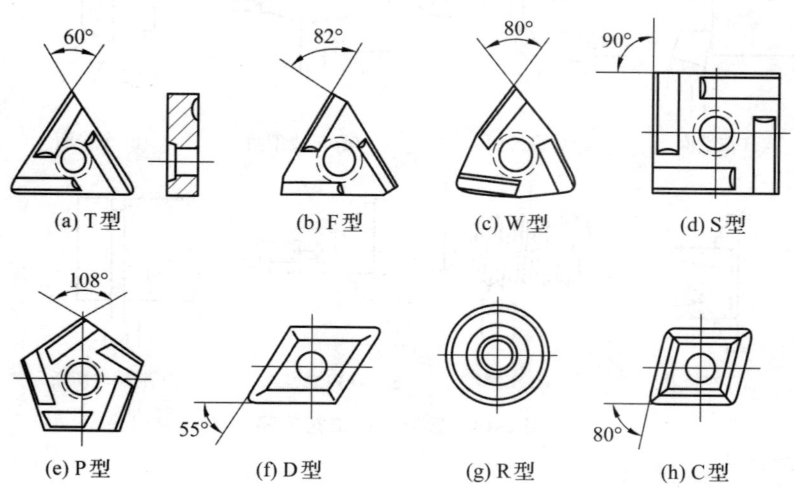

(a) T型　(b) F型　(c) W型　(d) S型

(e) P型　(f) D型　(g) R型　(h) C型

图 2-15-3 常用机夹可转位刀片形状及代码

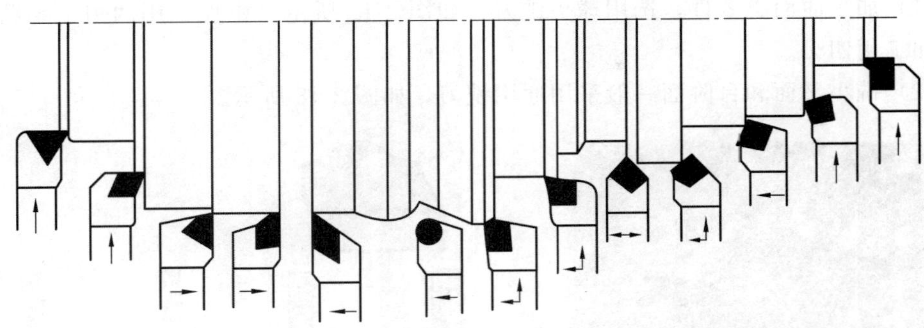

图 2-15-4　车削时刀具形状和工件形状的关系

为了适合因高速而带来的高速切削温度及严重摩擦，而不致使刀具磨损过于迅速，数控加工刀具以硬质合金为主，一般采用 YT，YW 类硬质合金加工钢料，YG 类硬质合金加工铸铁。硬质合金刀片按国际标准分为三大类：P 类、K 类、M 类。

P 类适于加工切屑呈带状的钢料等塑性材料：如钢、长屑可锻铸铁（相当于我国的 YT 类，这类硬质合金耐热性和耐磨性较好，但抗冲击韧性较差。常用的牌号有 YT5，YT15，YT30，特别适用于粗加工、半精加工和精加工）。

K 类适于加工脆性材料：如铸铁、冷硬铸铁、短屑可锻铸铁、非钛合金（相当于我国的 YG 类，这类硬质合金韧性较好，但硬度和耐磨性较差。常用的牌号有：YG8、YG6、YG3，它们制造的刀具依次适用于粗加工、半精加工和精加工）。

K－N 类适于加工铝、非铁合金。

K－H 类适用加工淬硬材料。

M 类适于加工奥氏不锈钢、铸铁、高锰钢、合金铸铁等（相当于我国的 YW 类，它具有上述两类硬质合金的优点，常用牌号有 YW1 和 YW2）。

M－S 类适于加工耐热合金和钛合金。

二、 铣床加工常用刀具选用

1. 常见镗铣削刀具

常见有钻头、镗刀、周铣刀、端铣刀、盘铣刀、成型铣刀、球头铣刀、牛鼻铣刀、鼓形铣刀，图 2-16 所示为常见铣削刀具。

2. 铣刀类型选择

被加工零件的几何形状为选择刀具类型的依据。

刀具选择的总原则：安装调整方便、刚性好，耐用度和精度高，且尽量选较短的刀柄。

平头铣刀，效率高，在保证不过切时，无论曲面粗、精加工都优先采用平头刀。

（1）加工曲面类零件，选用球头铣刀，如图 2-17 所示，粗加工用两刃，半精加工与精加工用四刃。

（2）铣小平面和台阶面一般采用通用铣刀，如图 2-18 所示。

图 2-16　常见铣削刀具

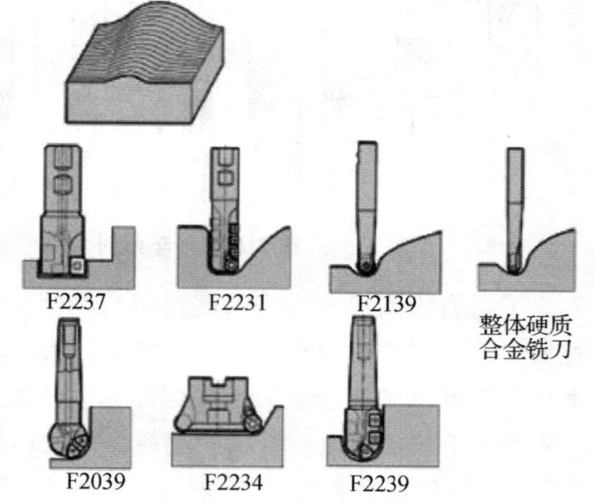

图 2-17　加工曲面类铣刀

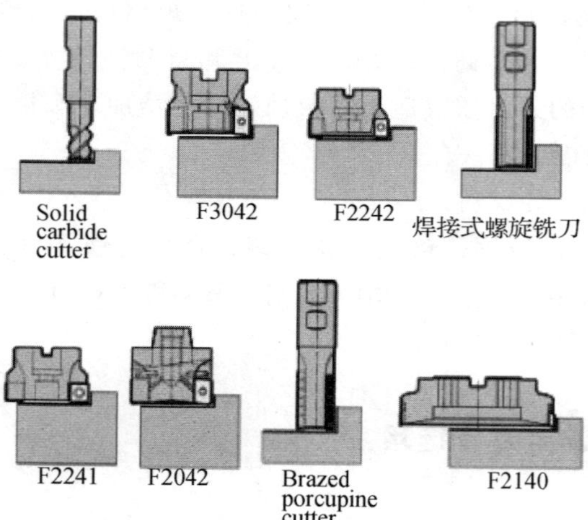

图 2-18　加工台阶面类铣刀

（3）铣削较大平面一般采用盘型铣刀，如图 2-19 所示。

（4）铣键槽一般采用两刃键槽铣刀，如图 2-20 所示。

高精度凹槽，可选用直径比槽宽小的立铣刀，先中间铣，后用补偿功能铣两边。

（5）孔加工采用钻头、镗刀等孔加工类刀具。

选用钻头直径 D 应满足钻孔深度 $L \leqslant 5D$，尽量选用对称的多刃绞刀头，同时尽量选择较粗较短的刀杆。

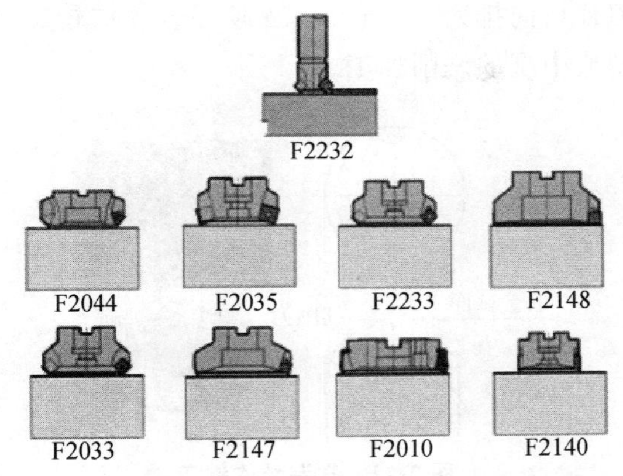

图 2-19　加工大平面类铣刀

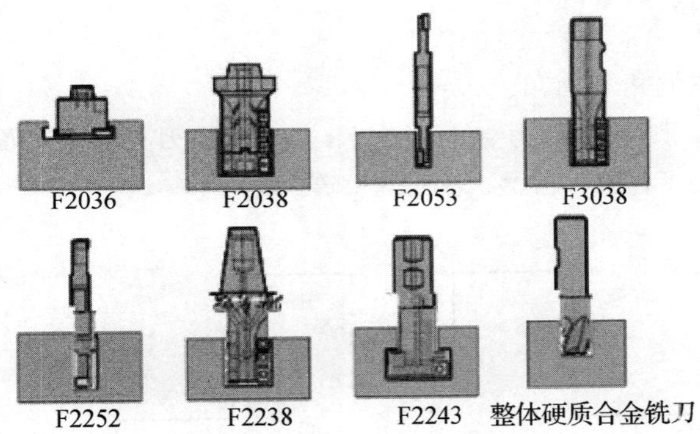

图 2-20　加工槽类铣刀

3. 铣刀结构选择

铣刀组成：由刀片、定位元件、夹紧元件和刀体组成。

选用时主要根据刀片排列方式选择，分为平装结构和立装结构两大类。

(1) 平装结构（刀片径向排列），如图 2-21 所示。容屑较差，主要用于轻型或中型的铣削加工。

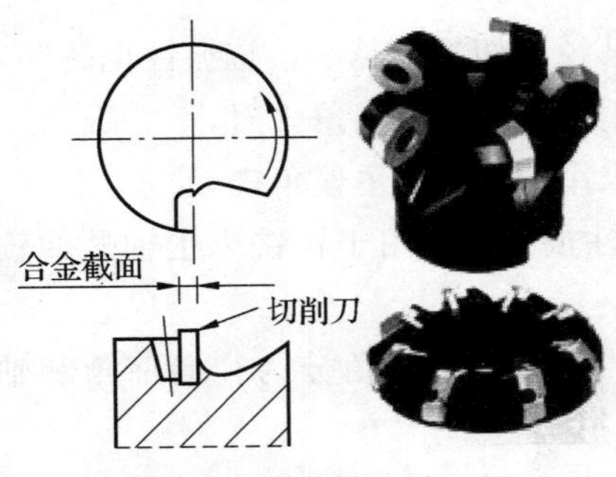

图 2-21　平装结构铣刀图

(2) 立装结构（刀片切向排列），如图 2-22 所示。容屑较好，主要用于大切深、大走刀量切削，用于重型或中型的铣削加工。

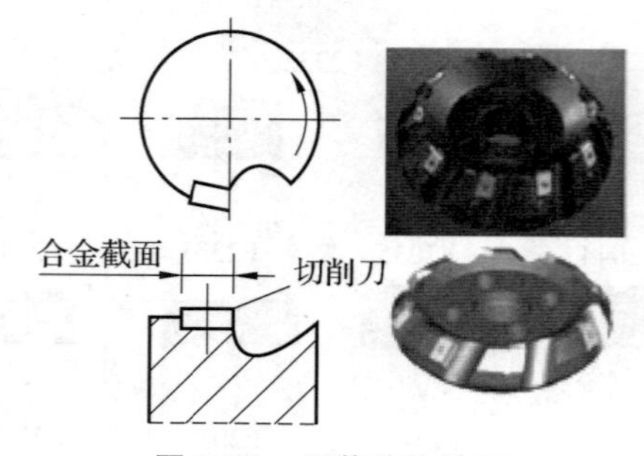

图 2-22　立装结构铣刀

4. 铣刀角度选择

主要考虑的是主偏角和前角。

(1) 主偏角 Kr，影响切削力。主偏角 Kr，为切削刃与切削平面的夹角，如图 2-23 所示。常用有 90°，88°，75°，70°，60°，45°等。

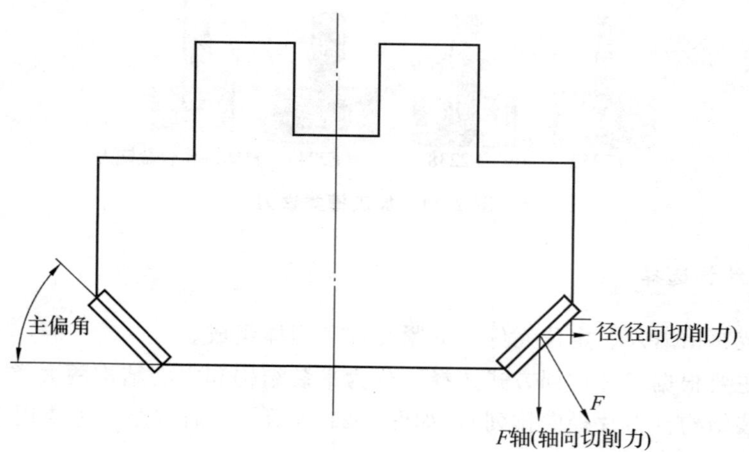

图 2-23　主偏角

铣刀的主偏角越小，其径向切削力越小，抗振性也越好，但切削深度也随之减小。

带凸肩的平面铣削选用 90°，88°主偏角铣刀。

平面铣削粗加工一般采用 60°～75°主偏角铣刀。

45°主偏角铣刀，抗振性很好，适用于镗铣床主轴悬伸较长的加工场合，适用于加工铸铁件。

(2) 前角，影响切削功率。铣刀前角分为径向前角和轴向前角，如图 2-24 所示。注意角度正负判断。

凡能采用双负前角刀具加工时，建议优先采用双负前角铣刀。

对于小功率机床、主轴刚性差的优先选用双正前角铣刀。

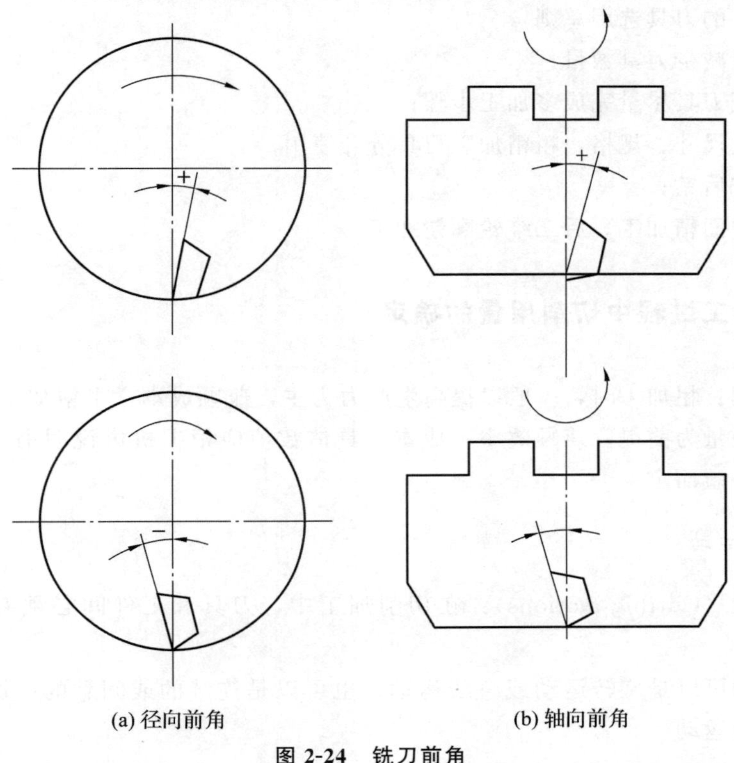

(a) 径向前角　　(b) 轴向前角

图 2-24　铣刀前角

5. 铣刀齿数的选择

同一直径的铣刀一般有粗齿、中齿、密齿 3 种类型。

粗齿铣刀主要用于大余量粗加工，或大切削宽度粗加工，或小功率机床稳定切削加工。

中齿铣刀系通用系列，使用范围很广。

密齿铣刀主要用于铸铁、铝合金和有色金属的大进给切削加工。

还有一种不等分齿锯铣刀，铸钢、铸铁件大余量粗加工中要优先采用。

6. 铣刀直径选择

刀具直径主要根据机床的规格和工件的加工尺寸选择。

平面铣刀常选 $D=1.5d$（主轴直径）

立铣刀选用，注意机床主轴的转速要能达到刀具最低允许切削速度 60m/min。

7. 刀具牌号选择

根据排屑类型和被加工材料的不同可将刀具牌号分为 3 类：P 类、M 类和 K 类，其后跟两位数字分组，其数字越大耐磨性越差、韧性越高。3 类牌号刀具切削用量选择，组号越大（如 P10、P20），进给量和切削深度也越大。

铣削加工的刀具选用总则

（1）尽量减少刀具数量；

（2）一把刀具尽量完成多加工步骤；

（3）无论尺寸、规格，粗精加工刀具分开使用；

（4）先铣后钻；

（5）先曲面精加工，后二维轮廓精加工。

三、 加工过程中切削用量的确定

总的原则：粗加工时，一般以提高生产力为主，兼顾成本；半精加工和精加工时，以保证加工质量为前提，兼顾效率、成本。具体数值应根据机床说明书、切削用量手册，并结合经验而定。

1. 切削运动

切削运动（Cutting motions）：在切削加工中，刀具和工件间必须有一定的相对运动。

切削运动可以是旋转运动或直线运动，也可以是连续的或间歇的；切削运动包括主运动和进给运动。

主运动（Primary motion）是使刀具和工件之间产生相对运动，促使刀具接近工件而实现切削的运动。如图 2-25 所示工件的旋转运动。主运动速度最高，消耗功率最大。主运动只有一个。

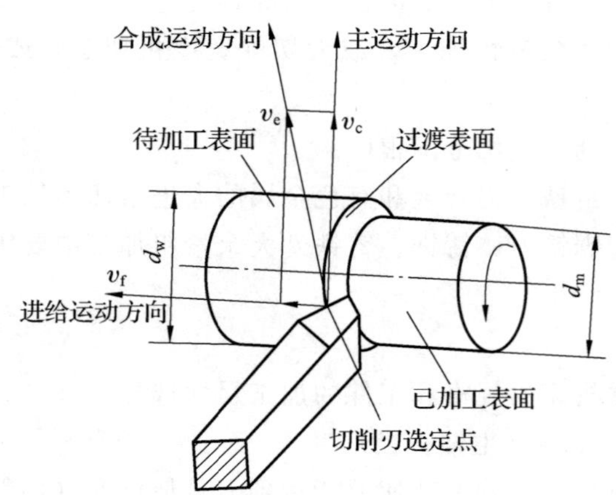

图 2-25　切削运动和加工表面

进给运动（Feed movement）使刀具与工件之间产生附加的相对运动，加上主运动，即可连续地切除余量，如图 2-25 所示车刀的移动。进给运动可以是 1 个或多个。

2. 切削用量

切削用量（Cutting conditions）包括切削速度 v_c、进给量 f（或进给速度 v_f）和背吃刀量 α_P 三要素。

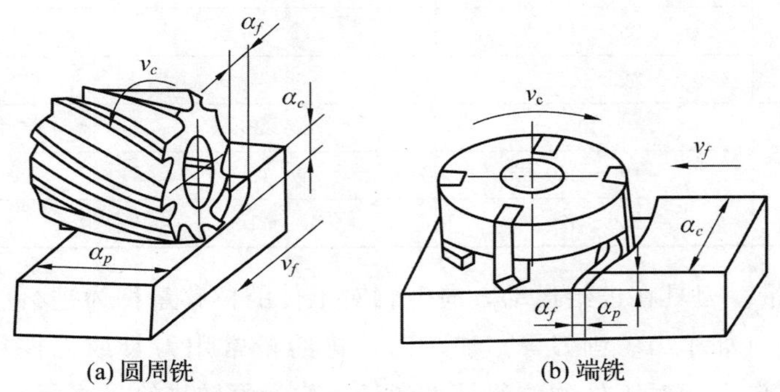

图 2-26　铣削切削用量

(1) 切削线速度。切削刃上选定点相对工件主运动的瞬时速度称为切削速度(Cutting speed)，以 v_c 表示，单位为 m/s 或 m/min。

若主运动为旋转运动（如车削、铣削等），切削速度一般为其最大线速度，即

$$v_c = \frac{\pi d n}{1000}\,(\text{m/s 或 m/min})$$

式中，d—工件（或刀具）的直径（mm）；n—工件（或刀具）的转速（r/s 或 r/min）。

若主运动为往复直线运动（如刨削、插削等），则常以其平均速度为切削速度，即

$$v_c = \frac{2Ln_r}{1000}\,(\text{m/s 或 m/min})$$

式中，L—往复行程长度（mm）；n_r—主运动每秒或每分钟的往复次数（str/s 或 str/min）。

铣刀切削线速度选择推算公式为

$$vc = \frac{C_v d^q}{T_m f_z^{yv} \alpha_p^{xv} \alpha_e^{pv} Z^{xv} 60^{1-m}} K_v$$

式中的各个参数参考相关的切削用量资料手册选用。

可见，铣刀切削速度与大多参数成反比，仅与铣刀直径 d、修正系数 C_v 成正比。

切削速度 V_c 主要受刀具耐用度 T 的影响，选择时主要取决耐用度 T。

铣削切削速度见表 2-4。

表 2-4　铣削时的切削速度参考表

工件材料	硬度（HBS）	切削速度 V_c/（m/min）	
		高速钢铣刀	硬质合金铣刀
钢	<225	18～42	66～150
	225～325	12～36	54～120
	325～425	6～21	36～75
铸铁	<190	21～36	66～150
	190～260	9～18	45～90
	260～320	4.5～10	21～30

（2）进给量。刀具在进给运动方向上相对工件的位移量称为进给量（Feed rate）。

用单齿刀具（如车刀、刨刀等）加工时，进给量常用刀具或工件每转或每行程刀具在进给运动方向上相对工件的位移量来度量，称为每转进给量或每行程进给量，以 f 表示，单位为 mm/r 或 mm/str。

用多齿刀具（如铣刀、钻头等）加工时，进给运动的瞬时速度称进给速度，以 v_f 表示，单位为 mm/s 或 mm/min。刀具每转或每行程中每齿相对工作进给运动方向上的位移量，称每齿进给量，以 f_z 表示，单位为 mm/z。

f_z，f，v_f 之间有以下关系：

$$v_f = fn = f_z zn \text{（mm/s 或 mm/min）}$$

式中，n—刀具或工件转速（r/s 或 r/min）；z—刀具的齿数。铣刀每齿进给量见表 2-5。

表 2-5　铣刀每齿进给量（f_zD）

工件材料	每齿进给量 f_z/（mm/z）			
	粗　铣		精　铣	
	高速钢铣刀	硬质合金铣刀	高速钢铣刀	硬质合金铣刀
钢	0.1～0.15	0.1～0.25	0.02～0.05	0.10～0.15
铸铁	0.12～0.2	0.15～0.30		

（3）背吃刀量。在通过切削刃上选定点并垂直于该点主运动方向的切削层尺寸平面中，垂直于进给运动方向测量的切削层尺寸，称为背吃刀量（Back engagement of the cutting edge），以 a_P 表示，单位为 mm。背吃刀量（a_p）：平行于铣刀轴线测量的切削层尺寸。

如图 2-26 所示，车外圆时，a_P 可用下式计算，即

$$a_p = \frac{d_w - d_m}{2} \text{（mm）}$$

式中，d_w，d_m—工件待加工和已加工表面直径（mm）。

工件上由主切削刃形成的那部分表面是过渡表面。

3. 切削层参数

切削层是指在切削过程中，由刀具切削部分的一个单一动作（如车削时工件转一圈，车刀主切削刃移动一段距离）所切除的工件材料层。它决定了切屑的尺寸及刀具切削部分的载荷。

切削层的尺寸和形状，通常是在切削层尺寸平面中测量的，如图 2-27 所示。

（1）切削层公称横截面积 A_D。在给定瞬间，切削层在切削层尺寸平面里的实际横截面积，单位为 mm^2。

（2）切削层公称宽度 b_D。在给定瞬间，作用于主切削刃截形上两个极限点间的距离，在切削层尺寸平面中测量，单位为 mm。

（3）切削层公称厚度 h_D。同一瞬间切削层公称横截面积与其公称宽度之比，单位为 mm。由定义可知：$A_D=b_Dh_D$（mm^2）

因为 A_D 不包括残留面积，而且在各种加工方法中，A_D 与进给量和背吃刀量的关系不同，所以 A_D 不等于 f 和 a_P 的积。只有在车削加工中，当残留面积很小时才能近似地认为它们相等，即 $A_D\approx fa_p$（mm^2）

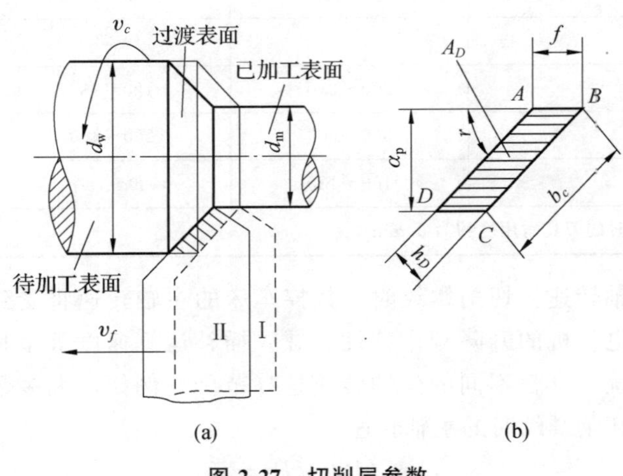

图 2-27　切削层参数

4. 切削用量确定流程

（1）确定主轴转速。主轴转速应根据允许的切削速度和工件（或刀具）直径来选择。其计算公式为

$$N=1000v_c/\pi D$$

式中，v_c—切削速度，指切削刃上的切削点相对于工件主运动的瞬时速度称为切削速度，单位为 m/min。采用硬质合金刀具切削不同金属材料的切削速度见 2-6；n—主轴转速，单位为 r/min；D—工件直径或刀具直径，单位为 mm。计算的主轴转速 N，最后要选取机床有的或较接近的转速。切削速度除了计算和查表选取外，还可根据实践

经验确定。需要注意的是交流变频调速数控机床低速输出力矩小，因而切削速度不能太低。切削速度确定之后，再计算主轴转速。

表 2-6　硬质合金外圆车刀切削速度的参考数值

工件材料	热处理状态	a_p=0.3～2.0mm	a_p=2～6mm	a_p=6～10mm
		f=0.08～0.30mm/r	f=0.3～0.6mm/r	f=0.6～1.0mm/r
		v_c/（m/min）		
低碳钢、易切钢	热轧	140～180	100～120	70～90
中碳钢	热轧	130～160	90～110	60～80
	调质	100～130	70～90	50～70
合金结构钢	热轧	100～130	70～90	50～70
	调质	80～110	50～70	40～60
工具钢	退火	90～120	60～80	50～70
灰铸铁	HBS<190	90～120	60～80	50～70
	HBS=190～225	80～110	50～70	40～60
高锰钢 Mn13%			10～20	
铜、铜合金		200～250	120～180	90～120
铝、铝合金		300～600	200～400	150～200
铸铝合金		100～180	80～150	60～100

说明：切削钢、灰铸铁时的刀具耐用度约为 60min

车螺纹时的主轴转速：切削螺纹时，数控车床的主轴转速将受到螺纹螺距（或导程）的大小、驱动电动机的升降频率特性、螺纹插补运算速度等多种因素的影响，故对于不同的数控系统，推荐不同的生轴转速选择范围。例如，大多数经济型数控机床的数控系统，推荐切削螺纹时的主轴转速为

$$N \leqslant (1200/P) - K$$

式中，P—工件螺纹的螺距或导程（T）（mm）；K—保险系数，一般取 80。

常用螺纹切削的进给次数与背吃刀量，见表 2-6-1。

背吃刀量根据机床、工件和刀具的刚度来决定，在刚度允许的条件下，应尽可能使背吃刀量等于工件的加工余量（观察切屑颜色），这样可以减少走刀次数，提高生产效率。为了保证加工表面质量，可留少量精加工余量，一般 0.2～0.5mm，硬质合金刀具切削不同金属材料的背吃刀量见表 2-6-1。总之，切削用量的具体数值应根据机床性能、相关的手册并结合实际经验用类比方法确定。

表 2-6-1　常用螺纹切削的进给次数与背吃刀量

普通螺纹　牙深＝0.6495p　p：螺距								
螺距		1	1.5	2	2.5	3	3.5	4
牙深		0.694	0.974	1.299	1.624	1.949	2.273	2.589
切削深度及走刀次数	1 次	0.7	0.8	0.9	1	1.2	1.5	1.5
	2 次	0.4	0.6	0.6	0.7	0.7	0.7	0.8
	3 次	0.2	0.4	0.6	0.6	0.6	0.6	0.6
	4 次		0.16	0.4	0.4	0.4	0.6	0.6
	5 次			0.1	0.4	0.4	0.4	0.4
	6 次				0.15	0.4	0.4	0.4
	7 次					0.2	0.2	0.4
	8 次						0.15	0.3
	9 次							0.2

（3）确定进给速度。

进给量 f：表示主轴每转过一转刀具移动多少 mm，单位：mm/r；

进给速度 F：表示主轴每转过一分钟刀具移动多少 mm，单位：mm/min。

互换公式：
$$F=f\times s$$

进给速度是数控机床切削用量中的重要参数，主要根据零件的加工精度和表面粗糙度要求以及刀具、工件的材料性质选取。最大进给速度受机床刚度和进给系统的性能限制。

① 单向进给量计算：单向进给量包括纵向进给量和横向进给量，粗车时一般取 0.3～0.8mm/r，精车时常取 0.1～0.3mm/r，切断时常取 0.05～0.2mm/r。表 2-6-2 是硬质合金车刀粗车外圆或端面的进给量参考值，表 2-6-3 按表面粗糙度选择进给量的参考值，供参考选用。

② 确定进给速度的原则：当工件的质量要求能够得到保证时，为提高生产效率，可选择较高的进给速度。一般在 100～200mm/min 范围内选取；在切断、加工深孔或用高速钢刀具加工时，宜选择较低的进给速度，一般在 20～50mm/min 范围内选取；当加工精度、表面粗糙度要求高时，进给速度应选小些，一般在 20～50mm/min 范围内选取；其中采用硬质合金刀具切削不同金属材料的进给量参照表 2-5 选择。刀具空行程时，特别是远距离“回零”时，可以设定该机床数控系统设定的最高进给速度。

同时，使主轴转速（或切削速度）、切削深度及进给速度三者能相互适应，以形成最佳切削用量。切削用量不仅是在机床调整前必须确定的重要参数，而且其数值合理与否对加工质量、加工效率、生产成本等有着非常重要的影响。所谓“合理的”切削用量是指充分利用刀具切削性能和机床动力性能（功率、扭矩），在保证质量的前提下，获得高的生产力和低的加工成本的切削用量。

表 2-6-2 硬质合金外圆车刀粗车外圆及端面的进给量

工件材料	刀杆尺寸 $B\times H$/（mm）	工件直径 d_w/（mm）	背吃刀量/（a_p/mm）				
			≤3	3～5	5～8	8～12	>12
			进给量 f/（mm/r）				
碳素结构钢 合金结构钢 耐热钢	16×25	20	0.3～0.4				
		40	0.4～0.5	0.3～0.4			
		60	0.5～0.7	0.4～0.6	0.3～0.5		
		100	0.6～0.9	0.5～0.7	0.5～0.6	0.4～0.5	
		400	0.8～1.2	0.7～1.0	0.6～0.8	0.5～0.6	
	20×30 25×25	20	0.3～0.4				
		40	0.4～0.5	0.3～0.4			
		60	0.5～0.7	0.5～0.7	0.4～0.6		
		100	0.8～1.0	0.7～0.9	0.5～0.7	0.4～0.7	
		400	1.2～1.4	1.0～1.2	0.8～1.0	0.6～0.9	0.4～0.6
铸铁 铜合金	16×25	40	0.4～0.5				
		60	0.5～0.8	0.5～0.8	0.4～0.6		
		100	0.8～1.2	0.7～1.0	0.6～0.8	0.5～0.7	
		400	1.0～1.4	1.0～1.2	0.8～1.0	0.6～0.8	
	20×30 25×25	40	0.4～0.5				
		60	0.5～0.9	0.5～0.8	0.4～0.7		
		100	0.9～1.3	0.8～1.2	0.7～1.0	0.5～0.8	
		400	1.2～1.8	1.2～1.6	1.0～1.3	0.9～1.1	0.7～0.9

说明：① 加工断续表面及有冲击工件时，表中进给量应乘系数 k=0.75～0.85；

② 在无外皮加工时，表中进给量应乘系数 k=1.1；

③ 在加工耐热钢及合金钢时，进给量不大于 1mm/r；

④ 加工淬硬钢，进给量应减小。当钢的硬度为 44～56HRC 时，应乘系数 k=0.8；当钢的硬度为 56～62HRC 时，应乘系数 k=0.5

表 2-6-3 按表面粗糙度选择进给量的参考值

工件材料	表面粗糙度 R_a/（μm）	切削速度范围 v_c/（m/min）	刀尖圆弧半径/（r/mm）		
			0.5	1.0	2.0
			进给量 f/（mm/r）		
铸铁、青钢、铝合金	5～10	不限	0.25～0.40	0.40～0.50	0.50～0.60
	2.5～5.0		0.15～0.25	0.25～0.40	0.40～0.60
	1.25～2.5		0.10～0.15	0.15～0.20	0.20～0.35

续表

工件材料	表面粗糙度 R_a/（μm）	切削速度范围 v_c/（m/min）	刀尖圆弧半径/（r/mm）		
			0.5	1.0	2.0
			进给量 f/（mm/r）		
碳钢及合金钢	5～10	<50	0.30～0.50	0.45～0.60	0.55～0.70
		>50	0.40～0.55	0.55～0.65	0.65～0.70
	2.5～5.0	<50	0.18～0.25	0.25～0.30	0.30～0.40
		>50	0.25～0.30	0.30～0.35	0.30～0.50
	1.25～2.5	<50	0.10	0.11～0.15	0.15～0.22
		50～100	0.11～0.16	0.16～0.25	0.25～0.35
		>100	0.16～0.20	0.20～0.25	0.25～0.35

说明：r=0.5mm，用于12mm×12mm及以下刀杆；r=1mm，用于30mm×30mm以下刀杆；r=2mm，用于30mm×45mm以下刀杆

任务五 数控加工工艺卡制作

一、数控加工工艺过程卡

将机械零件制造工艺过程及其中各工序的内容，采用表格或卡片形式规定下的文件，称为机械加工工艺规程，相应的卡片称为工艺规程卡。

一般情况下，机械零件（如模具）往往是一件或几件为一个批次进行加工生产的，即所谓单件生产。因此，其工艺规格文件以表现工序内容为主的单件生产特点，即数控加工工艺卡（见表2-7）。

表2-7 数控加工工艺卡

<table>
<tr><td colspan="2" rowspan="2">数控加工工艺卡</td><td>产品名称</td><td></td><td>材料</td><td></td><td>工艺员</td><td></td><td>共 页</td></tr>
<tr><td>零件名称</td><td></td><td>数量</td><td></td><td>日期</td><td></td><td>第 页</td></tr>
<tr><td>工序</td><td>工序名称</td><td>工艺内容</td><td>工艺装备</td><td colspan="4">工序简图</td><td>备注</td></tr>
<tr><td>1</td><td></td><td></td><td></td><td colspan="4"></td><td></td></tr>
</table>

表2-8为某模具零件（见图2-28）的加工工艺卡。

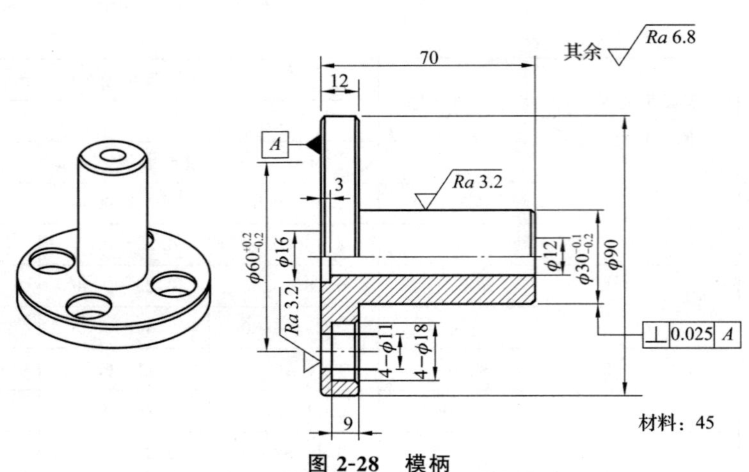

图 2-28　模柄

表 2-8　模柄加工工艺卡

<table>
<tr><td colspan="2" rowspan="2">数控加工工艺卡</td><td>产品名称</td><td>法兰模</td><td>材料</td><td>45</td><td>工艺员</td><td></td><td>共　页</td></tr>
<tr><td>零件名称</td><td>模柄</td><td>数量</td><td>1</td><td>日期</td><td></td><td>第　页</td></tr>
<tr><td>工序</td><td>工序名称</td><td>工艺内容</td><td>工艺装备</td><td colspan="4">工序简图</td><td>备注</td></tr>
<tr><td>1</td><td>下料</td><td>热轧圆钢 ϕ60×210</td><td>锯床</td><td colspan="4"></td><td></td></tr>
<tr><td>2</td><td>锻造</td><td>按工序简图锻造</td><td>锻压设备</td><td colspan="4">ϕ100 ϕ38 ϕ44 ϕ88 22 80</td><td></td></tr>
<tr><td>3</td><td>退火</td><td>用铸造炉冷却退火</td><td>铸造用加热炉</td><td colspan="4"></td><td></td></tr>
<tr><td>4</td><td>粗车</td><td>① 四爪单动卡盘，夹大端车小端达 R6.3
② 夹小端车大端达 R6.3</td><td>车床
车床</td><td colspan="4">ϕ12 ϕ31 58
ϕ91 13</td><td></td></tr>
</table>

续表

工序	工序名称	工艺内容	工艺装备	工序简图	备注
5	精车	①用三爪自定心卡盘，夹小端车大端达到要求 ② 夹大端车小端达到要求	车床 车床		
6	钻孔	按零件图划线，钻 4×φ11及其沉孔	钻床		

二、 数控加工工序卡

本书所讲数控加工工序卡，均指单个零件所在数控机床上完成的数控加工工艺内容。一般指在某台数控机床上完成的部分加工工序，即零件加工工序卡片，工序卡片主要有工步内容。

(1) 工序。指是一个或一组工人，在一个工作地点对同一个或同时对几个工件进行加工所连续完成的那一部分工艺过程。

(2) 工步。指在零件加工表面和工具都不变的情况下所连续完成的那一部份内容。

数控加工工序卡见表 2-9。

表 2-9　数控加工工序卡

单位名称（填写）	产品名称		材料		编制员		共　页
	零件名称		数量		日期		第　页
零件加工工序简图（相关尺寸示意图） （可以多个视图）							

续表

工步号/程序号	工步名称/程序名称	工步内容	刀具规格	加工方式	主轴转速(r/min)	进给速度(mm/min)	背吃刀量(mm)	加工余量(mm)
1（例）	铣削外形	外轮廓1 内轮廓2	*D*40	粗加工	1200	600	3	0.3
2								
3								
4								
零件装夹示意图（外形尺寸：$L\times W\times H$）				加工坐标系（编程坐标系）设置要求				
画上安装示意图 （包括X，Y方向的坐标系）				X，Y基准位置：（打钩） □四边分中　　□基准边A，B Z轴对刀点说明：（例如工件底面为Z的0点）				

说明：

1）工步内容描述要能在工序简图上查到。

2）刀具规格，主要指平底刀（D40）、牛鼻刀（D40R8）、球刀（D40R20）等。

3）加工方式，主要指粗加工、半精加工、精加工等。

4）背吃刀量，通常指切削深度或侧吃刀量。

5）加工余量指本工步后，离产品还有多少余量。

任务六　熟悉坐标系、对刀及指令基础

一、机床坐标系与工件坐标系

为了确定机床各运动部件的运动方向和移动距离，需要在机床上建立一个坐标系，这个坐标系就叫做机床坐标系。

1. 坐标轴和运动方向的命名原则

数控机床的运动轴分为平动轴和转动轴，数控机床各轴的运动，有的是使刀具产生运动，有的则是使工件产生运动。

（1）机床的运动统一按工件静止而刀具相对于工件运动来描述。

（2）坐标轴 X，Y，Z 用来描述机床的主要平动轴，称为基本坐标轴，满足右手直角笛卡尔坐标系表示定则；若机床有转动轴，规定绕 X，Y 和 Z 轴转动的轴分别用 A，B，C 表示，其正向按右手螺旋定则确定。如图 2-29 所示。

总结：基本轴 X，Y，Z 满足右手直角笛卡尔定则，转动轴 A，B，C 满足右手螺旋定则。

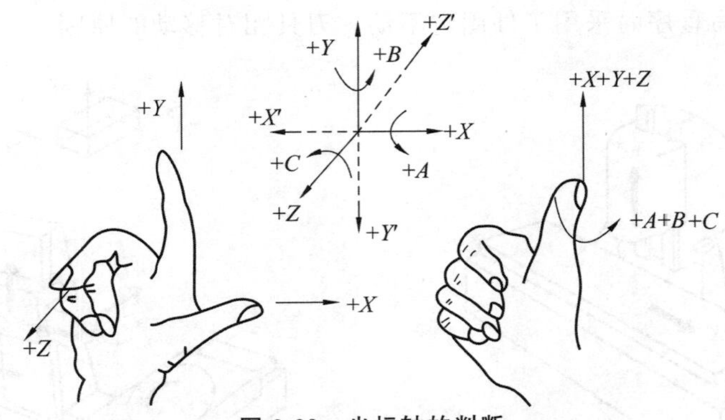

图 2-29　坐标轴的判断

（3）运动（移动）方向的规定。刀具远离工件的方向为坐标轴正方向（参照机床原点）。

2. 数控机床的坐标轴

（1）Z 轴。平行于机床主轴轴线的坐标轴，刀具远离工件方向为 $+Z$ 向。

所谓主轴是指产生切削动力的轴，例如铣床、钻床、镗床上的刀具旋转轴和车床上的工件旋转轴。

如果主轴能够摆动，即主轴轴线方向是变化的，则以主轴轴线垂直于机床工作台装卡面时的状态来定义 Z 轴。

（2）X 轴。将在垂直于 Z 轴的平面内的一个主要平动轴指定为 X 轴，它一般位于与工件安装面（工作台平面）相平行的水平面内。刀具远离工件的方向为 $+X$ 方向。

对于不同类型的机床，X 轴及其方向有具体的规定。

例如工件旋转的机床（如车床，见图 2-30），X 轴的方向在工件的径向上，且平行于横滑座，刀具远离工件旋转中心的方向为 $+X$ 向。

例如刀具旋转的立式机床（见图 2-31），则 X 轴规定为从刀具主轴向立柱方向看时沿左右运动的轴，且向右为 $+X$ 向。

例如刀具旋转的卧式机床（见图 2-32），则 X 轴规定为从刀具尾端向工件方向看时沿左右运动的轴，且向右为 $+X$ 向。

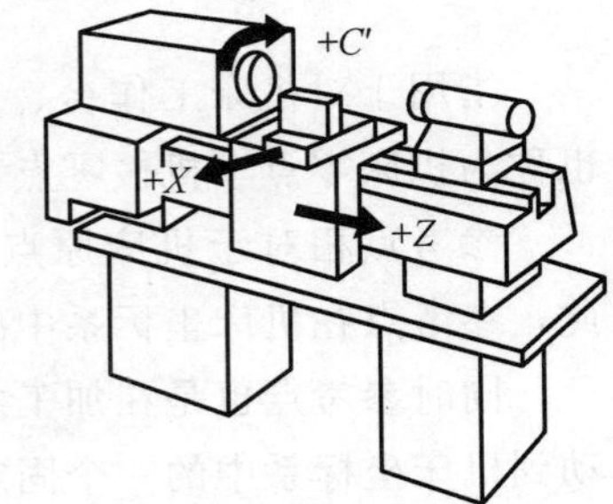

图 2-30　数控车床坐标系

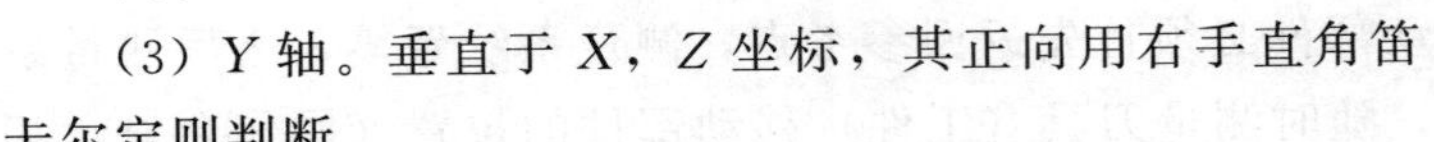
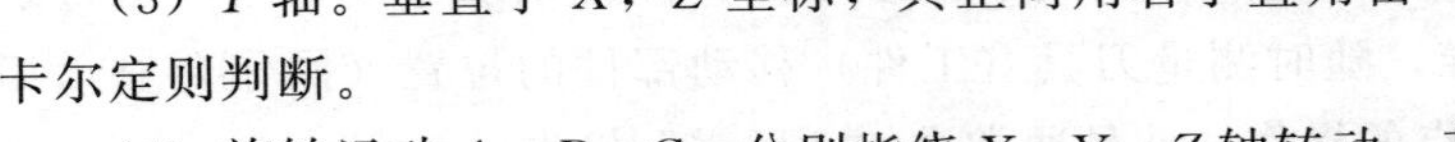

（3）Y 轴。垂直于 X，Z 坐标，其正向用右手直角笛卡尔定则判断。

（4）旋转运动 A，B，C。分别指绕 X，Y，Z 轴转动，其正方向用右手螺旋定则判断，四指的绕向为正。

(5) 附加坐标轴的定义。平行于 X，Y，Z 分别用 U，V，W 表示，还有就用 P，Q，R 表示。

注意：在编写程序时采用工件固定不动、刀具相对移动的原则。

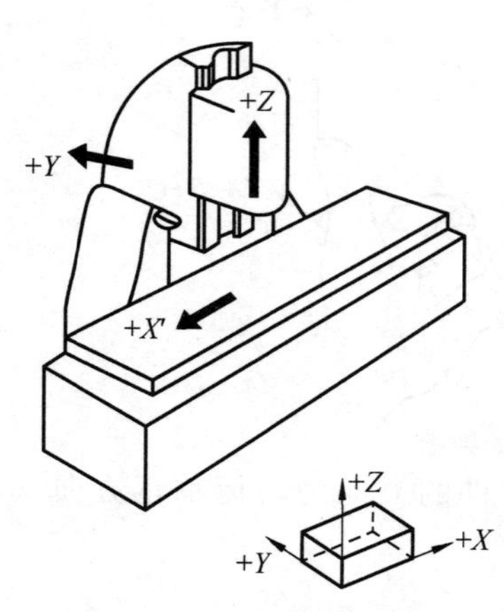

图 2-31 数控铣床坐标系

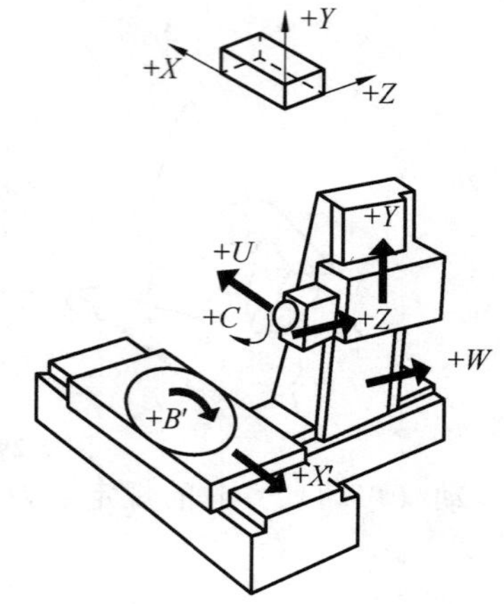

图 2-32 数控镗铣床坐标系

3. 机床原点

对某一具体的机床来说，机床原点是指机床上设置的一个固定点，属于机床制造商设置在机床上的一个物理位置，也是数控机床进行加工的第一基准参考点。以机床原点为坐标原点建立的坐标系也就是机床坐标系。

数控机床坐标系原点一般位于卡盘端面和主轴中心线的交点（具体查看机床说明书）。

数控铣床的机床原点一般设置在 X，Y，Z 坐标的正方向极限位置上，如图 2-33 所示（相对于 O_3）。

4. 机床参考点

指用于对机床工作台、滑板以及刀具相对运动的测量系统进行定标和控制的点，也称为机床零点（机械零点）。

参考点相对于机床原点来讲是一个固定（已知）值（有时重合于机床原点）。因此，参考点在机床坐标系中的坐标是已知的。

同时参考点也是在加工之前和加工之后，用控制面板上的回零按钮使移动部件移动到机床坐标系中的一个固定不变的极限点。

数控机床在工作时，移动部件必须首先返回参考点，测量系统置零，之后测量系统即可以以参考点作为基准，随时测量刀具（工件）移动部件的位置（操作台显示相关坐标值）。刀具返回参考点的操作，就是通常讲的“回零”操作。

通常在数控铣床上，机床原点和机床参考点是重合的，如图 2-33 中的 O_1。而数控

机床一般不重合，如图 2-34 所示。

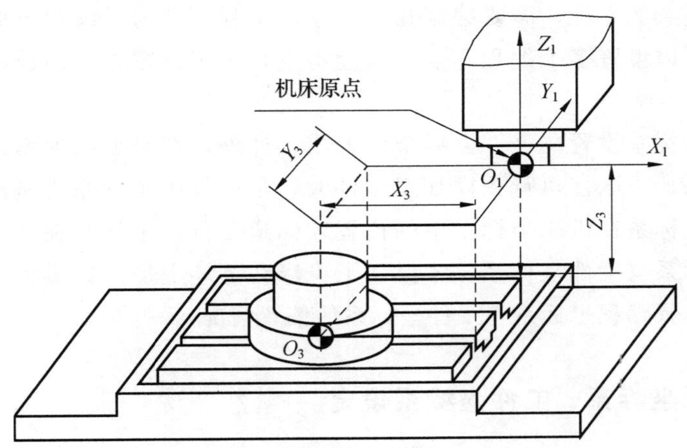

图 2-33　数控铣床机床原点

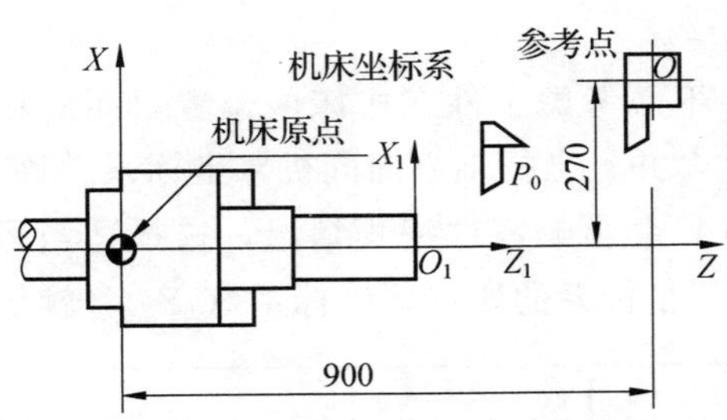

图 2-34　机床坐标系与工件坐标系

5．工件坐标系和工件零点

工件坐标系指用于确定工件几何图形上各几何要素的位置而建立的坐标系，工件坐标系的原点称为工件零点。

工件零点的一般选用原则：

工件零点选在工件图样的尺寸基准上，这样可以直接用图纸标注的尺寸作为编程点的坐标值，减少计算工作量；对于有对称形状的几何零件，工件零点最好选择在对称中心上；能使工件方便地装夹、测量和检验；

工件零点尽量选择在尺寸精度较高、粗糙度比较低的工件表面上，以提高加工精度和同一批零件的一致性。

6．编程坐标系和程序原点（编程原点）

为了编程方便，在图纸上选择一个适当位置作为程序原点，也叫编程原点或程序零点，以程序原点建立起来的坐标系称为编程坐标系。编程坐标系也就是编程人员根据零件图样及加工工艺，并考虑到编程的方便性而建立的坐标系。

对于简单零件，使程序零点重合于工件零点，这时的编程坐标系就与工件坐标系一致，如图 2-33 所示，$X_1O_1Z_1$ 即为编程坐标系也属于工件坐标系。

对于形状复杂的零件，需要编制几个程序或子程序，为了编程方便和减少许多坐标值的计算，可以设置多个编程零点，就会不重合于工件零点，而设在便于程序编制的位置。

不管编程坐标系设置在工件上哪个位置或工件外，都必须明确编程坐标系与工件坐标系位置关系。机床在执行程序加工零件时，是以编程坐标系为基准的，而机床是通过确定工件坐标系在机床坐标系中的位置才知道工件（毛坯）在什么位置，因此通过确定编程坐标系与工件坐标系，才保证了机床在毛坯上加工出零件。在机床参数设置界面上可以设置编程坐标系与工件坐标系的偏置情况。

二、 编程坐标系、工件坐标系设定

1. 编程坐标系

确定编程坐标系时，不必考虑工件在机床的位置，而应尽量把编程原点设在零件设计的基准或工艺基准上，并且坐标轴方向同机床坐标系一致。

编程坐标系设置位置只会影响零件编程情况，选择适当可以大大简化编程。如图 2-35 所示，设置 O_2 为编程坐标系的原点，坐标系 $X_2Y_2Z_2$ 就是编程坐标系。

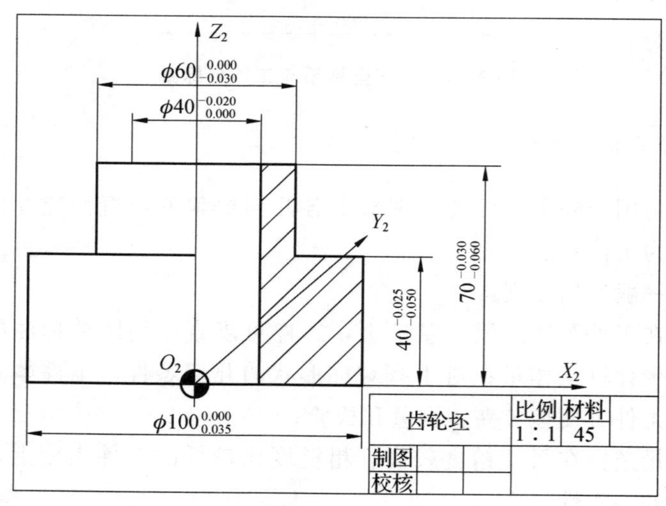

图 2-35 编程坐标系

2. 工件坐标系

(1) 工件坐标系的确定。这里工件坐标系的确定，指的是要让数控系统知道工件坐标系在机床坐标系中的位置。

过程：零件被装夹好后，通过对刀操作，使机床测量机构（系统）找到工件坐标

系原点，而设定工件坐标系。

（2）数控机床工件坐标系的设定方法。如上述图 2-34 所示，XOZ 为机床坐标系，图中 O' 点为机械零点。$X_1O_1Z_1$ 选为工件坐标系，选 $X_1O_1Z_1$ 为编程坐标系，则编程坐标系就重合于工件坐标系。P_0 点指程序起点，是开始加工时刀尖的起始点。

进入自动加工状态时，屏幕上显示的是加工刀具刀尖（刀位点）机床中的空间位置：一般指在工件坐标系中的绝对坐标值、相对坐标值和机床坐标系（机床参考点）中的坐标值。

工件坐标系应与机床坐标系的坐标方向一致，X 轴对应径向，Z 轴对应轴向，C 轴（主轴）的运动方向则以从机床尾架向主轴看，逆时针为 $+C$ 向，顺时针为 $-C$ 向。

工件坐标系的原点选在便于测量或对刀的基准位置，一般在工件的右端面或左端面上。

（3）数控铣床工件坐标系的设定方法。以上述图 2-33 为例，设工件坐标系原点为 O_3。

方法：将工件在工作台中间处装夹好，回零后再操作机床用刀具的刀位点（对刀工具）找到工件上的 O_3（重合于编程原点 O_2），即确定了工件坐标系的位置；从而确定了工件坐标系原点 O_3 距离机床原点 O_1 的位置：$X_3=-345.700$mm，$Y_3=-196.220$mm，$Z_3=-53.165$mm（数值假设的）。

3. 设定工件坐标系指令

（1）G50 临时设定机床工件坐标系。工件坐标系的临时设定一般用 G50 来确定，G50 断电即消失。

G50 设定工件坐标系的含义：以刀具当前点为参照，指定刀具出发点的坐标值（见图 2-36），即设定了相对出发点的程序原点（工件坐标系中心），就建立了相应的工件坐标系。所以使用 G50 前，必须先将刀位点移到指定的出发点。

编程格式：G50 X __ Z __；

其中 X __ Z __为刀具出发点的坐标（见图 2-36）。执行：G50 X __ Z __，机床即在图示位置（程序原点）建立工件坐标系。

式中 X，Z 的值是起刀点相对于加工原点（工件坐标系原点）的位置。G50 使用方法与 G92 类似。

按图 2-37 设置加工坐标的程序段：

G50 X128.7 Z375.1；

在数控车床编程时，所有 X 坐标值均使用直径值，如图 2-36 所示。

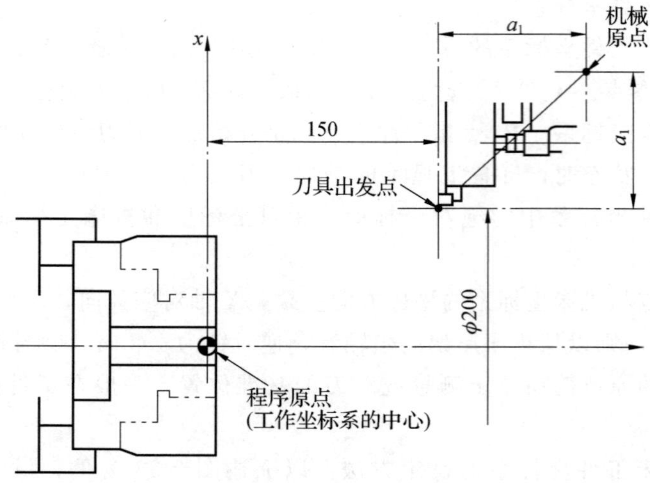

图 2-36　用 G50 设置工件坐标系

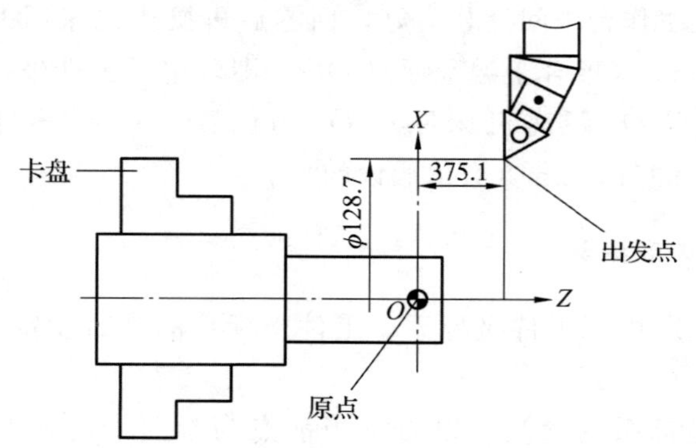

图 2-37　直径方式设定加工坐标系

(2) 用 G92 临时设定铣床工件坐标系。G92 指令：指通过刀具当前所在的位置（即刀具的起点）来设定工件坐标系。

编程格式：G92 *X*～ *Y*～ *Z*～；

G92 指令是将工件坐标系原点设定在相对于刀具起始点的某一空间点上。

若程序格式为：G92 *X a Y b Z c*；*a*，*b*，*c* 指对应的数值。

只要程序运行了 G92 此段，则系统就根据刀具起始点设定了工件坐标系原点，则将工件坐标系原点设定到距刀具起始点距离为 $X=-a$，$Y=-b$，$Z=-c$ 的位置上，如图 2-38 所示。

例：G92 X20 Y10 Z10；

其确立的工件坐标系原点在距离刀具起始点 $X=-20$，$Y=-10$，$Z=-10$ 的位置上，如图 2-39 所示。

反过来，相当于对刀点（刀具起始点）设在工件坐标系的 $X=20$，$Y=10$，$Z=10$ 点上。如图 2-40 所示，反过来相当于在工件坐标系中确定了刀具起始点的坐标值。

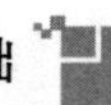

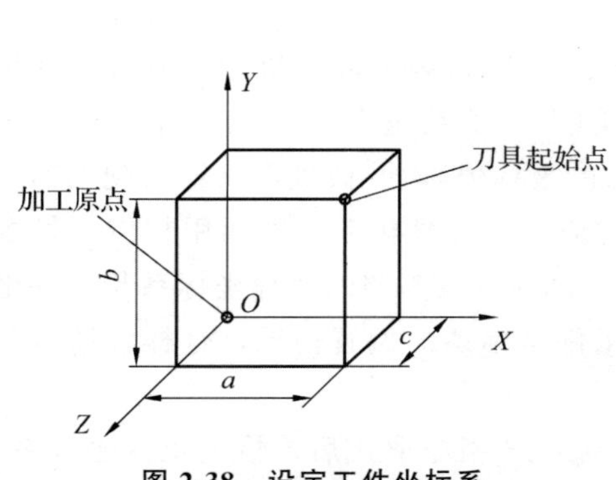

图 2-38　设定工件坐标系

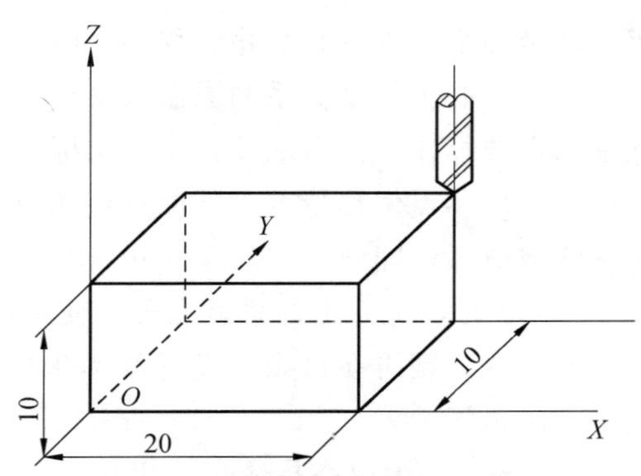

图 2-39　G92 设置工件坐标系

如图 2-39 所示，用 G92 设定工件坐标系：G92 *X*50 *Y*50 *Z*10；

（3）选择机床坐标系（定位）。编程格式：G53 G90 *X*～ *Y*～ *Z*～；

G53 指令使刀具参照机床坐标系快速定位到指定的位置上，式中 *X*，*Y*，*Z* 后的值为机床坐标系中的坐标值，其尺寸均为负值。例：G53 G90 *X*－100 *Y*－100 *Z*－20，则执行后刀具在机床坐标系中的位置如图 2-41 所示。

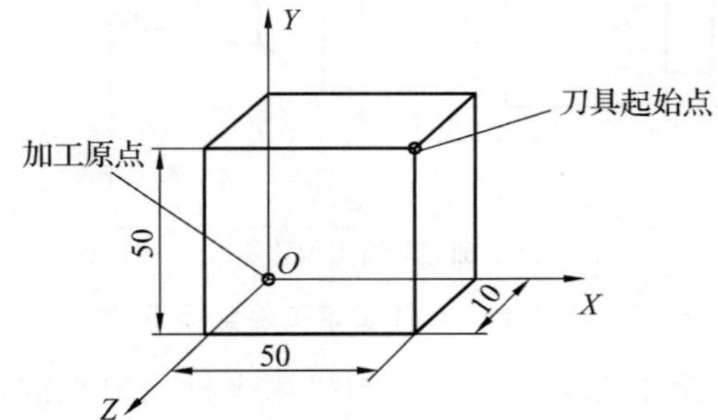

图 2-40　设定工件坐标系

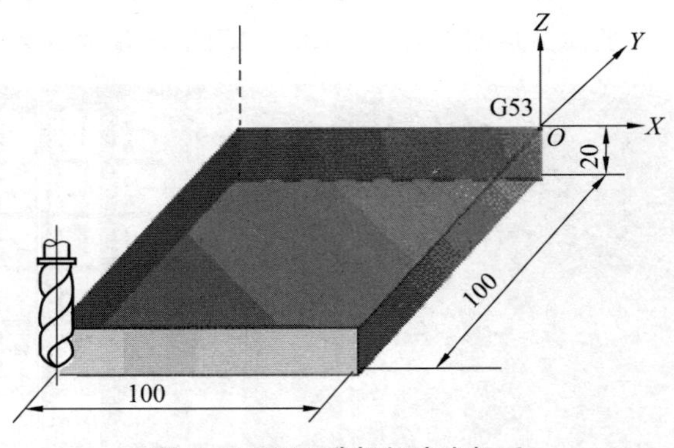

图 2-41　G53 选择机床坐标系

（4）用 G54～G59 指令设定机床工件坐标系。数控机床坐标系原点位于卡盘端面和主轴中心线的交点，若以机床坐标系为编程坐标系，则会给编程带来许多不便（见图 2-42），所以在零件图样给出以后，应找出图样上的设计基准点，并以此点为基准设定工件坐标系，以达到简化编程的目的。

首先选好工件坐标系的原点（工件零点）位置（比如对于数控机床，通常工件坐标系原点选择在工件右端面，工件坐标的 Z 轴与主轴中心线重合），当工件装夹到机床上以后求出零点偏移量（工件原点偏离机床原点的坐标值），并通过面板输入到 G54～G59 的数值区，即设定零点偏置的 G54～G59 对应的工件坐标系。再调用相应的指令 G54～G59 时，工件坐标系就在程序使用中建立。如果编程参照的编程坐标系与工件坐标系不一致，则再在机床上设置编程坐标系与工件坐标系的偏置情况，这样程序执行就不会出错了。

G54～G59 为模态指令，可相互注销，或直到 G53 指令取代后才恢复机床坐标系，G54 为缺省值，设定时如图 2-42 所示。

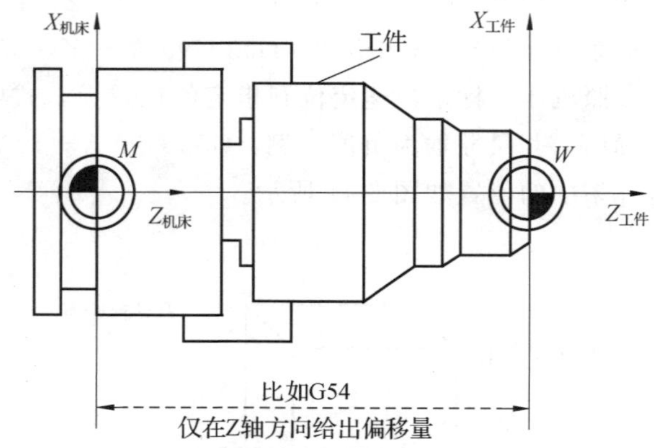

图 2-42　G54 设定工件坐标系

零点偏移（偏置），指工件坐标系原点与机床坐标系原点的偏移情况（机床坐标系中的坐标值）。

① G54 对应一号工件坐标系，以此类推可以设置 6 号工件坐标系。

② 1～6 号工件加工坐标系是通过 CRT/MDI（如图 2-43 所示操作界面）方式设置的。

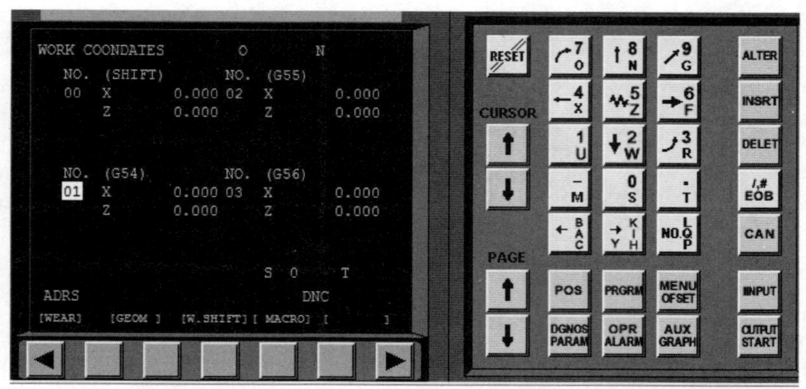

图 2-43　CRT/MDI 操作面板

③ 编程格式：G54 G90 G00（G01）X～Y～Z～（F～）；

其中，指令后 X，Y，Z 坐标指在机床坐标系中的值；

该指令执行后，程序中的任何坐标尺寸均表示在相应的 G54 工件坐标系中的位置。

注意：G54～G59 谁在加工程序中出现，即选择了相应的工件坐标系。

如图 2-44 所示，程序选择了任一号指令，表示选择了相应的加工坐标系。

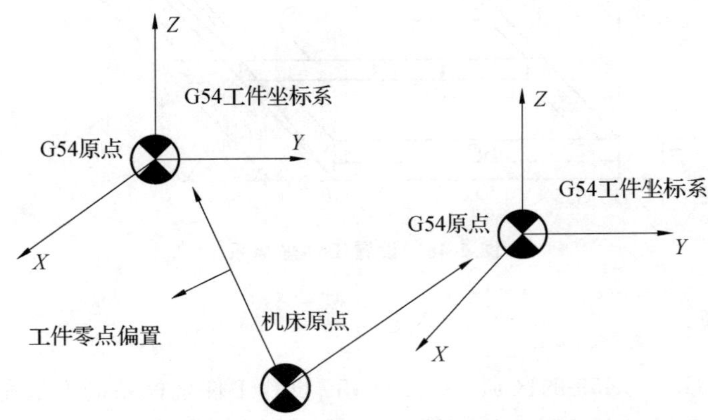

图 2-44　工件坐标系选择 G54～G59

例题：如图 2-45 所示，使用工件坐标系编程，要求刀具从当前点移到 A 点，再到 B 点。

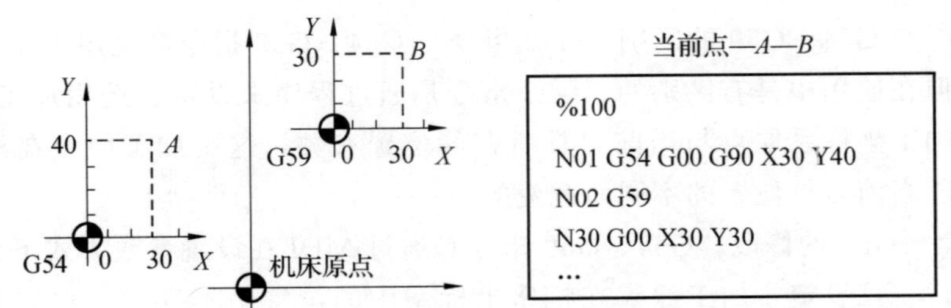

图 2-45　使用工件坐标系编程

例题：在图 2-46 中用 CRT/MDI 在参数设置方式下设置了 2 个工件（加工）坐标系：

CRT/MDI 相关界面显示输入如下（XOZ 为机床坐标系）：

G54：X－50　Y－50　Z－10

G55：X－100　Y－100　Z－20

这时，建立了原点在 O' 的 G54 加工坐标系和原点在 O'' 的 G55 加工坐标系。若执行下述程序段：

N10　G53　G90　X0　Y0　Z0；

N20　G54　G90　G01　X50　Y0　Z0　F100；

N30　G55　G90　G01　X100　Y0　Z0　F100；

则刀尖点的运动轨迹如图 2-46 中 *OAB* 所示。

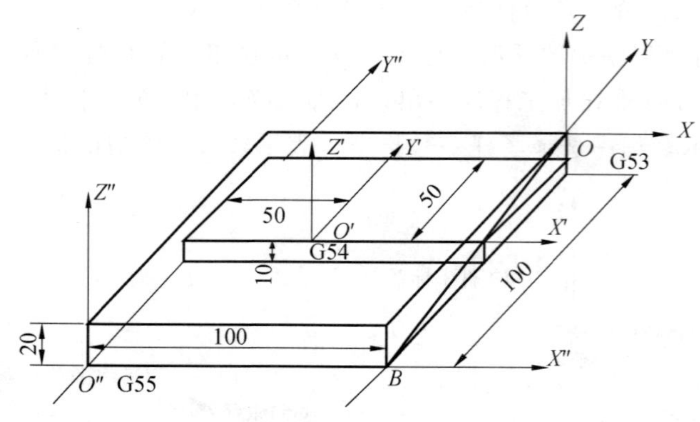

图 2-46　设置工件坐标系

4. 注意事项

（1）G54 与 G55～G59 的区别。G54～G59 设置工件坐标系的方法是一样的，但在实际情况下，机床厂家为了用户的不同需要，在使用中有以下区别：在利用 G54 设置机床原点的情况下，进行回参考点操作时机床坐标值显示为 G54 的设定值，且符号均为正；在利用 G55～G59 设置加工坐标系的情况下，进行回参考点操作时机床坐标值显示零值。

（2）G92 与 G54～G59 的区别。G92 指令与 G54～G59 指令都是用于设定工件加工坐标系的，但在使用中是有区别的。G92 指令是通过程序来设定、选用加工坐标系的，它所设定的加工坐标系原点与当前刀具所在的位置有关，这一加工原点在机床坐标系中的位置是随当前刀具位置的不同而改变的。

（3）G54～G59 的修改。G54～G59 指令是通过 MDI 在设置参数方式下设定工件加工坐标系的，一旦设定，加工原点在机床坐标系中的位置是不变的，它与刀具的当前位置无关，除非再通过 MDI 方式修改。

（4）应用范围。本课程所列加工坐标系的设置方法，仅是 FANUC 系统中常用的方法之一，其余不一一列举。其它数控系统的设置方法应按随机说明书执行。

（5）常见错误。当执行程序段“G92 *X*10 *Y*10”时，常会认为是刀具在运行程序后到达 *X*10 *Y*10 点上。其实，G92 指令程序段只是设定加工坐标系，并不产生任何动作，这时刀具已在加工坐标系中的 *X*10 *Y*10 点上。

G54～G59 指令程序段可以和 G00，G01 指令组合，如 G54 G90 G01 *X*10 *Y*10 时，运动部件在选定的加工坐标系中进行移动。程序段运行后，无论刀具当前点在哪里，它都会移动到加工坐标系中的 *X*10 *Y*10 点上。

三、 对刀与换刀

加工开始时，通过对刀点确定刀具与工件的相对位置是很重要的。

数控加工中对刀的本质是建立工件坐标系。

1. 相关概念

(1) 刀位点。表示刀具特征的点，也是对刀和加工的基准点，也是对刀时的注视点，不一定是刀具上的点.

“刀位点”一般是指车刀、镗刀的刀尖；钻头的钻尖；立铣刀、面铣刀刀头底面的中心；球头铣刀的球头中心。如图 2-47 所示为各类车刀的刀位点，图 2-48 所示为钻头、铣刀的刀位点。

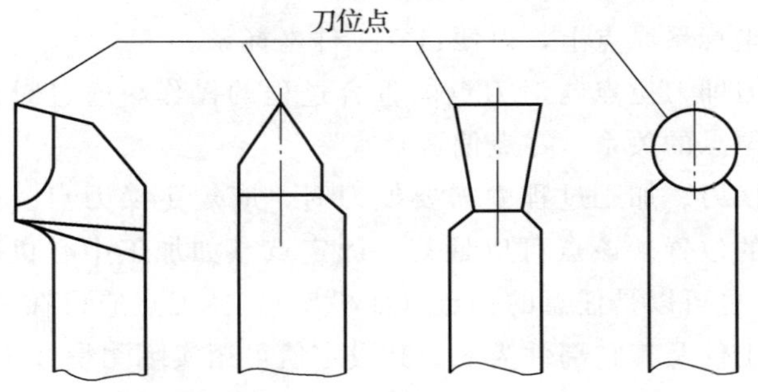

图 2-47 各类车刀刀位点图

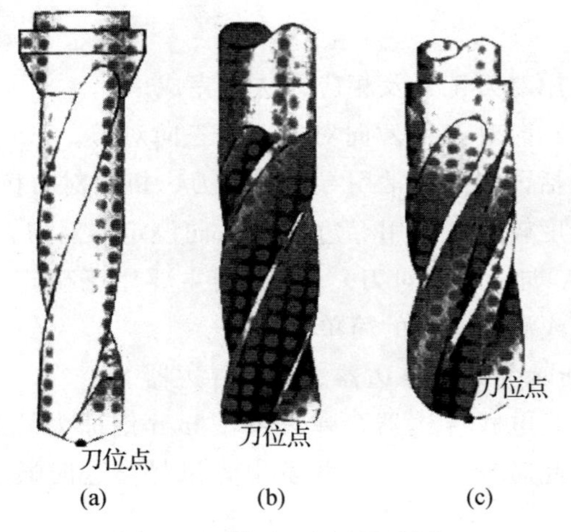

图 2-48 钻头、铣刀刀位点

(2) 起刀点。是刀具相对零件运动的起点，这个起点也是编程时程序的起点，即零件加工程序开始时刀位点的起始位置。

(3) 对刀点。对刀点是在工件上或工件外选点的点，是指通过对刀确定刀具（刀位点）与工件的相对位置关系的基准点，即确定工件坐标系与机床坐标系的关系的点，常选在工件坐标系原点。

对刀点的选择原则是：便于用数字处理和简化程序编制；在机床上找正容易，加工中便于检查；引起的加工误差小。

对刀点可选在工件上，也可选在工件外面（如选在夹具上或机床上），但必须与零件的定位基准有一定的尺寸关系。

为了提高加工精度，对刀点应尽量选在零件的设计基准或工艺基准上，如以孔定位的工件，可选孔的中心作为对刀点。刀具的位置则以此孔来找正，使“刀位点”与“对刀点”重合，重合一致性越好，对刀精度越高。

(4) 对刀。对刀就是指将刀具的刀位点对准某一基准点（对刀点），而对刀点往往选择在零件的工件坐标系原点上，以便建立工件坐标系。

对刀实质：对刀即刀位点与对刀点的重合过程的操作，通过对刀确定工件坐标系原点与机床坐标系原点的关系（零点偏置）。

(5) 换刀点与换刀。加工过程中需要换刀时，应规定换刀点。所谓“换刀点”是指刀架转位换刀时的位置。该点可以是某一固定点（如加工中心机床，其换刀机械手的位置是固定的），也可以是任意的一点（如机床）。换刀点应设在工件或夹具的外部，以刀架转位时不碰工件及其它部件为准。其设定值可用实际测量方法或计算确定。

设置在换刀时与工件、夹具不碰撞的位置，对于自动换刀装置的机床，换刀位置就是其换刀点，

2. 对刀方法

对刀通过试切或利用对刀工具及相应方法来完成。

对刀操作分为 X，Y 向对刀和 Z 向对刀，即三向对刀。

(1) 对刀方法。包括试切法、常用寻边器对刀、机内对刀仪对刀、自动对刀等。

其中试切法对刀精度较低；常用寻边器和 Z 向设定器对刀，能保证对刀精度。

① 寻边器（用于 X 向、Y 向对刀）：寻边器主要用于确定工件坐标系原点在机床坐标系中的 X，Y 值，或测量工件的简单尺寸。

图 2-49、图 2-50 所示为光电寻边器、偏心寻边器。

光电式应用原理：光电式寻边器，弹簧将 10mm 钢球大的测头拉紧在测杆上，钢球碰到工件时会退让，此时导通电路，并发出光讯号，这时通过机床坐标位置明确被测工件表面位置。

图 2-49　光电寻边器

图 2-50　偏心寻边器

② Z 轴设定器：包括光电式和指针式两种，图 2-51 所示为指针式 Z 轴设定器。

Z 轴设定器用于确定工件坐标系原点在机床坐标系中的 Z 轴位置（高度坐标）；

应用原理：Z 向对刀时，通过 Z 向设定器光电指示或指针判断刀具与对刀器是否接触，这时 Z 坐标值再补上设定器的高度值，即确定工件坐标系 Z 坐标值。

图 2-51　Z 轴设定器

3. 对刀操作实例

如图 2-52 所示零件加工，对刀点选定如图示 W，采用寻边器和 Z 向设定器对刀，过程如下：

（1）X，Y 向对刀。X 向与 Y 向的对刀是相同的，均是要找出工件坐标系原点与机床坐标系原点的关系（坐标值），记下对刀得到的机床坐标系 X、Y 坐标值。

（2）Z 向对刀（用 Z 向设定器）。① 卸下前面用的寻边器，装上所用刀具；

② 将 Z 轴设定器放置在工件内腔平面上；

③ 让刀具端面迅速靠近 Z 轴设定器上表面；

④ 让刀具端面缓慢接触 Z 轴设定器上表面，并使设定器指针指零；

⑤ 记下此时机床坐标系的 Z 值，如－220.500mm（设定器达三位小数点精度）

⑥ 将此时坐标系的 Z 值补上设定器的高度（如 50mm）、设定器下表面与工件坐标系原点的距离（如 10mm）；如：－220.500－50－10＝－280.500mm；

[旧校实习时，用固定直径的圆柱（例如刀具刀柄）代替设定器]

（3）将测得的 X，Y，Z 机床坐标系坐标值输入到存储地址中，一般是 G54～G59 代码中。程序中调用了相应的代码表示选定了相应的工件坐标系。

对刀注意事项：

① 采用满足对刀精度的对刀工具；

② 可通过微调进给量提高对刀精度；

③ 对刀时注意刀具移动方向，避免碰撞危险；

④ 对刀坐标值一定记住存储正确，防止调用错误，产生严重后果。

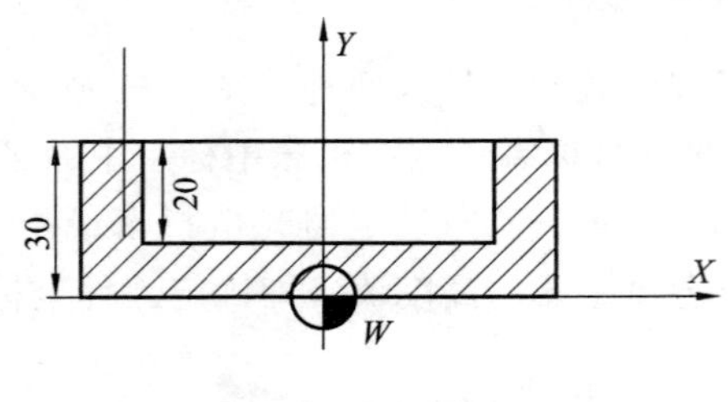

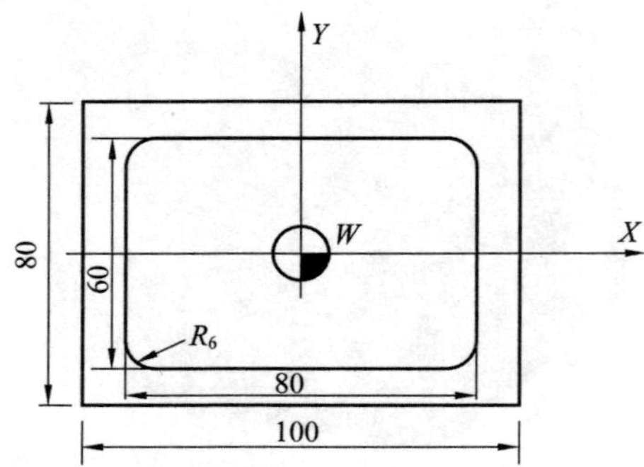

图 2-52　内轮廓型腔零件图对刀

4. 刀具补偿值的输入和修改

对刀完成后，相应的数值要在 G54～G59 等相关位置输入，有时还要在程序中输入刀具半径、长度补偿与取消，不正确的补偿与取消补偿将很危险。

四、数控程序编制基础

1. 数控编程的内容和步骤

数控编程的主要内容包括：零件图的分析、加工工艺的确定、数值计算、程序的编制、制作控制介质、程序的调试和首件试切。还包括数控机床的选择、工件装夹方法的确定、刀具的选择等。

数控编程的步骤如图 2-53 所示。

程序调试还包括：①空运行；②图形模拟。

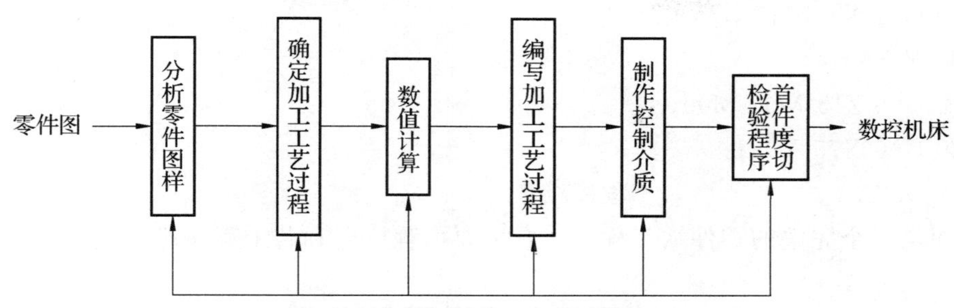

图 2-53 数控编程的步骤

2. 程序编制的方法

(1) 手工编程。利用一般的计算工具，通过各种数学方法，人工进行刀具轨迹的运算，并进行指令编制。这种方式比较简单，很容易掌握，适应性较大。适用于中等复杂程度程序、计算量不大的零件编程，机床操作人员必须掌握。

在点位加工或由直线和圆弧组成的轮廓加工中，手工编程仍广泛应用。

(2) 自动编程。利用通用的微型计算机及专用的自动编程软件，以人机对话方式确定加工对象和加工条件自动进行运算和生成指令。

专用软件多为在开放式操作系统环境下在微型计算机上开发，成本低、通用性强。利用 CAD/CAM 系统进行零件的设计、分析及加工编程。该种方法适用于制造业中的 CAD/CAM 集成编程数控系统，目前正被广泛应用。该方式适应面广、效率高、程序质量好，适用于各类柔性制造系统（FMS）和集成制造系统（CIMS），但投资大，掌握起来需要一定时间。

对于形状复杂的零件，特别是具有非圆曲线、列表曲线及曲面组成的零件，必须用自动编程的方法获取零件加工程序。

3. 程序格式

国际标准化组织（ISO）对数控机床的数控程序的编码字符和程序段格式、准备功能和辅助功能等制定了若干标准和规范。

(1) 程序的结构与格式。程序的结构，如图 2-54 所示。

程序的组成：程序号、程序内容和程序结束 3 部分组成一个完整的程序。

程序内容：由一系列程序段和程序块构成。

例如：

%0001　程序号

N10 G91 G17 G00 G42 T01 X85 Y－25；　以下程序内容，一行为一程序段

N20 Z－15 S400 M03 M08；

N30 G01 X85 F300；

N40 G03 Y50 I25；

N50 G01 X－75；

N60 Y－60；

N70 G00 Z15 M05 M09；

N80 G40 X75 Y35；

N90 M02；　　　　　　　程序结束

上面是一个完整的零件加工程序，它主要由程序名和若干程序段组成。

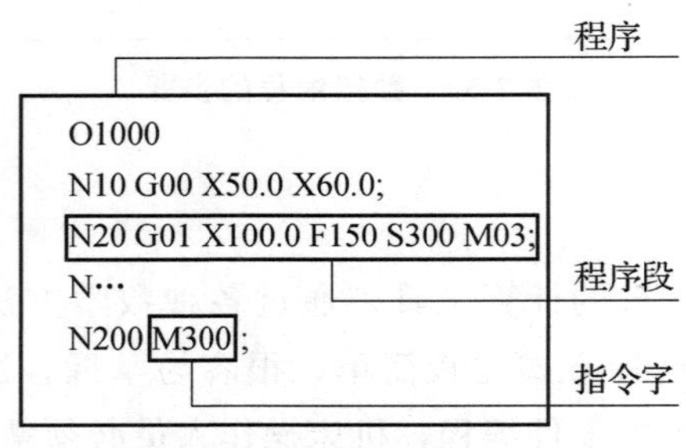

图 2-54　程序的结构

① 程序号：程序名是该加工程序的标识；FANUC 系统采用“O”，其他常用“P,%,:”等；

② 程序内容：由许多程序段组成，程序段是一个完整的加工工步单元，它以 N（程序段号）指令开头，LF 指令结尾；

③ 程序结束：M02 作为整个程序结束的指令，有些数控系统可能还规定了一个特定的程序开头和结束的符号，如%，EM 等。

（2）程序段格式。程序内容里每一行为一程序段，每一程序段用于描述准备功能、刀具坐标位置、工艺参数和辅助功能等。

程序段格式见表 2-10。

表 2-10　程序段格式

N−	G−	X−Y−Z−	……	F−	S−	T−	M−	LF−
行号	准备功能	位置代码	其它坐标	进给速度	主轴转速	刀具号	辅助功能	行结束

① 程序段的构成

N __ G __ X（U）__ Z（W）__ F __ M __ S __ T __；

其中，N __：程序段顺序号；

G __：准备功能；

X（U）__：x 轴移动指令；

Z（W）__：z 轴移动；

F __：进给功能；

M __：辅助功能；

S __：主轴功能；

T __：工具功能。

例如：N4 G1 X（U）±4.3 Z（W）±4.3 F3.4 M8 S4 T2

② G 功能：G 指令是使数控机床建立起某种加工指令方式，如规定刀具和工件的相对运动轨迹（即规定插补功能）、刀具补偿、固定循环、机床坐标系、坐标平面等多种加工功能。G 指令由地址符 G 和后面的两位数字组成，从 G00 到 G99 共 100 种。G 代码是程序的主要内容，表 2-11 所示为部分 G 功能。

表 2-11　准备功能字

代　码	功　能	代　码	功　能
G00	快速点位移动	G54	选择工件坐标系 1
G01	直线插补	G55	选择工件坐标系 2
G02	顺圆插补	G56	选择工件坐标系 3
G03	逆圆插补	G57	选择工件坐标系 4
G04	暂停	G58	选择工件坐标系 5
G10	可编程数据输入	G59	选择工件坐标系 6
G11	注销可编程数据输入	G65	宏程序调用
G18	ZX 平面选择	G66	宏程序模态调用
G20	英寸输入	G67	宏程序模态调用取消
G21	毫米输入	G70	精车循环

③ M 功能：M 功能为辅助功能指令，用于指定主轴的启停、正反转、冷却液的开关、工件或刀具的夹紧与松开、刀具的更换等。辅助 M 功能由指令地址符 M 和后面的两位数字组成，也有 M00～M99 共 100 种。M 指令有续效指令与非续效指令。

M00：程序暂停，可用 NC 启动命令（CYCLE START）使程序继续运行；

M01：计划暂停，与 M00 作用相似，但 M01 可以用机床“任选停止按钮”选择是否有效；

M02：程序结束；

M03：主轴顺时针旋转；

M04：主轴逆时针旋转；

M05：主轴旋转停止；

M08：冷却液开；

M09：冷却液关；

M30：程序停止，程序复位到起始位置。

④ F 功能：F 指令为进给速度指令，用来指定坐标轴移动进给的速度，F 后跟的数字就是进给速度的大小。F 代码为续效代码，一经设定后如未被重新指定，则先前所设定的进给速度继续有效。在程序中，有两种使用方法。

a. 每转进给量

编程格式 G99 F～

G99—设定 F 单位为 mm/min，F 后面的数字表示的是主轴每转进给量。未指定时，系统默认 G99 指令。

例：G99 F0.2 表示进给量为 0.2mm/r。

b. 每分钟进给量

编程格式 G98 F～

G98—设定 F 单位为 mm/min，F 后面的数字表示的是每分钟进给量，单位为 mm/min。

例：G98 F100 表示进给量为 100mm/min。

两种单位关系，设 F（mm/min）、f（mm/r）、主轴 S（r/min），则 $F=fS$；

⑤ S 功能：S 功能指令用于控制主轴转速，用其后面的 1～4 位数字表示，有恒转速（单位为 r/min）和恒线速（单位为 m/min）两种指令方式。

S 指令只是设定主轴转速的大小，并不会使主轴回转，必须有 M03（主轴正转）或 M04（主轴反转）指令时，主轴才开始旋转。S 指令是续效代码。

编程格式　S～

S 后面的数字表示主轴转速，单位为 r/min。

⑥ T 功能：T 指令用于选择加工所需的刀具，同时还可用来指定刀具补偿号。一般加工中心程序中的 T 代码后的数字直接表示所选择的刀具号码，如 T12，表示 12 号刀；数控机床程序中的 T 代码后的数字既包含所选择的刀具号，也包含刀具补偿号（刀具长度、圆弧半径），如 T0102，表示选择 01 号刀，调用 02 号刀补参数（详见模块三的刀具补偿功能介绍）。

编程格式　T～

例：T0303 表示选用 3 号刀及 3 号刀具长度补偿值和刀尖圆弧半径补偿值。T0300 表示取消刀具补偿。

需要说明的是：尽管数控代码是国际通用的，但是各个数控系统制造厂家往往自定了一些编程规则，不同的系统有不同的指令方法和含义，具体应用时要参阅该数控机床的编程说明书，遵守编程手册的规定，这样编制的程序才能为具体的数控系统所接受。

（3）程序编制中的数学处理。计算编程时所需的有关各点的坐标值，称为数值计算。

① 基点：如直线、圆弧、二次曲线等几何要素之间的连接点称为基点，如图 2-55 所示。

② 节点：逼近线段与被加工曲线的交点称为节点，如图 2-56 所示。

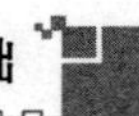

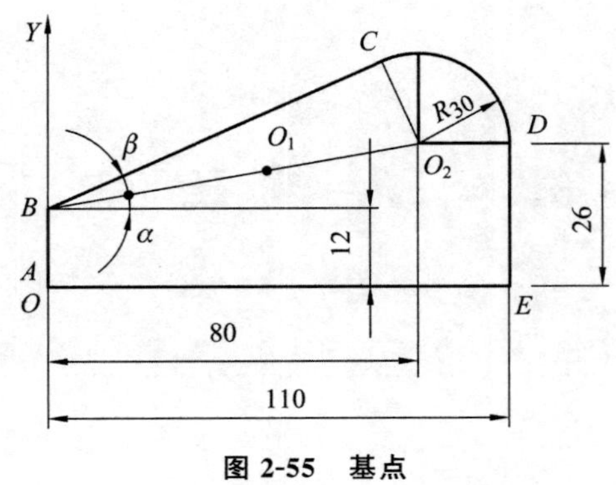

图 2-55　基点

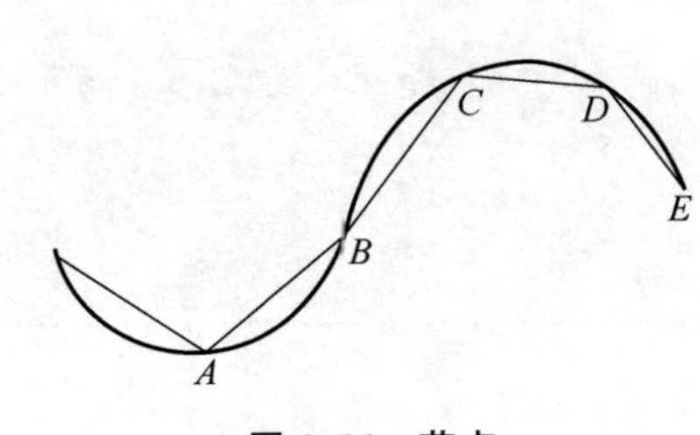

图 2-56　节点

编程时，要计算出节点的坐标，并按节点划分程序段。

③ 刀具中心轨迹的计算：没有刀具半径补偿功能的机床，要计算刀具中心轨迹的数据；对于有刀具半径补偿功能的机床，只要程序中加入有关的补偿指令，就会在加工中进行自动偏置补偿。

④ 零件公差在编程时的处理：零件标注公差的，内、外轮廓尺寸按公差的中差值编程。用电脑绘图时，也按中差值绘制自动编程图形。

例：基本尺寸 20，下偏差为 0，上偏差为 10；则编程尺寸为 20.005（中差为 5，即 0.005mm）。

模块三　数控车削工艺与编程

模块导读

（1）数控车削加工工艺。
（2）F 进给单位设定指令 G98，G99。
（3）快速移动指令 G00 与直线插补指令 G01；圆弧插补指令 G02，G03。
（4）（外圆面和端面）简单固定循环指令 G90，G94。
（5）毛坯内外圆柱面、端面粗车循环指令 G71，G72。
（6）封闭切削循环指令 G73；精车复合循环指令 G70。
（7）螺纹切削循环指令 G32，G92，G76。
（8）暂停指令 G04，子程序调用循环指令 M98，M99。

任务一　数控车削加工内容等工艺特点

数控车削加工工艺是以普通车削加工工艺为基础，结合数控车床的特点，综合运用多方面的知识解决数控车削加工过程中面临的工艺问题，主要内容有：分析零件图纸，确定工序和工件在数控车床上的装夹方式，确定各表面的加工顺序和刀具的进给路线以及刀具、夹具和切削用量的选择等。

1. 数控车削加工的主要内容

根据数控车床的工艺特点，数控车削加工内容包括：钻孔、镗孔、车削外圆、端面等，主要有以下加工内容。

（1）车削外圆。车削外圆是最常见、最基本的车削方法，工件外圆一般由圆柱面、圆锥面、圆弧面及回转槽等基本面组成。图 3-1 所示为使用各种不同的车刀车削中小型零件外圆（包括车外回转槽）的方法。其中右偏刀主要用于从左向右进给，车削右边有直角轴肩的外圆以及左偏刀无法车削的外圆，如图 3-1 所示。（a）45°车刀车削外圆；（b）90°正偏刀车削外圆；（c）反偏刀车削外圆；（d）加工工件内部的外圆柱面；

（e）加工外沟槽。

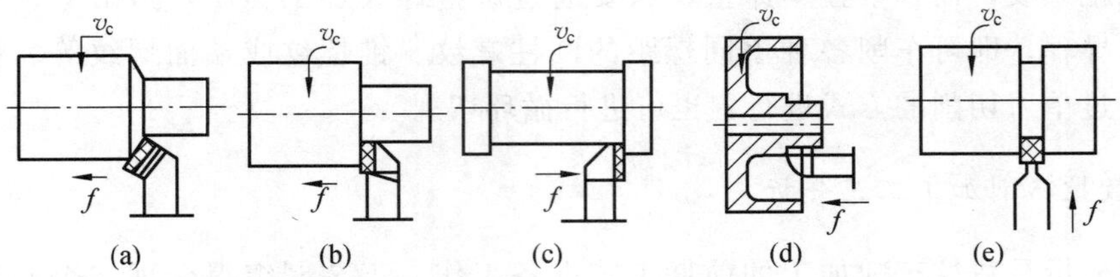

图 3-1　车削外圆示意图

锥面车削，可以分别视为内圆、外圆切削的一种特殊形式。锥面可分为内锥面和外锥面，在普通车床上加工锥面的方法有小滑板转位法、尾座偏移法、靠模法和宽刀法等，而在数控车床上车削圆锥，则完全和车削其他外圆一样，不必像普通车床那么麻烦。车削圆弧面时，则更能显示数控车床的优越性。

（2）车削内孔。车削内孔是指用车削方法扩大工件的孔或加工空心工件的内表面，是常用的车削加工方法之一。常见的车孔方法如图 3-2 所示。在车削盲孔和台阶孔时，车刀要先纵向进给，当车到孔的根部时再横向进给车端面或台阶端面，如图 3-2（b），（c）所示。

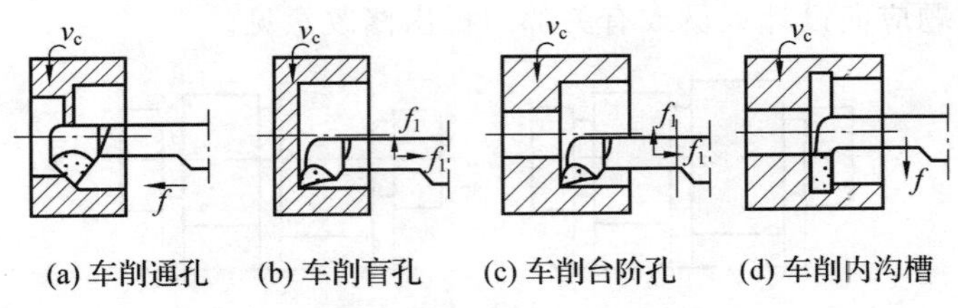

图 3-2　车削内孔示意图

（3）车削端面。车削端面包括台阶端面的车削，常见的方法如图 3-3 所示。图 3-3（a）是使用 45°偏刀车削端面，可采用较大背吃刀量，切削顺利，表面光洁，而且大、小端面均可车削；图 3-3（b）是使用 90°左偏刀从外向工件中心进给车削端面，适用于加工尺寸较小的端面或一般的台阶端面；图 3-3（c）是使用 90°左偏刀从工件中心向外进给车削端面，适用于加工工件中心带孔的端面或一般的台阶端面；图 3-3（d）是使用右偏刀车削端面，刀头强度较高，适宜车削较大端面，尤其是铸锻件的大端面。

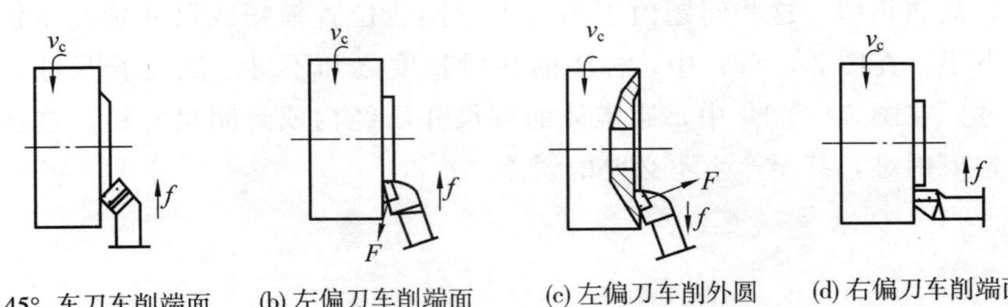

图 3-3　车削端面示意图

(4) 车削螺纹。车削螺纹是数控车床的特点之一。在普通车床上一般只能加工少量的等螺距螺纹，而在数控车床上，只要通过调整螺纹加工程序，指出螺纹终点坐标值及螺纹导程，即可车削各种不同螺距的圆柱螺纹、锥螺纹或端面螺纹等。螺纹的车削可以通过单刀切削的方式进行，也可进行循环切削。

2. 数控车削加工工艺分析

工艺分析是数控车削加工的前期工艺准备工作。工艺制定得合理与否，对程序编制、车床的加工效率和零件的加工精度等都有重要影响。因此，编制加工程序前，应遵循一般的工艺原则并结合数控车床的特点，认真而详细地考虑零件图的工艺分析，确定工件在数控车床上的装夹，刀具、夹具和切削用量的选择等。制定车削加工工艺之前，必须首先对被加工零件的图样进行分析，它主要包括以下内容。

(1) 结构工艺性分析。零件的结构工艺性是指零件对加工方法的适应性，即所设计的零件结构应便于加工成型。在数控车床上加工零件时，应根据数控车削的特点，认真审视零件结构的合理性。例如图 3-4 (a) 所示零件，需用三把不同宽度的切槽刀切槽，如无特殊需要，显然是不合理的，若改成图 3-4 (b) 所示结构，只需一把刀即可切出三个槽。这样既减少了刀具数量，少占刀架刀位，又节省了换刀时间。在结构分析时若发现问题应向设计人员或有关部门提出修改意见。

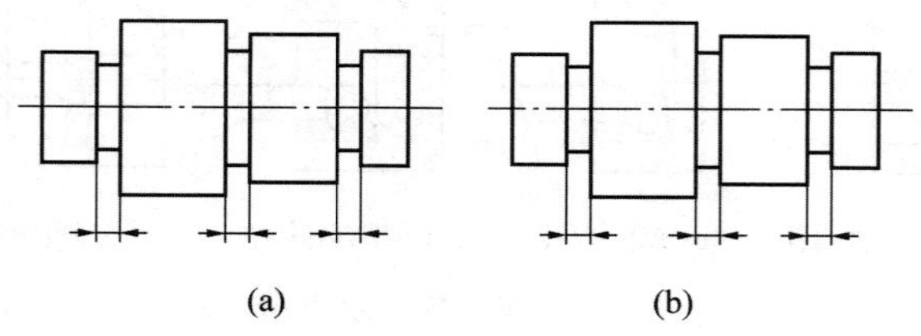

(a) (b)

图 3-4 结构工艺性示例

(2) 构成零件轮廓的几何要素。由于设计等各种原因，在图纸上可能出现加工轮廓的数据不充分、尺寸模糊不清及尺寸封闭等缺陷，从而增加编程的难度，有时甚至无法编写程序，如图 3-5 所示。

在图 3-5 (a) 中，两圆弧的圆心位置是不确定的，不同的理解将得到完全不同的结果。再如图 3-5 (b) 中，圆弧与斜线的关系要求为相切，但经计算后的结果却为相交割关系，而非相切。这些问题由于图样上的图线位置模糊或尺寸标注不清，使编程工作无从下手。在图 3-5 (c) 中，标注的各段长度之和不等于其总长尺寸，而且漏掉了倒角尺寸。在图 3-5 (d) 中，圆锥体的各尺寸已经构成封闭尺寸链。这些问题都给编程计算造成困难，甚至产生不必要的误差。

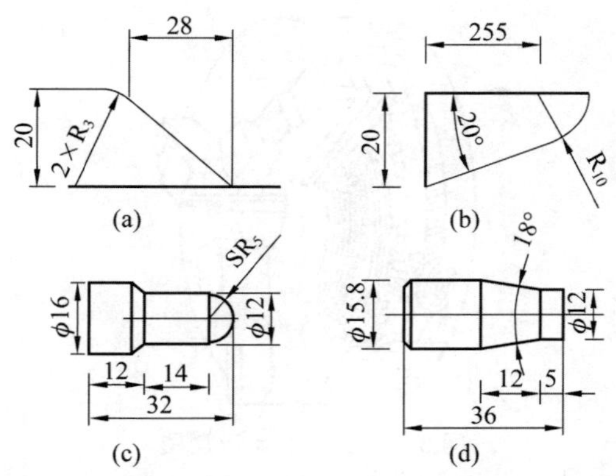

图 3-5　几何要素缺陷示意图

当发生以上缺陷时，应向图样的设计人员或技术管理人员及时反映，解决后方可进行程序的编制工作。

（3）尺寸公差要求。在确定控制零件尺寸精度的加工工艺时，必须分析零件图样上的公差要求，从而正确选择刀具及确定切削用量等。

在尺寸公差要求的分析过程中，还可以同时进行一些编程尺寸的简单换算，如中值尺寸及尺寸链的解算等。在数控编程时，常常对零件要求的尺寸取其最大和最小极限尺寸的平均值（即“中值”）作为编程的尺寸依据。

（4）形状和位置公差要求。图样上给定的形状和位置公差是保证零件精度的重要要求。在工艺准备过程中，除了按其要求确定零件的定位基准和检测基准，并满足其设计基准的规定外，还可以根据车床的特殊需要进行一些技术性处理，以便有效地控制其形状和位置误差。

（5）表面粗糙度要求。表面粗糙度是保证零件表面微观精度的重要要求，也是合理选择车床、刀具及确定切削用量的重要依据。

（6）材料要求。图样上给出的零件毛坯材料及热处理要求，是选择刀具（材料、几何参数及使用寿命），确定加工工序、切削用量及选择车床的重要依据。

（7）加工数量。零件的加工数量对工件的装夹与定位、刀具的选择、工序的安排及走刀路线的确定等都是不可忽视的参数。

3. 车削加工工件装夹

数控车床有多种实用的夹具，现在介绍常见的车床夹具。

（1）三爪自定心卡盘。三爪自定心卡盘（见图 3-6）是最常用的车床能用卡盘，其 3 个爪是同步运动的，能自动定心（定心误差在 0.05mm 以内），夹持范围大，一般不需要找正，装夹效率比四爪卡盘高，但夹紧力没有四爪卡盘大，所以适用于装夹外形规则、长度不太长的中小型零件。

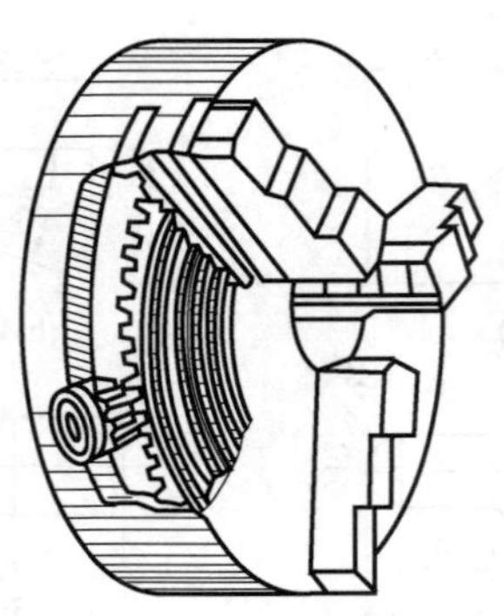

图 3-6　三爪卡盘示意图

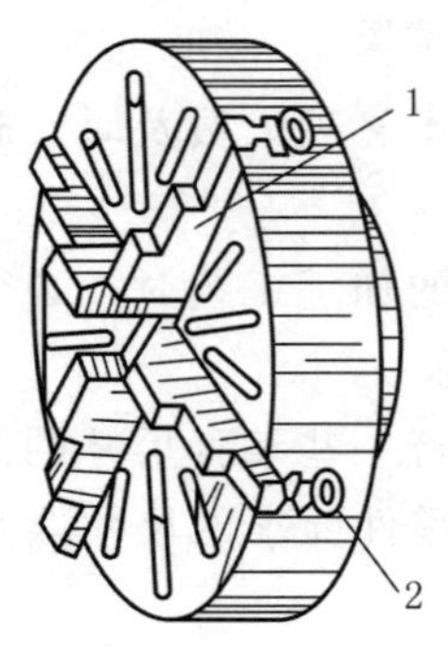

(a) 四爪单动卡盘

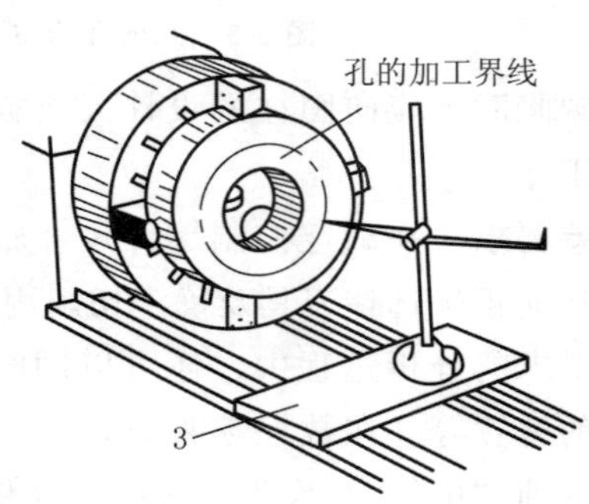

(b) 四爪单动卡盘装夹工件

图 3-7　四爪单动卡盘

1—卡爪；2—螺杆；3—木板

(2) 四爪单动卡盘。四爪单动卡盘，如图 3-7 所示，它的 4 个对分布卡爪是各自独立运动的，因此工件装夹时必须调整工件夹持部位在主轴上的位置，使工件加工面的回转中心与车床主轴的四面转中心重合。四爪单动卡盘找正比较费时，只能用于单件小批量生产。四爪单动卡盘的优点是夹紧力大，但装夹不如三爪自定心卡盘方便，所以适用于装夹大型或不规则的工件。

(3) 双顶尖。对于长度较长或必须经过多次装夹才能加工的工件，如细长轴、长丝杠等的车削，或工序较多，为保证每次装夹时的装夹精度（如同轴度要求），可以用两顶尖装夹。如图 3-8 所示，两顶尖装夹工件方便，不需找正，装夹精度高。利用两顶尖装夹定位还可以加工偏心工件。如图 3-9 所示。

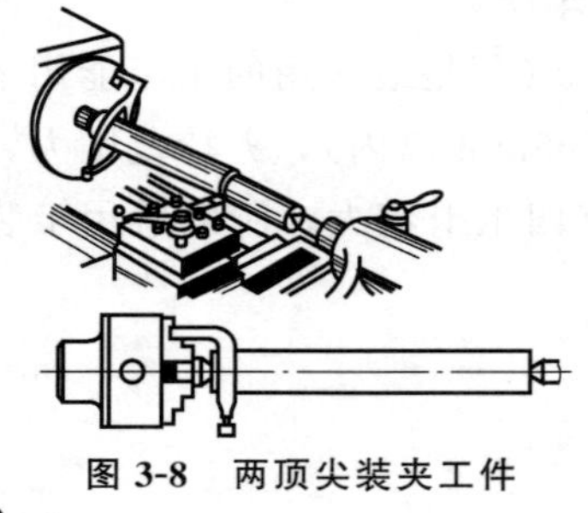

图 3-8　两顶尖装夹工件

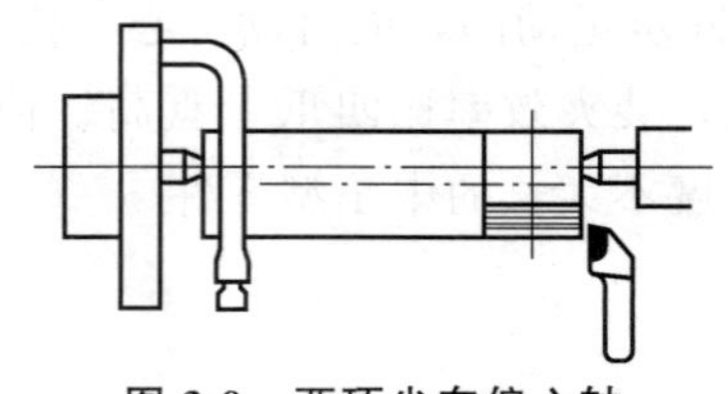

图 3-9　两顶尖车偏心轴

（4）软爪是一种具有切削性能的夹爪。当成批加工某一工件时，为了提高三爪自定心卡盘的定心精度，可以采用软爪结构。即用黄铜或软钢焊在 3 个卡爪上，然后根据工件形状和直径把 3 个软爪的夹持部分直接在车床上车出来（定心误差只有 0.01～0.02mm），即软爪是在使用前配合被加工工件特别制造的，如图 3-10 所示，如加工成圆弧面、圆锥面或螺纹等形式，可获得理想的夹持精度。

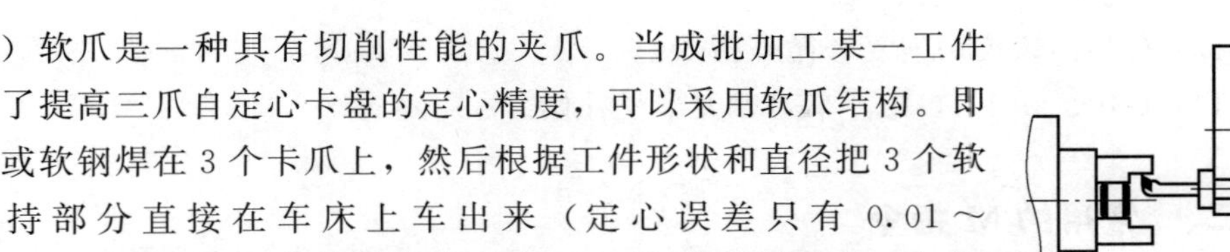

图 3-10　加工软爪

（5）花盘、弯板。当在非回转体零件上加工圆柱面时，由于车削效率较高，经常用花盘、弯板进行工件装夹。

任务二　熟悉数控车床编程格式及常用指令字

一、数控车床编程格式：

N __ G __ X（U） __ Z（W） __ F __ M __ S __ T __；

其中，N __：程序段顺序号；G __：准备功能；X（U） __：x 轴移动指令；Z（W） __：z 轴移动；

F __：进给功能；M __：辅助功能；S __：主轴功能；T __：工具功能。

二、数控车床常用 G 指令

（1）G50：指令用于临时设定工件坐标系。

（2）G54～G59：工件坐标系的选择指令。

（3）G00：快速点位移动。

（4）G01：直线插补。

（5）G02、G03：圆弧插补。

（6）G04：暂停指令。

（7）G28：返回参考点指令；G27：检查是否正确返回参考点指令。

（8）G90：外径、内径切削循环指令。

（9）G94：端面车循环指令。

（10）G71，G72，G73，G70：轮廓切削循环指令。

（11）G32：等螺距螺纹切削指令。

（12）G92：简单螺纹切削循环指令。

（13）G76：螺纹切削复合循环指令。

（14）G40、G41、G42：车刀刀尖半径补偿。

三、 常用的M指令

（1）M00：程序停止。

（2）M01：选择停止。

（3）M02：程序结束。

（4）M30：程序结束并返回。

（5）M03：主轴正转。

（6）M04：主轴反转。

（7）M05：主轴停转。

（8）M06：换刀，M06必须与相应的刀号（T代码）结合，才能构成完整的换刀指令。

（9）M07：雾状切削液打开。

（10）M08：液态切削液打开。

（11）M09：切削液关闭。

（12）M19：主轴准停。

（13）M98：调用子程序。

（14）M99：子程序调用结束，返回主程序。

四、 进给功能指令——F，G99，G98

F指令表示工件被加工时刀具相对于工件的合成进给速度，其后的数值表示刀具进给速度，单位由G99，G98，G32，G92，G76决定。

编程格式：G98 F ____进给速度单位是每分钟进给量（mm/min）。

编程格式：G99 F ____进给速度单位是每转进给量（mm/r）。

编程格式：G32/G92/G76 F ____指定螺纹的螺距。

两种单位关系，设 F（mm/min）、f（mm/r）、主轴 S（r/min），则 $F=f\times S$；

F为续效指令，直到被新的F值所取代，而工作在G00方式下，快速定位的速度是各轴的最高速度，与所编的F无关。加工螺纹时与F无关。

例：N20　G98 F100（车削进给速度为100mm/min）；

N20　G99 F0.2（车削时进给速度为0.2mm/r）；

N20　G32 F3（螺纹螺距3mm）。

五、 主轴功能指令S ____

S功能指令用于控制主轴转速；S后面的数字表示主轴转速，单位为r/min。

最高主轴转速限制编程格式：G50　S ____

例：G50　S2000　表示最高转速限制为2000r/min

恒线速控制编程格式G96 S ____

S后面的数字表示的是恒定的线速度：m/min。

例：G96 S150 表示切削点线速度控制在150 m/min。

对直径分别为40，60，70的三点A，B，C，为保持各点的线速度在150 m/min，则各点在加工时的主轴转速分别为：

A：$n=1000\times150\div(\pi\times40)=1193$r/min

B：$n=1000\times150\div(\pi\times60)=795$r/min

C：$n=1000\times150\div(\pi\times70)=682$r/min

设定恒定的线速度可以使工件各表面获得一致的表面粗糙度。因为线速度恒定，半径小的角速度大，反之角速度小。所以使用G96指令主轴必须能自动变速（如：伺服主轴、变频主轴）

编程格式G97 S～

S后面的数字表示恒线速度控制取消后的主轴转速，如S未指定，将保留G96的最终值。

例：G97 S3000 表示恒线速控制取消后主轴转速3000r/min

六、 刀具功能指令T

刀具功能指令用选择加工所用的刀具。

指令格式：TXXOO

说明：

(1) T代码由字母T后面跟4位（或2位）数码组成，其中前两位XX为刀具号，后两位OO为刀具补偿号；

(2) 执行T指令，转动刀架，选用指定的刀具；

(3) 当一个程序段同时包含T代码与刀具移动指令时，先执行T代码指令，而后执行刀具移动指令。

任务三　数控车床编程实务（一）

一、编程方式及进给单位指定

1. 绝对坐标系和相对坐标系

绝对坐标系：指相对于某一固定的编程坐标原点 O（常为工件坐标系原点）计算的坐标系。

相对坐标系：同一工件坐标系中，以前一点为零点计算某一点数值的坐标系。

2. 绝对方式及增量方式编程

比较两种编程方式，如图 3-11 所示。

绝对坐标编程：刀具运动过程中所有的刀具位置坐标是以一个固定的编程原点（常为工件坐标原点）为基准给出的，即刀具运动的指令数值（刀具运动的位置坐标），是与某一固定的编程原点之间的距离给出。

增量坐标编程：刀具运动的指令数值是按刀具当前所在位置到下一个位置之间的增量给出。

Fanuc 系统数控车床用 X，Z 表示 X，Z 绝对坐标编程，用 U，W 表示 X，Z 增量坐标编程。而铣床和加工中心采用 G90 表示绝对坐标编程和 G91 增量坐标编程。

（1）两种编程方式可以单独使用，也可以混合使用。

（2）绝对编程用 X，Z 后面加坐标值；增量编程用 U，W 后面加坐标值；

（3）直径编程时，X，U 坐标值为实际位移量的 2 倍。大部分数控系统采用直径编程。

（4）半径编程时，X，U 后面坐标值为实际位移量；

（5）Z，W 后的坐标值为实际位移量。

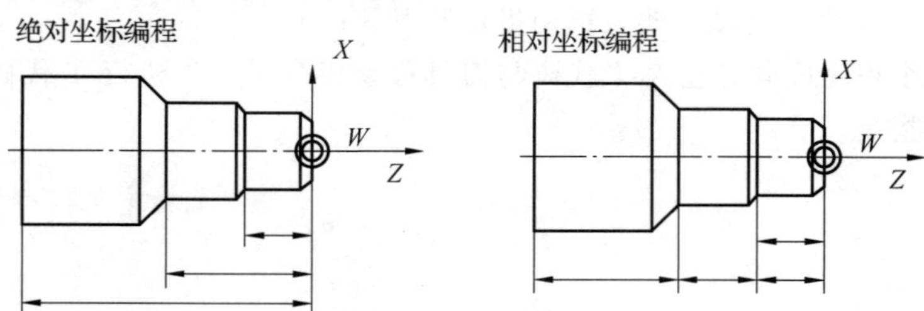

图 3-11　绝对坐标编程和相对坐标编程方式

3. 直径编程与半径编程方式

在车削加工的数控程序中，*X* 轴的坐标值取零件图样上的直径值，如图 3-12 所示。图中 *A* 点的坐标值为（30，80），*B* 点的坐标值为（40，60）。采用直径尺寸编程与零件图样中的尺寸标注一致，这样可避免尺寸换算过程中可能造成的错误，给编程带来很大方便。

数控车床的编程有直径、半径两种方式。

所谓直径编程，指在车削加工的数控程序中，*X* 轴的坐标值取零件图样上的直径值，通常采用直径编程。

所谓半径编程，指编程时 *X* 轴的坐标值取零件图样上的半径值。

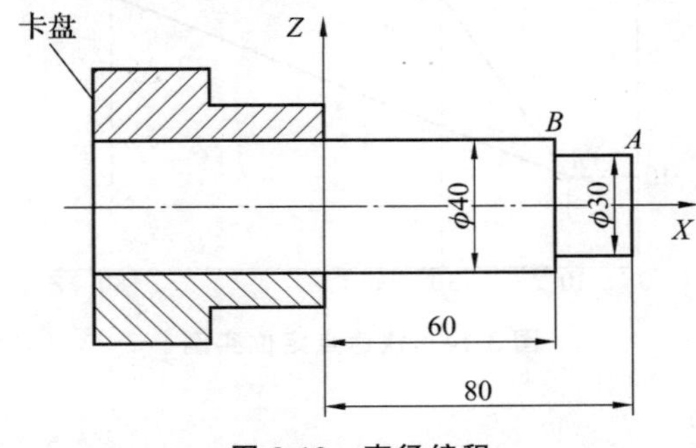

图 3-12　直径编程

二、快速移动指令 G00

G00 定位指令命令刀具以点位控制方式从刀具所在点快速移动到目标位置，无运动轨迹要求，不需特别规定进给速度。

如图 3-13 为使刀具按车床预先设定（出厂前）的速度，快速从 P_1 点到 P_2 点：

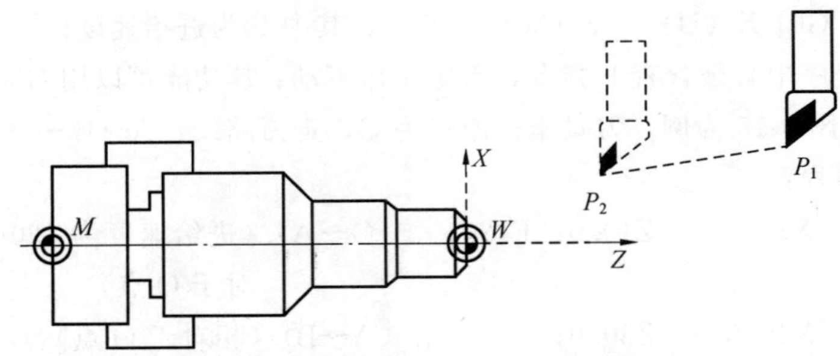

图 3-13　G00 快速移动定位

输入格式：G00 X（U）__ Z（W）__；

(1)“X（U）__ Z（W）__”目标点的坐标，且 X，Z 后面跟绝对尺寸，U，W 后面跟增量尺寸（下文同）；

(2) X (U) 坐标按直径值输入，且有正负号；

(3) Z，W 坐标值为实际位移量；

(4) “;”表示一个程序段的结束。

如图 3-14 为使刀具快速从 A 点到 B 点：

绝对编程：G00　X30.0　Z80.0;

增量编程：G00　U20.0　W70.0;

注意实际上刀具移动路线不是直线 AB，而是折线 ACB；问题在于车床的两轴先考虑同速联动，再考虑单动。因此，要非常注意执行 G00 时的刀具与工件的碰撞危险。

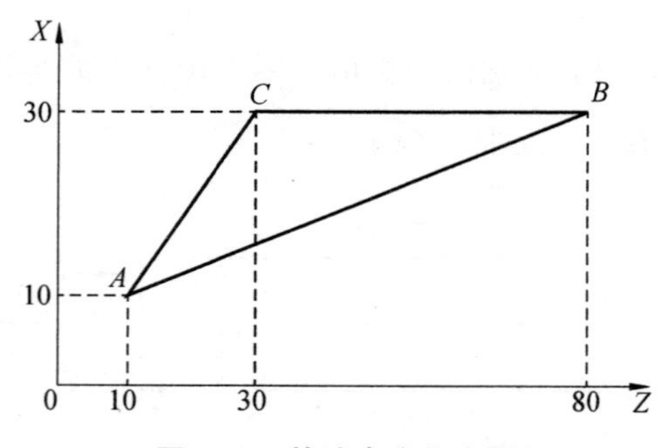

图 3-14　快速点定位实例

可以改为单动编程：

绝对编程时，G00　X60.0;

Z80.0;

三、 直线插补指令 G01

直线插补指令用于直线或斜线运动，可使数控车床沿 *X* 轴、*Z* 轴方向执行单轴运动，也可以沿 *X*，*Z* 平面内执行任意斜率的直线运动。

输入格式：G01 X (U) __ Z (W) __ F __；其中 F 为进给速度。

G01 指令程序中必须含有 F 指令，否则车床不动；F 功能可以用 G00 指令取消。

例题 1　以图 3-15 为例，刀具坐标原点为 O，走刀路线：A→B→C→D。

绝对直径编程：

N01　G01　X20.0　Z10.0　F120;　(O→A)（进给速度为 120mm/min）（相对于 O 点）

N02　X40.0　Z30.0;　(A→B)（相对于 O 点）

N03　X60.0　Z40.0;　(B→C)（相对于 O 点）

N04　X30.0　Z80.0;　(C→D)（相对于 O 点）

N05　M02;　程序结束

相对直径编程：

N01　G01　U20.0　W10.0　F120；　(O→A)(进给速度为 120mm/min)(相对于 O 点)
N02　U20.0　W20.0；　(A→B)(相对于 A 点)
N03　U20.0　W10.0；　(B→C)(相对于 B 点)
N04　U－30.0　W40.0；　(C→D)(相对于 C 点)
N05　M02；　程序结束

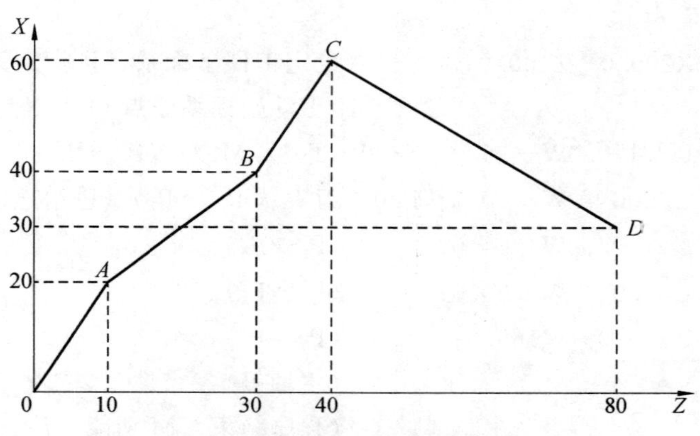

图 3-15　绝对值与增量值编程

例题 2　如图 3-16 所示，选 O 为工件坐标系原点作直线插补编程。

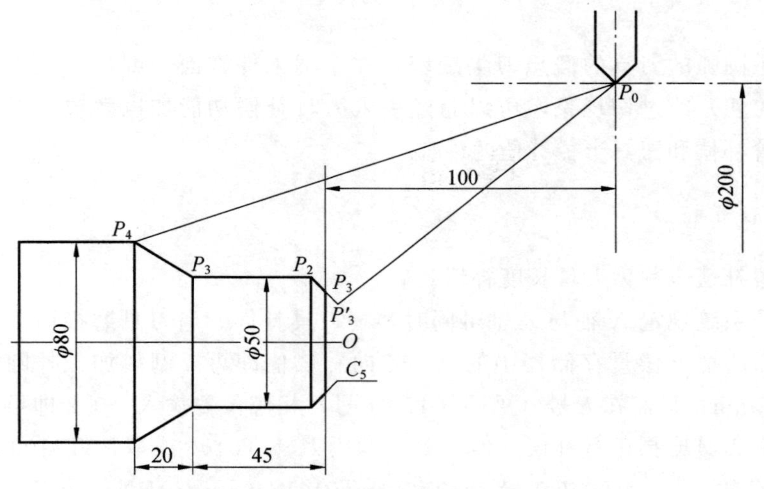

图 3-16　直线插补编程实例

绝对编程：

N01　G50　X200.0　Z100.0；　(设定工件坐标系，且指定刀具的起始点 P0 距工件坐标系原点 O 为 X＝100，Z＝100)，也指刀具移动到 X200，Z100 点。

N02　G00　X30.0　Z5.0　S800　T01　M03；(P0→P1′)

```
N03  G01  X50.0   Z-5.0   F80;(刀尖从 P1'→P2)(进给速度为 80mm/min)
N04               Z-45.0;      (P2→P3)
N05       X80.0   Z-65.0;      (P3→P4)
N06  G00  X200.0  Z100.0;      (P4→P0)
N07  M05;                      (主轴停)
N08  M02;                      (程序结束)
```

相对直径编程：

```
N01  G50  X200.0  Z100.0;      (设定工件坐标系，且指定刀具的起刀点 P0
                                距工件坐标系原点 O 为 X=100，Z=100)
N02  G00  U-170.0W-95.0  S800  T01  M03;(P0→P1')
N03  G01  U30.0   W-10.0  F80;(刀尖从 P1'→P2)(进给速度为 80mm/min)
N04               W-40.0;      (P2→P3)
N05       U30.0   W-20.0;      (P3→P4)
N06  G00  U120.0  W165.0;      (P4→P0)
N07  M05;                      (主轴停)
N08  M02;                      (程序结束)M 功能  注：前文已描述。
```

四、 刀具补偿功能应用

直接以带圆弧的刀具的假想刀尖编程，在车削工件锥面、倒角和圆弧时可能出现切削不足（欠切）或过切现象，可以通过引入刀具补偿功能加以解决。刀具补偿功能分为刀具位置补偿和刀具半径补偿两种。

1. 刀具位置补偿

刀具位置补偿也称为刀具长度补偿。

车床数控系统规定 X 轴与 Z 轴可同时实现刀具补偿。当刀具磨损后或工件尺寸有误差时，只需改变补偿量存储器中的 X，Z 向补偿值即可。例如加工外圆柱面，工件直径大了 0.2mm，只需在刀号（见图 3-17 01 号）相应位置输入－0.2 即可。同理可以对 Z 向磨损和刀具磨损进行补偿。但注意在调用刀补 T0101 或取消 T0100 时需在 G00 或 G01 下才有效，如：G00/G01 X20.0 Z3.0 T0101；G00/G01 X30.0 Z50.0 T0100。

2. 刀具半径补偿（G40，G41，G42）

(1) 刀具因磨损、重磨等引起刀具圆弧半径（直径）改变，为了仍用原来的程序并保证工件大小不变，只需在刀具参数设置的数值做改变，称为刀具半径补偿。如图 3-18 所示，1 为未磨损刀具，2 为磨损后刀具，只需将车床刀具参数表中的刀具半径 r_1 改为 r_2，仍用原来的程序。

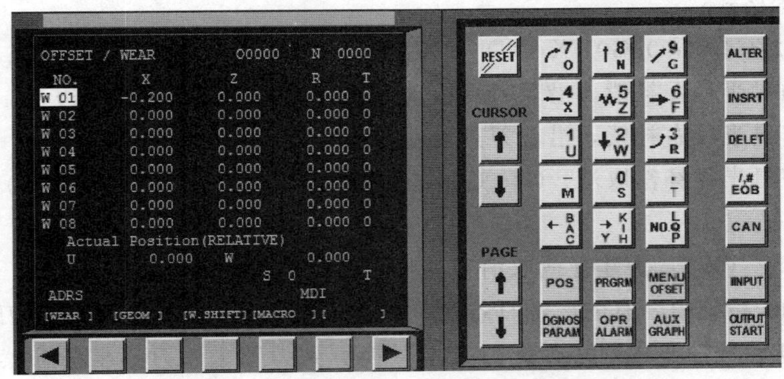

图 3-17　刀具位置补偿参数设置

(2) 同一程序，利用刀具半径补偿功能可以同一把刀具实现粗精加工。如图 3-19 所示，刀具半径 r，精加工余量 Δ。粗加工时输入刀具半径（$r+\Delta$），则加工出虚线轮廓；精加工时，只输入刀具半径 r，则加工出实线轮廓。

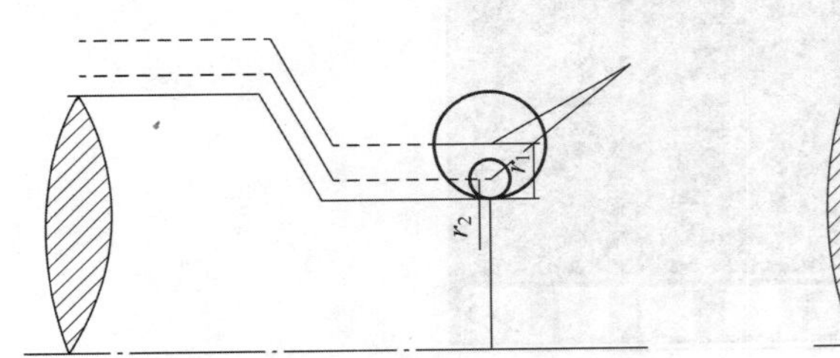

图 3-18　改变刀具直径而不变程序

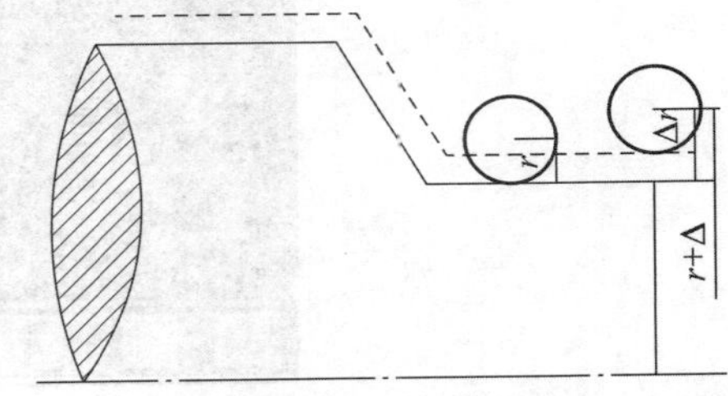

图 3-19　利用刀具半径补偿进行粗精加工

(3) 带圆弧半径 r 的车刀，是以假想的刀尖（见图 3-20）来编程的。这样在车削内外圆和端面时，不会产生误差，而车削锥面、倒角和圆弧时会出现误差，需要圆弧半径补偿。

刀具圆弧半径补偿由刀具圆弧半径 r、车刀形状、位置两方面参数决定。车刀的形状、位置如图 3-20 所示，以理想的刀位点 A 与刀具的前置和后置来判断，以 0 到 9 十个数字来表示。半径 r 和刀具位置设置在如图 3-21 所示相应的 r 和 T 下，如 r 为 4，T 为 3。

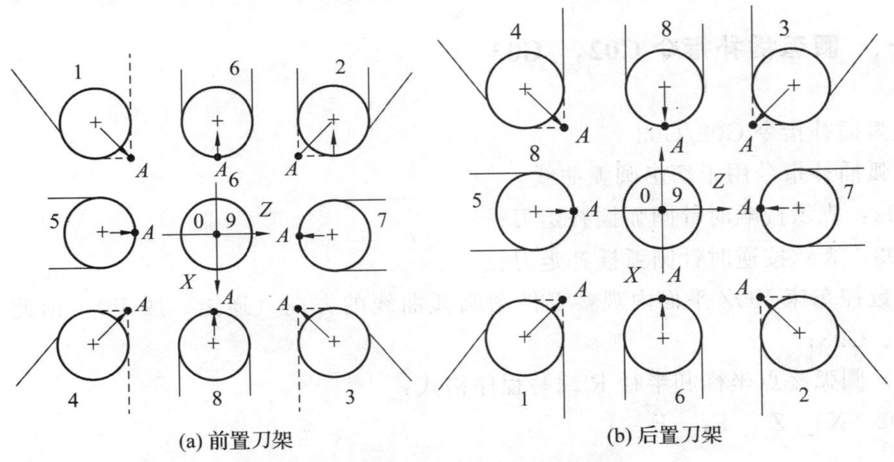

图 3-20　车刀形状对应位置参数

指令编程格式：

G41/G42/G40 G00/G01 X（U）　Z（W）；

G41：刀具半径左补偿，沿着刀具运动方向看，刀具在工件的左边。

G42：刀具半径右补偿，沿着刀具运动方向看，刀具在工件的右边。

G40：刀具半径补偿取消，G40 G00/G01 X（U）　Z（W）；G00/G01 X（U） Z（W）　T＊＊00；

X（U），Z（W）：为建立或取消刀具半径补偿过程中的终点。

现代 CNC 系统中，有的已经具备三维刀具半径补偿功能，对于没有刀具补偿功能的四、五轴联动数控车床则必须把刀具半径换算到刀路去。刀具半径补偿参数设置如图 3-21 所示。

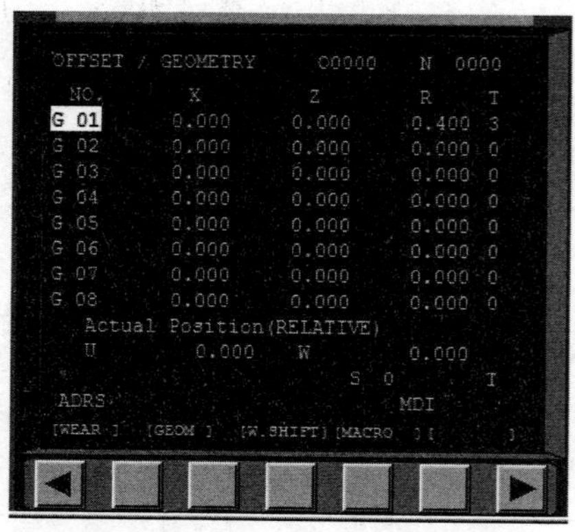

图 3-21　刀具半径补偿参数设置

任务四　数控车床编程实务（二）

一、圆弧插补指令 G02，G03

圆弧插补指令 G02/G03

圆弧插补指令用于切出圆弧曲线。

G02：表示按顺时针圆弧插补走刀；

G03：表示按逆时针圆弧插补走刀；

在数控车床 XOZ 平面内观察零件图圆弧曲线的方向（逆走、顺走），由此判断选用 G02、G03；

（1）圆弧终点坐标和半径 R 编写程序格式：

G02　X＿Z＿R＿F＿；

G03　X__Z__R__F__。

说明：

① 首先确定圆弧加工方向，明确 G02，G03 的选择；

② X，Z，U，W 表示圆弧的终点坐标值（绝对尺寸和相对尺寸）；

③R 有正负之分，大于 180°圆弧用－R，其余角度圆弧用＋R，如图 3-22 所示。

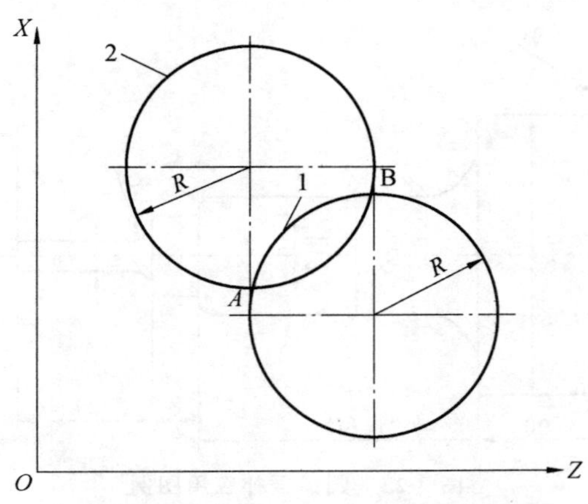

图 3-22　圆弧插补时圆弧的两种处理

（2）圆弧终点坐标和分矢量 I，K 编写程序格式：

G02　X__Z__I__K__F__；

G03　X__Z__I__K__F__。

① I，K 的数值：表示圆弧起点指向圆弧中心的矢量在 X 轴、Z 轴上的投影值。

② I，K 正负号：参照坐标轴判断正负，同向为正。

注意：a. 也可以用增量坐标 U，W 代替 X，Z；b. *C* 轴（Z 轴的旋转）不能执行圆弧插补指令。

（3）编程举例。

例题 3　加工如图 3-23 所示零件，用两种加工圆弧的方法编程。

方法一：圆弧终点与 R 编程（圆弧均小于 180°，R 值取正）：

```
N01  G50  X100.0  Z100.0;                    (设定工件坐标系)
N02  M03  S800;                              (主轴转速 800r/min)
N03  G00  X6.0    Z2.0;
N04  G01          Z-20.0   F80;              (进给速度为 80mm/min)
N05  G02  X14.0   Z-24.0   R4.0   F60;       (顺时针插补车圆弧 R4)
N06  G01          W-8.0    F80;
N07  G03  X20.0   W-3.0    R3.0   F60;       (逆时针插补车圆弧 R3)
N08  G01          W-37.0   F80;
N09  G02  U20.0   W-10.0   R10.0  F60;       (顺时针插补车圆弧 R10)
N10  G01          W-20.0   F80;
```

N11　G03　X52.0　W－6.0　R6.0　F60；　（逆时针插补车圆弧 R_3）
N12　G00　U2.0；
N13　G00　X100.0　Z100.0；　（回起始点）
N14　M05；　（主轴停）
N15　M30；　（程序结束，刀具返回原点）

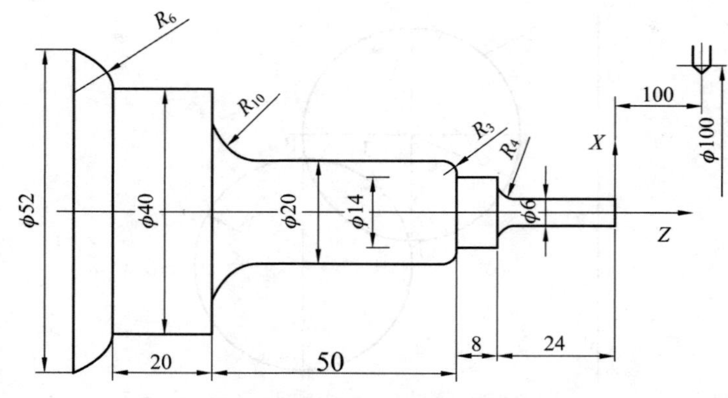

图 3-23　圆弧插补应用图例

方法二：圆弧终点和分矢量 I，K 编程：

N01　G50　X100.0　Z100.0；　（设定工件坐标系）
N02　M03　S800；　（主轴转速 800r/min）
N03　G00　X6.0　Z2.0；
N04　G01　Z－20.0　F80；　（进给速度为 80mm/min）
N05　G02　X14.0　Z－24.0　I8.0　K0　F60；　（顺时针插补车圆弧 R_4，I 的投影为 4，直径写为 8）
N06　G01　W－8.0　F80；
N07　G03　X20.0　W－3.0　I0　K－3.0　F60；（逆时针插补车圆弧 R_3）
N08　G01　W－37.0　F80；
N09　G02　U20.0　W－10.0　I20.0　K0　F60；　（顺时针插补车圆弧 R_{10}）
N10　G01　W－20.0　F80；
N11　G03　X52.0　W－6.0　I0　K－6　F60；　（逆时针插补车圆弧 R_3）
N12　G00　U2.0；
N13　G00　X100.0　Z100.0；　（回起始点）
N14　M05；　（主轴停）
N15　M30；　（程序结束，刀具返回原点）

小结：最好选用 R 编程，但必须十分注意圆弧圆心角大小，明确＋R、－R。

二、（外圆面和端面）简单固定循环指令 G90，G94

(1) G90 指令。如图 3-24、图 3-25 所示，矩形 1R→2F→3R→4R→1R 循环，虚线为快进，实线为工进；

① G90 用于圆柱面内（外）径切削循环。

编程格式：G90 X（U）__ Z（W）__ F __；

说明：X，Z——绝对编程，为切削终点 C 坐标；

U，W——增量编程，为切削终点 C 相对于循环起点 A 增量坐标（U 为直径值）。

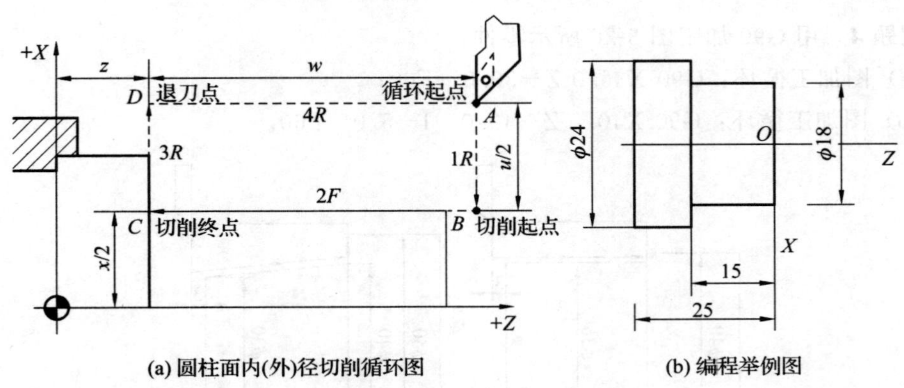

(a) 圆柱面内(外)径切削循环图　　(b) 编程举例图

图 3-24

例：图 3-24（b）G90 的用法（圆柱面）

```
N10 G54
N20 G98 T0101
N30 S500 M03
N40 G00 X30 Z2
N50 G90 X24 Z－25 F100
N60 G90 X21 Z－15
N70 X18
N80 G00 X100 Z20 T0100
N90 M30
```

② G90 用于圆锥面内（外）径切削循环：

编程格式：G90 X（U）__ Z（W）__ R __ F __；

说明：X，Z—绝对编程，为切削终点 C 坐标；

U，W—增量编程，为切削终点 C 相对于循环起点 A 增量坐标（U 为直径值）；

R—圆锥切削起点 B 与切削终点 C 的半径差，带符号。

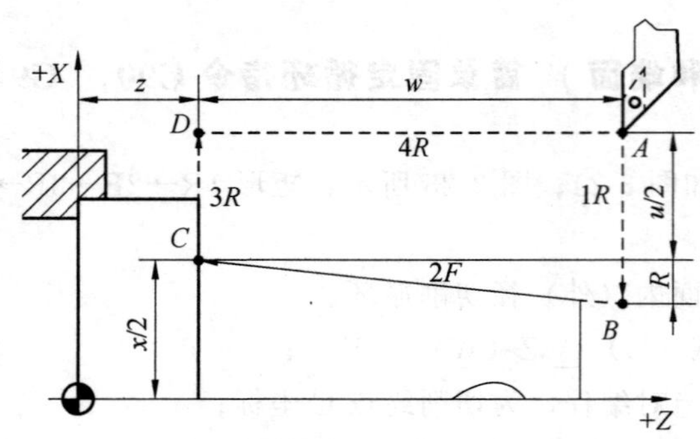

图 3-25 圆锥面内（外）径切削循环

例题 4 用 G90 加工图 3-26 所示零件：

（a）图加工循环：G90 X36.0 Z－30.0 F60；

（b）图加工循环：G90 X40.0 Z－40.0 I－5.0 F60。

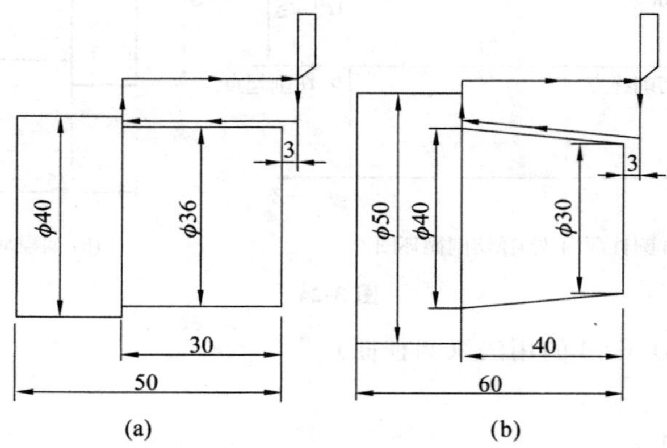

图 3-26 G90 加工实例

例题 5 用 G90 车削圆柱表面固定循环实例如图 3-27 所示。

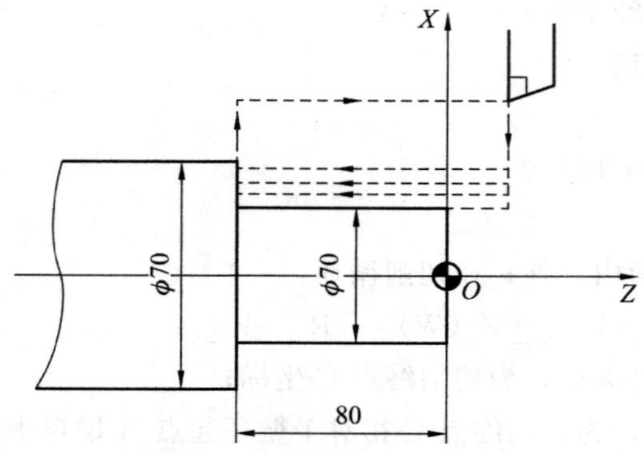

图 3-27 用 G90 车削圆柱表面固定循环实例

程序如下：

G90 X60.0 Z−80.0 F1.3；

X50.0；

X40.0；

X30.0；

（2）G94　端面切削固定循环指令。G94 用于平面断面固定切削循环加工，如图 3-28 所示。

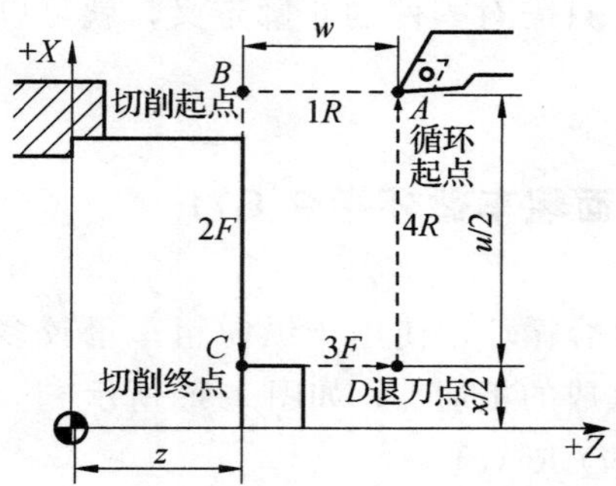

图 3-28　端平面切削循环

编程格式：G94 X（U）__ Z（W）__ F __；

说明：X，Z—绝对编程，为切削终点坐标；

U，W—增量编程，为切削终点 C 相对于循环起点 A 增量坐标（U 为直径值）；

执行 A—B—C—D—A；

说明同圆柱面切削循环（G90），只不过切完整个圆柱面，成为切端面。

G94 用于圆锥端面固定切削循环加工，如图 3-29 所示。

编程格式：G94 X（U）__ Z（W）__ R __ F __；

说明：X，Z—绝对编程，为切削终点坐标；

U，W—增量编程，为切削终点相对于循环起点增量坐标（U 为直径值）；

R—圆锥切削终点 C 相对于切削起点 B 的 Z 向距离。

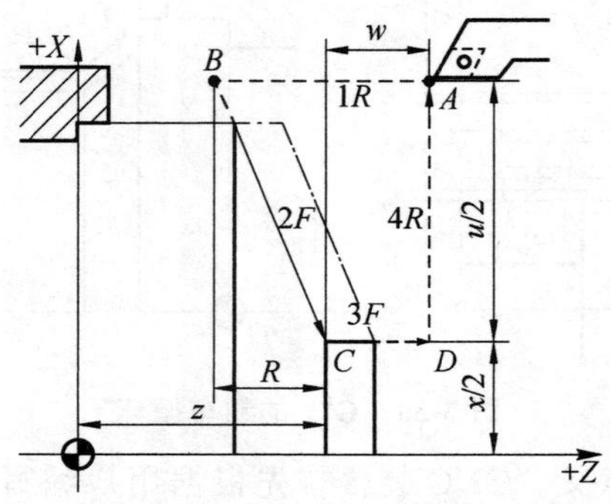

图 3-29　圆锥端面切削循环

任务五 数控车床编程实务（三）（复合固定循环）

在使用 G90、G94 时已经简化了一些程序，但碰到既有圆柱又有圆锥表面、曲线回转体表面时编程也有点复杂。复合固定循环功能指令，能使这种编程进一步简化，使用这些复合固定循环时，只需对零件的轮廓定义，就可以完成从粗加工到精加工的全过程。

一、 毛坯内外圆柱面粗车循环指令 G71

（1）G71 为纵向切削复合循环，使用于纵向粗车量较多的情况，适用于内外圆柱面、端面需多次走刀才能完成的粗加工，如图 3-30 所示。

编程格式：G71 U（Δd）R（e）

G71 P（ns）Q（nf）U（Δu）W（Δw）F（f）S（s）T（t）

式中：

ns—精加工轮廓程序段中开始程序段的段号；

nf—精加工轮廓程序段中结束程序段的段号；

Δu—X 轴向精加工余量；

Δw—Z 轴向精加工余量；

Δd—背吃刀量，不包括退刀量 e；

e—每次 X 向退刀量（半径值，无正负号）

f，s，t—F，S，T 代码。

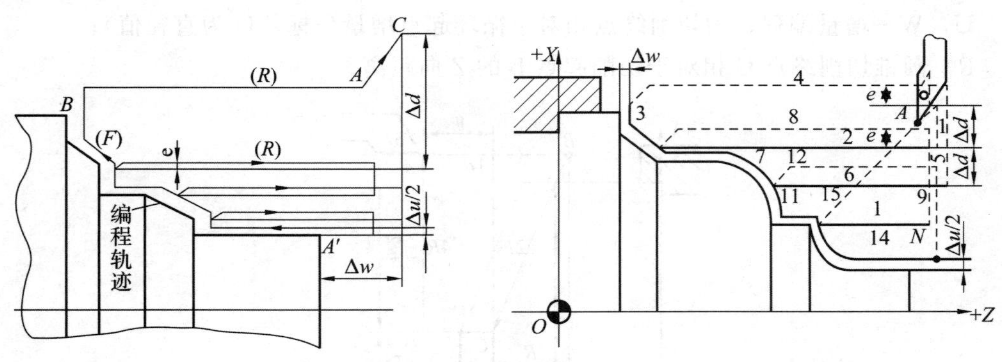

图 3-30 G71 的粗车循环

（2）G71 内部参数的意义。CNC 装置首先根据用户编写的精加工轮廓，在预留出 X 向，Z 向的精加工余量 Δu，Δw 后，计算出粗加工实际轮廓的各个坐标值，刀具按

层切法将加工余量去除，首先刀具 X 向进刀 Δd，Z 向切削后按 e 值 45 度方向退刀，如此循环直至粗加工余量切除。此时工件斜面和圆弧部分形成台阶状表面，然后再按精加工轮廓光整表面，最终形成工件在 X，Z 向留有 Δu 向，Δw 的精加工余量。

（3）用 G71 指令加工的工件形状，有如图 3-31 所示的 4 种情况。

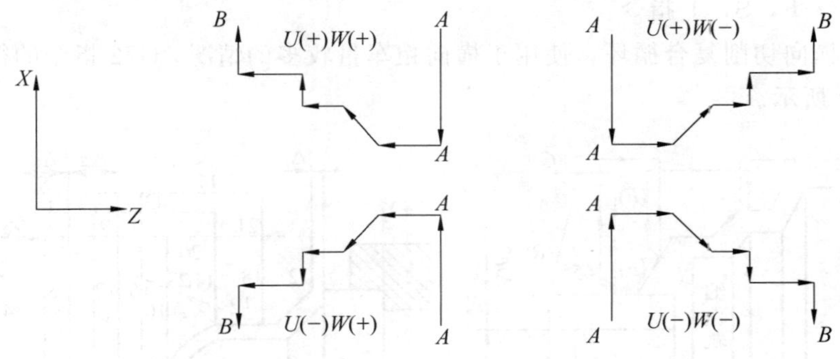

图 3-31　用 G71 指令加工的工件形状

（4）其它说明

① 在使用 G71 进行粗加工时，只有含在 G71 程序段中的 F，S，T 功能才有效，而包含在 *ns*—*nf* 程序段中的 F，S，T 指令对粗车循环无效。

② G71 指令必须带有 P，Q 地址 *ns*，*nf*，且与精加工路径起、止顺序号对应，否则不能进行加工，且适合于轮廓单调递增或单调递减。

③ *ns*，*nf* 的程序段必须为 G00/G01 指令，即从 A 到 A′的动作必须是直线或点定位运动，且 *ns* 第一条指令不能指定 Z 向有运动。

④ 在顺序号为 *ns* 到顺序号为 *nf* 的程序段中不能调用子程序。

⑤ 在进行外形加工时 Δu 取正值，内孔加工时 Δu 取负值，从右向左加工 Δu 取正值，从左向右加工 Δu 取负值。

⑥ 当用恒表面切削速度控制时，*ns*～*nf* 的程序段中指定的 G96，G97 无效，应在 G71 程序段以前指定。

⑦ 循环起点的选择应在接近工件处，以缩短刀具行程，避免空进给。

二、 端面粗车复合循环指令 G72

（1）端面粗车复合循环指令 G72 与 G71 类似，不同的是 G72 首先 Z 向进刀 Δd，X 向切削后按 e 值 45 度方向退刀，如此循环直至粗加工余量切除，如图 3-32 所示。

（2）编程格式：G72 W（Δd）R（e）

G72 P（ns）Q（nf）U（Δu）W（Δw）F（f）S（s）T（t）

其中：Δd—每次 Z 方向循环的切削深度（无正负号）；

e—每次 Z 向切削退刀量；

ns—精加工轮廓程序段中的开始程序段号；

nf—精加工轮廓程序段中的结束程序段号；

Δu—X 方向精加工余量（直径量）；

Δw—Z 方向精加工余量；

f，s，t—F，S，T 指令。

G72 为横向切削复合循环，使用于横向粗车量较多的情况，G72 指令的循环加工路线如图 3-32 所示。

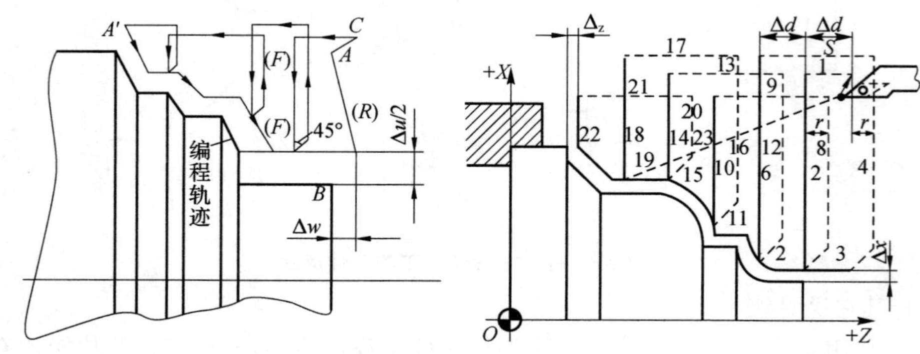

图 3-32 G72 的粗车循环

（3）其它说明。

① 在使用 G72 进行粗加工时，只有含在 G72 程序段中的 F，S，T 功能才有效，而包含在 ns～nf 程序段中的 F，S，T 指令对粗车循环无效。

② 在 G72 切削循环下，切削进给方向平行于 X 轴，U（Δu）和 W（Δw）的符号为正表示沿轴的正方向移动，负表示沿轴负方向移动。

③ G72 指令必须带有 P，Q 地址 ns，nf，且与精加工路径起、止顺序号对应，否则不能进行加工。

④ ns 的程序段必须为 G00/G01 指令，即从 A 到 A'的动作必须是直线或点定位运动且程序段中不应编有 X 向移动指令。

⑤ 在顺序号为 ns 到顺序号为 nf 的程序段中，不能调用子程序。

⑥ 当用恒表面切削速度控制时，ns～nf 程序段中指定的 G96，G97 无效，应在 G71 程序段以前指定。

⑦ 循环起点的选择应在接近工件处以缩短刀具行程，避免空进给。

G71，G72 指令适合于型材棒料的粗车加工，将工件切削至精加工之前的尺寸，粗加工后可使用 G70 指令完成精加工。

三、 封闭粗车循环指令 G73

G73 指令与 G71，G72 指令功能相似，G73 指令适用于毛坯轮廓形状与零件轮廓

形状基本接近时的粗车，刀具路径是按工件精加工轮廓进行循环的，如图 3-33 所示。如铸件、锻件等毛坯已具备简单的零件轮廓，这时粗加工使用 G73 循环指令可以节省时间，提高功效。

封闭切削循环是一种复合固定循环，如图 3-33 所示，*A* 是循环起点，循环时马上退出到 *A*1，再开始第一次循环。

编程格式：G73 U（Δi）W（Δk）R（d）；

G73 P（ns）Q（nf）U（Δu）W（Δw）F（f）S（s）T（t）

式中：

ns—精加工轮廓程序段中开始程序段的段号；

nf—精加工轮廓程序段中结束程序段的段号；

Δ*I*—X 轴向总退刀量（半径值），粗车时径向切除余量；

Δ*k*—Z 轴向总退刀量；粗车时 Z 向切除余量；

Δ*u*—X 轴向精加工余量（直径值）；

Δ*w*—Z 轴向精加工余量；

Δ*d*—粗车循环次数；

f，*s*，*t*—F，S，T 代码。

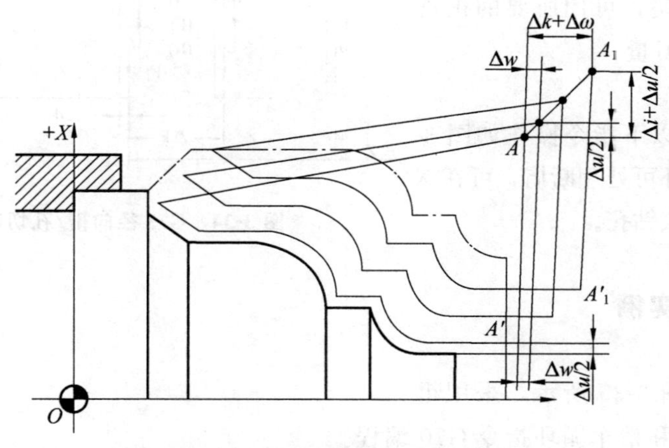

图 3-33　封闭切削复合循环指令 G73

四、精车循环指令 G70

编程格式　G70 P（*ns*）　Q（*nf*）；

式中：*ns*—精加工轮廓程序段中开始程序段的段号；

nf—精加工轮廓程序段中结束程序段的段号。

精加工时，G71，G72，G73 程序段中的 F，S，T 指令无效，只有在 *ns*～*nf* 程序段中的 F，S，T 才有效。

例：在 G71，G72，G73 程序应用中的 nf 程序段后再加上"G70 $Pns\ Qnf$"程序段，并在 ns～nf 程序段中加上精加工适用的 F，S，T，就可以完成从粗加工到精加工的全过程。

五、径向槽/孔切削循环 G75

G75 外径切削循环功能适合于在外圆面上切削沟槽（切断加工）或者径向孔切削。

（1）编程格式

G75 R（e）；

G75 X（u）Z（w）P（Δi）Q（Δk）R（Δd）F（f）

e：后退量，本指定是状态指定，在另一个值指定前不会改变；

X：B 点的 X 坐标，也可采用相对坐标 u，从 a 至 b 增量；

Z：C 点的 Z 坐标，也可采用相对坐标 w，从 A 至 C 增量；

Δi：X 方向的切深量；

Δk：Z 方向的移动量；

Δd：在切削底部的刀具退刀量。Δd 的符号一定是（+），但是，如果 X（U）及 ΔI 省略，可用所要的正负符号指定刀具退刀量。

f：进给量。

（2）功能。以下指令操作如图 3-34 所示，在本循环可处理断屑，可在 X 轴切槽及 X 轴啄式钻孔。

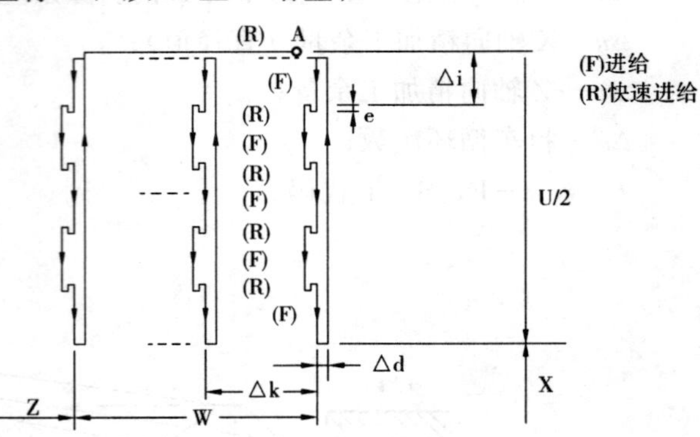

图 3-34　G75 径向槽/孔切削循环

六、应用实例

例题 6　如图 3-35 所示，采用粗车循环指令 G71 和精车循环指令 G70 编程。

具体程序如下：

O0003	主程序名
N20 T0101 S400 M03	主轴以 400r/min，选择 1 号刀具
N30 G01 X46 Z2 F120	刀具到循环起点（与 N60 的 X2 关联）
N40 G71 U1.5 R1	粗加工切削深度 1.5mm，退刀量 1mm
N50 G71 P60 Q140 U0.4 W0.1 F120	精加工余量：U0.4mm W0.1mm
N60 GOO X2	精加工轮廓起始行，到倒角延长线
N70 G01 X10 Z−2	精加工 2×45°倒角
N80 Z−20	精加工 ϕ10 外圆

```
N90 G02 U10 W－5 R5              精加工 R5 圆弧
N100 G01 W－10                   精加工 φ20 外圆
N110 G03 U14 W－7 R7             精加工 R7 圆弧
N120 G01 Z－52                   精加工 φ34 外圆
N130 U10 W－10                   精加工外圆锥
N140 W－20                       精加工 φ44 外圆，精加工轮廓结束行
N150 G00 X50                     退出已加工面
N160 X100 Z20                    回对刀点
N170 M05；                       主轴停
N180 M00；                       程序停止
N190 M03S1000；                  主轴以 1000r/min 正转
N200 T0303；                     调 03 号刀，刀补号 03
N210 G00X46 Z3；                 刀具到循环起点位置
N220 G70 P90Q180；               精加工复合循环
N230 G00X100Z100；               刀具退到安全位置
N240 M05；                       主轴停
N250 M30；                       主程序结束并复位
```

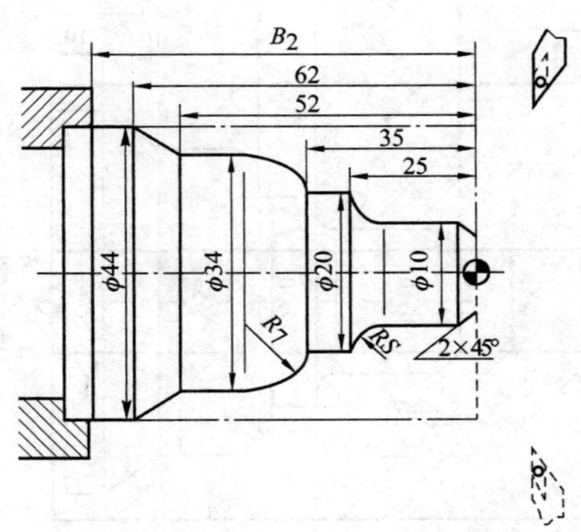

图 3-35　采用 G71 和 G70 的加工实例

例题 7　按图 3-36 所示编写包含 G72 内径循环指令程序。

编程过程：

```
O0007
N10 G54 X100 Z80                         （设立坐标系，定义对刀点的位置）
N20 T0101 M03 S400                       （选择 1 号刀具，主轴以 400r/min 正转）
N30 G00 X4 Z3                            （到循环起点位置）
N40 G72 W1. 2 R1 P50 Q150 U－0. 2 W[illegible]（内端面粗切循环加工）
```

N50 G00 Z－62　　（精加工轮廓开始，到倒角延长线处）
N60 G01 U6 W3 F80　　（精加工倒 2×45°角）
N70 W10　　（精加工 Φ10 外圆）
N80 G03 U4 W2 R2　　（精加工 R2 圆弧）
N90 G01 X30　　（精加工 Z45 处端面）
N100 Z－34　　（精加工 Φ30 外圆）
N110 X46　　（精加工 Z34 处端面）
N120 G02 U8 W4 R4　　（精加工 R4 圆弧）
N130 G01 Z－20　　（精加工 Φ54 外圆）
N140 U20 W10　　（精加工锥面）
N150 Z3　　（精加工 Φ74 外圆，精加工轮廓结束）
N160 G00 X100 Z80　　（返回对刀点位置）
N170 M30　　（主轴停、主程序结束并复位）

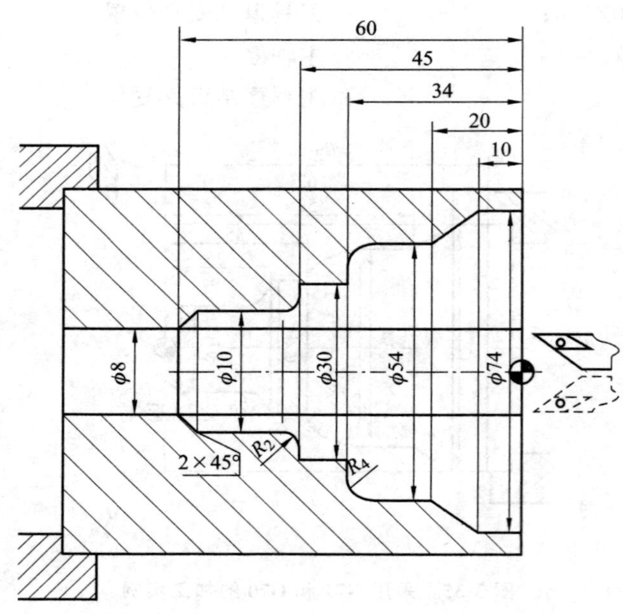

图 3-36　G72 内径粗切复合循环编程实例

例题 8　以图 3-37 所示工件为例，用 G73 指令编程。

具体程序如下：

N010 G50 X260.0　Z220；
N020 G00 X220.0　Z176.0　M03　S800　M08（刀尖到达 B 点）；
N030 G73 U14.0　W14.0　R3；

G73　P040　Q090　U4.0　W2.0　F100　S500；

（粗车循环，预留量 14mm，精车余量 2mm，粗车循环 3 次，B 点循环起点）。

N040 G00 X80. 0 Z123. 0；　（开始走轮廓）

N050 G01 Z100.0　F60　s600；

N060 X120.0 Z90.0；

N070 Z70.0 S400；

N080 G02 X160.0 Z50.0 I40.0 K0；

N090 G01 X180.0 Z40.0 S280；　（轮廓走完毕）

N100 G70 P040 Q090；　（精车循环）

N110 M09；

N120 G28　X280.0　Z200.0　（刀具经中间点（140，200）返回起刀点）

N130 M05；

N140 M02。

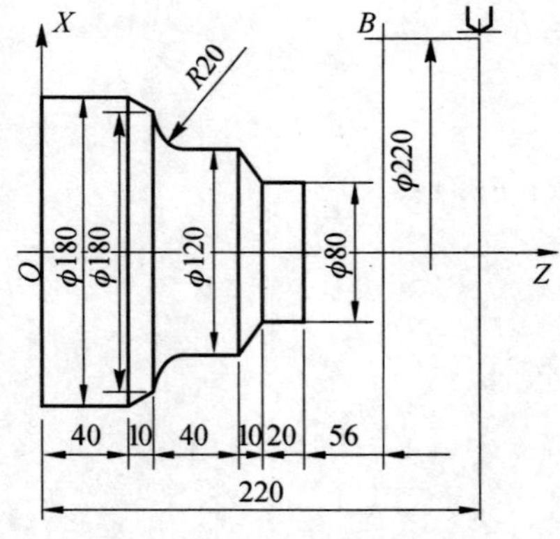

图 3-37　G73 应用加工实例

七、练习题

习题 1　加工如图 3-38 所示轴类零件，根据加工条件完成编程填空。粗精加工切削用量及刀具：T01，93°外圆正偏刀；T02，4mm 切断刀；S，500r/min（粗加工）、800r/min（精加工）；进给量 F，粗加工 0.2mm/r，精加工 0.05mm/r；切削深度，小于 4mm（粗加工），0.2mm（精加工）。

O0003

N10 S500 M03 T ________；

N20 G00 X20.4 Z2；

N30 G01 Z－5 F0.2；

N40 G02 X20.4 Z－15 R10 F0.1；

N50 G03 X20.4 Z－25 R10 F0.1；

```
N60 G01 Z-30 F0.2；
N65 G01 X22.4；
N70 G03 ________________；
N80 Z-46；
N90 X26；
N100 G00 X30 Z2；
N110 X0；
N120 ____ M03；
N130 G01 Z0 F0.05；
N140 X17.0
N145 ________________；
N150 Z-5；
N160 G02 X20 Z-15 R10；
N170 ________________；
N180 G01 Z-30；
N185 G01 X22.0；
N190 G03 X24 Z-31 R1 F0.1；
N200 Z-46；
N210 G00 X50 Z200；
N220 T ____ S300 M03；
N230 G00 X25；
N240 Z-44；
N250 G01 X0 F0.05；
N260 G00 X50；
N270 Z200；
N280 ____；
N290 M30。
```

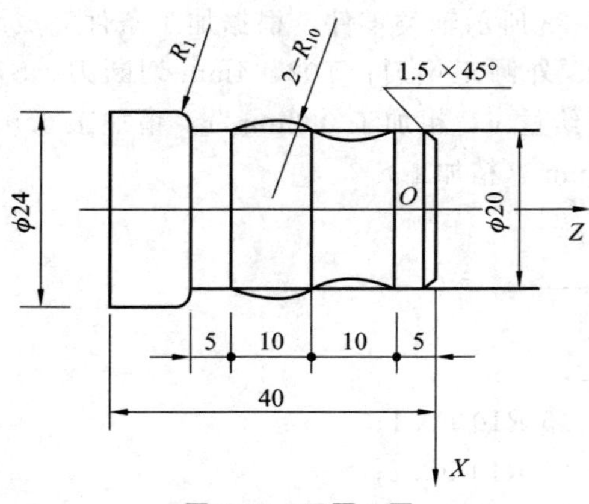

图 3-38　习题 1 图

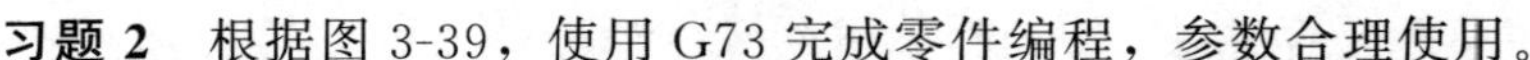

习题 2　根据图 3-39，使用 G73 完成零件编程，参数合理使用。

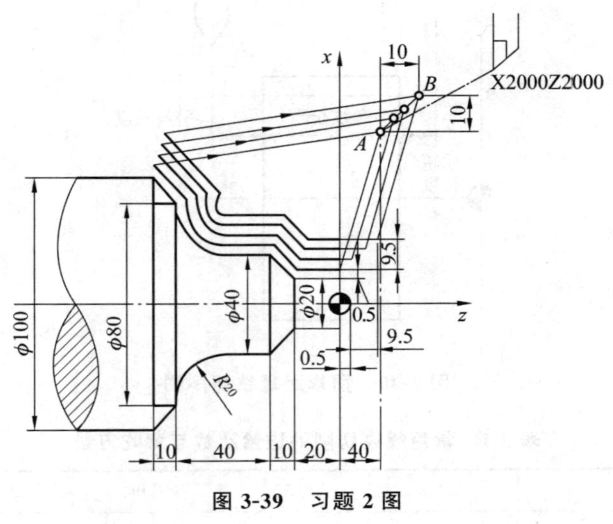

图 3-39　习题 2 图

任务六　数控车床编程实务（四）（螺纹车削指令）

一、恒定螺距螺纹切削指令 G32

1. 恒定螺距螺纹切削指令 G32

可用于加工圆柱螺纹、圆锥螺纹、外螺纹、内螺纹以及左、右旋螺纹，G32 为模态指令。

编程格式：G32 X（U）＿ Z（W）＿ F＿

（1）攻螺纹时，螺纹牙深等于螺纹大径减螺纹小径；设螺距为 P，对于普通三角螺纹，螺纹牙深等于 0.6495P。

（2）圆柱螺纹时，导程 $F=n\times P$（n 为螺纹头数）。

（3）加工螺纹时，主轴转速选择依据：$n\leqslant 1200/P-80$（针对经济型数控车床，其它详见说明书）。刀具进给速度只取决于主轴转速 S 和螺纹导程 F。

（4）螺纹开始和结束时导程会不规则（乱牙），应该引入切入、切出延长量：切入 $a>2.5F$，切出 $b>1.2F$，如图 3-40 所示。

（5）常用螺纹切削的进给次数与背吃刀量，参照表 3-1 选择。

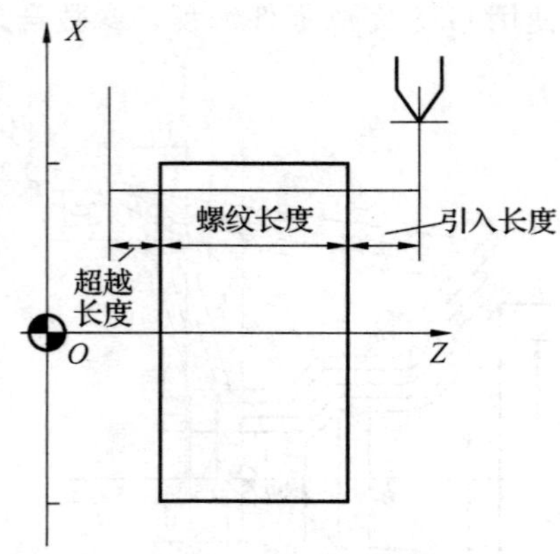

图 3-40　恒螺距螺纹切削图

表 3-1　常用螺纹切削的进给次数与背吃刀量

螺距（mm）		1.00	1.50	2.00	2.50	3.00
牙高（直径值，mm）		1.30	1.95	2.60	3.25	3.90
每次背吃刀量	1 次	0.80	1.00	1.20	1.30	1.20
	2 次	0.40	0.60	0.70	0.90	0.70
	3 次	0.10	0.25	0.40	0.50	0.60
	4 次		0.10	0.20	0.30	0.40
	5 次			0.10	0.15	0.40
	6 次				0.10	0.40
	7 次					0.20

例题 9　图 3-41 是圆柱螺纹加工实例，螺距为 4mm，第一次和第二次单边切削量均为 1mm，引入长度为 3mm，超越长度为 1.5mm。

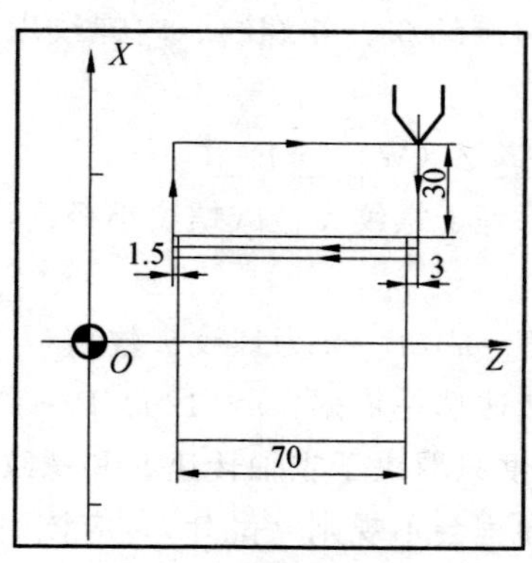

图 3-41　圆柱螺纹切削实例

程序如下：

O0308；

```
N020 G00 U－62.0；
N021 G32 W－74.5 F4.0；
N022 G00 U62.0；
N023 W74.5；
N024 U－64.0；
N025 G32 W－74.5；
N026 G00 U64.0；
N027 W74.5。
```

二、简单螺纹切削循环指令 G92

简单螺纹切削循环指令 G92 可以用来加工圆柱螺纹和圆锥螺纹，如图 3-42、图 3-43 所示。该指令的循环路线与前述的 G90 指令基本相同，只是 F 后面的进给量改为螺纹导程即可。

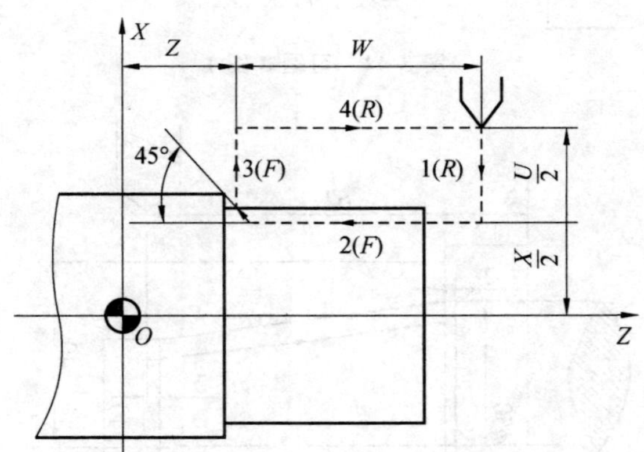

图 3-42　G92 圆柱螺纹加工示意图

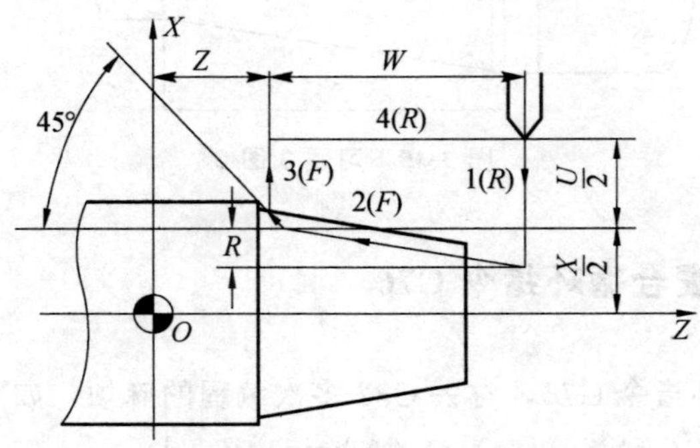

图 3-43　G92 圆锥螺纹加工示意图

格式：G92 X（U）＿Z（W）＿R＿F＿；

其中，X，Z 为螺纹终点坐标值，U，W 为螺纹起点坐标到终点坐标的增量值，R

为锥螺纹大端和小端的半径差。若工件锥面起点坐标大于终点坐标时，R 后的数值符号取正，反之取负，该值在此处采用半径编程。如果加工圆柱螺纹，则 R=0，此时可以省略。切削完螺纹后退刀按照 45°退出。

习题 3　完成图 3-44、图 3-45 的螺纹切削循环编程，螺纹导程均为 1.5，牙型角为 60°。

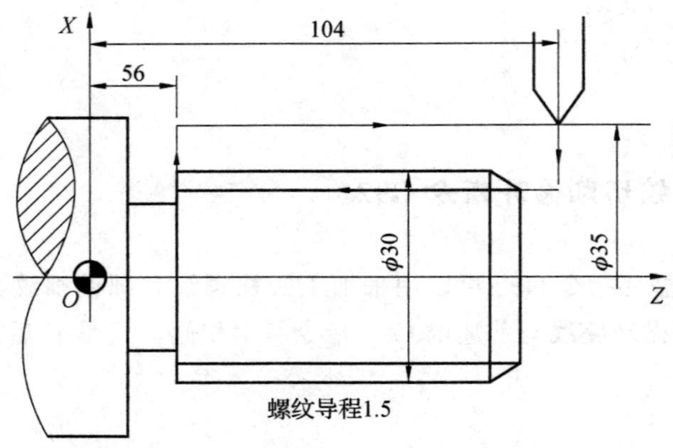

图 3-44　习题 3 图 1

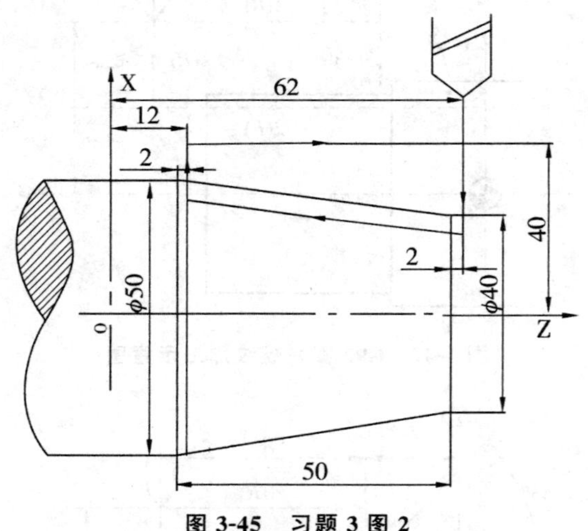

图 3-45　习题 3 图 2

三、 螺纹切削复合循环指令 G76

多次螺纹切削循环指令 G76，省去 G32 多次编程的麻烦，如图 3-46 所示。

编程格式：G76 P（m）（r）（a） Q（Δdmin） R（d）

G76 X（U） Z（W） R（i） P（k） Q（Δd） F（L）

说明：X（U），Z（W）—终点坐标，增量编程时要注意正负号；

m—精加工次数（1～99），为模态值；

r—退尾倒角量，数值为 0.01～9.9L，为模态值；

a—刀尖角，可以选择 80°，60°，55°，30°，29°，0°6 种，其角度数值用两位数指定；m，r，a 一次指定，如 m=2，r=1.5，a=60°时，可写成 P021560；

Δdmin—最小切削深度（半径值），乘以 1000 表示；

d—精加工余量；

i—螺纹两端的半径差；螺纹切削起点与螺纹切削终点的半径差。加工圆柱螺纹时 I 为 0，加工圆锥螺纹时，当 X（U）向切削起点坐标小于终点坐标时 I 为负，反之为正；

k—螺纹的螺牙高度（半径值），乘以 1000 表示；

Δd—第一刀深度（半径值），乘以 1000 表示；

L—螺纹导程。

说明：G76 螺纹切削循环中，螺纹刀以斜进的方式进行螺纹切削。总的螺纹切削深度（牙高）一般以递减的方式进行分配，螺纹刀单刃参与切削。每次的切削深度由数控系统计算给出，如图 3-46 所示，Δdmin 表示最小切削深度，当切削深度 Δd_n 小于 Δdmin，则取 Δdmin 作为切削深度。

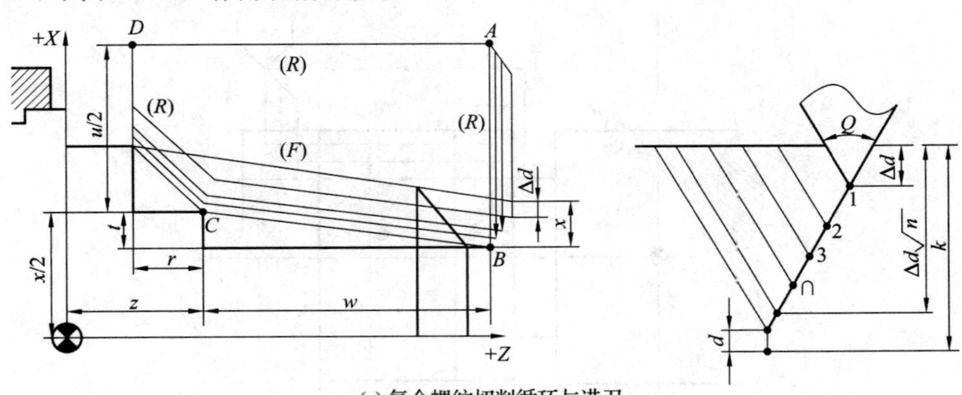

(a) 复合螺纹切削循环与进刀

(b) 螺纹切削复合循环G76

图 3-46

例：图 3-46（b）螺纹切削复合循环

……

N140 T0202 S300 M03

N150 G00 Z－14

N160 X20

N170 G01 X9.6 F50

N180 G00 X20

N190 G00 X100 Z20 T0200

N200 T0303 S300 M03

N210 G00 X15 Z6

N220 G76 P021560 Q100 R0.1

N230 G76 X10.375 Z－14 R0 P750 Q300 F1.25

N240 G00 X100 Z20 T0300

习题 4 如图 3-47 所示，螺纹导程为 2.0，60°普通三角螺纹，完成多次普通螺纹切削循环指令 G76 格式编程。

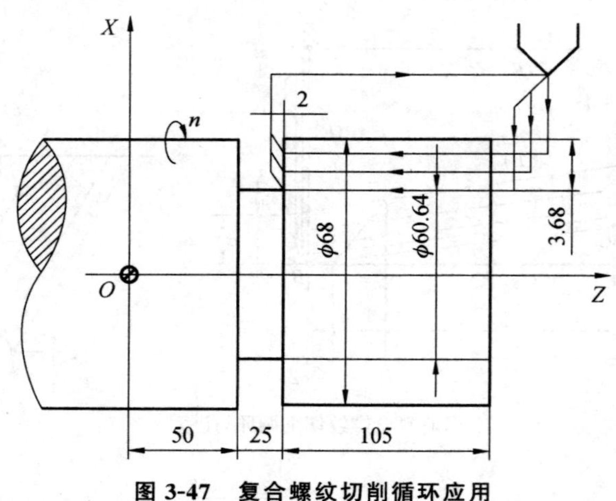

图 3-47 复合螺纹切削循环应用

四、 子程序调用指令 M98、 M99

子程序：一组程序段在一个程序中多次出现，或几个程序中都要用它，可以典型化，将该组程序做成子程序。

子程序可以被主程序调用，本身也可调用下一级子程序（只能三代关系），相当一个固定循环。

子程序调用格式：

M98 P L；

式中：M98—子程序调用指令；

P—子程序号；

L—子程序重复次数。

M99 表示子程序结束，并返回到主程序，放在子程序的最后段。

例题 10　加工如图 3-48 所示零件，一号刀为外圆车刀，三号刀为切断刀，宽度 2mm。加工主程序如下：

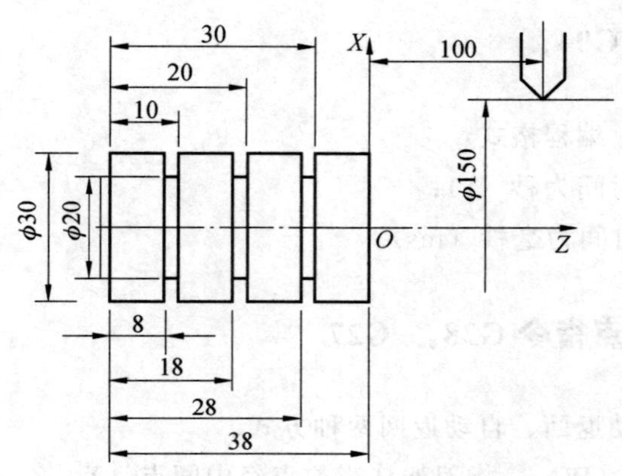

图 3-48　例题 10 图子程序调用

O10

N100　G50.0 X150.0 Z100.0；

N110　M03 S600 M08；

N120　G00 X35.　0 Z2.　0 T01 ；

N150　X30.0；

N160　G01 Z－40.0 F100；

N170　G00 X150.0 Z100.0；

N180　X32.0　Z0　T03；

N190　M98 P20 L3；

（调用子程序 P20，循环 3 次）

N200　G00 W－10；

N210　G01 X0 F0.05；

N220　G04 X2.0；　（转停 2.0s）

N230　G00 X150.0 Z100.0　M09；

N240　M05；

N250　M30；（主程序结束）

子程序如下：

P20　子程序号
N300 G00 W－10.0；
N310 G01 U－12.0 F60；
N320 G04 X1.0；　　（转停 1s）
N330 G00 U12.0；
N340 M99；　　（子程序结束返回主程序）

五、暂停指令 G04；

G04 为暂停指令，编程格式：
G04 X __，暂停时间为秒（s）；
G04 P __，暂停时间为毫秒（ms）。

六、返回参考点指令 G28，G27

返回参考点有手动返回、自动返回两种方式。

G28 X（U）__ Z（W）__指刀架从当前点经中间点（X，Z）返回参考点。

G27 X（U）__ Z（W）__指校验刀架是否准确返回参考点。（X，Z）指参考点的坐标，（U，W）指到参考点所移动的距离。

七、编程实例

例题 11　合理选择参数，编制图 3-49 所示零件加工程序。提供刀具：T01，93°外圆正偏刀；T02，4mm 切（槽）断刀；T03，60°角螺纹车刀（注意由于螺纹配合时有齿顶、齿根间隙，一般采取螺纹车削前直径多车削掉 0.2mm）。

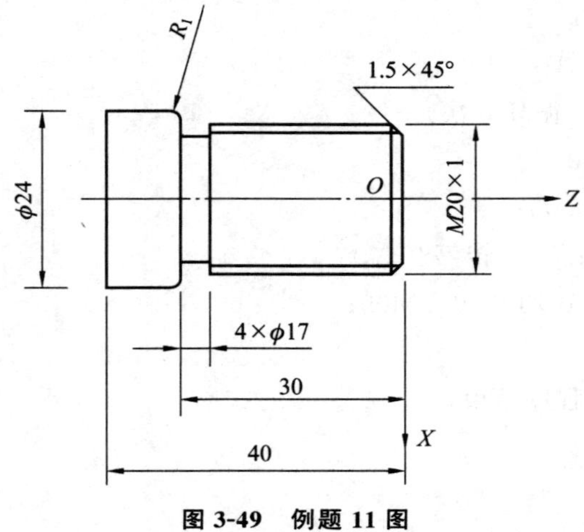

图 3-49　例题 11 图

```
O0004
N10 G54 S500 M03 T0101;
N15 G28 U0 W0;
N20 G00 X20.2 Z2;
N30 G01 Z-29.8 F0.2;
N35 X22.4;
N40 G03 X24.4 Z-30.8 R1;
N50 G01 Z-46;
N60 X26;
N70 G00 X30 Z2;
N80 X0;
N90 S800 M03;
N100 G01 Z0 F0.05;
N105 X17;
N110 X20 Z-1. 5;
N120 Z-30;
N125 X22;
N130 G03 X24 Z-31 R1;
N135 G01 Z-46;
N140 G00 X50 Z200;
N150 T0202 S300 M03;
N155 G28 U0 W0;
N160 G00 X25;
N170 Z-30;
N180 G01 X17.0 F0.05;
N190 G04 P2000;
N200 G01 X26.0 F0.4;
N220 G00 X50;
N230 Z200;
N240 T0303;
N245 G28 U0 W0;
N250 G00 X19.1 Z6;
N260 G32 X19.1 Z-28 F1;
N270 G00 X30;
N280 Z6;
N290 X18.72;
```

```
N300 G32 Z－28 F1；
N310 G00 X50；
N320 Z200；
N330 T0202；
N340 G00 X26；
N350 Z－44；
N360 G01 X0 F0.05；
N370 G00 X50；
N380 Z200；
N390 M05；
N400 M30；
```

习题 5 参考例题 10 完成图 3-50 的编程。

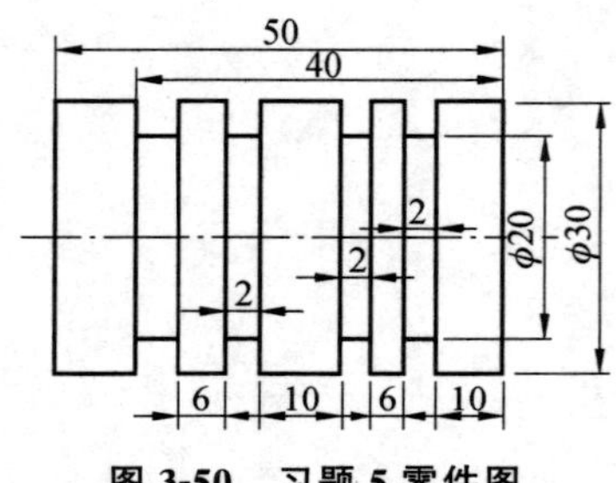

图 3-50 习题 5 零件图

任务七 数控车床编程实务（五）

一、数控车削加工综合实例

综合例题 1：

图 3-51 所示是零件的图样，毛坯为 50mm×100mm 棒料，材料为 45 钢，需要车削外圆和端面。

1. 确定工艺方案

采用三爪自定心卡盘夹持 50mm 外圆，一次装夹完成粗、精加工。

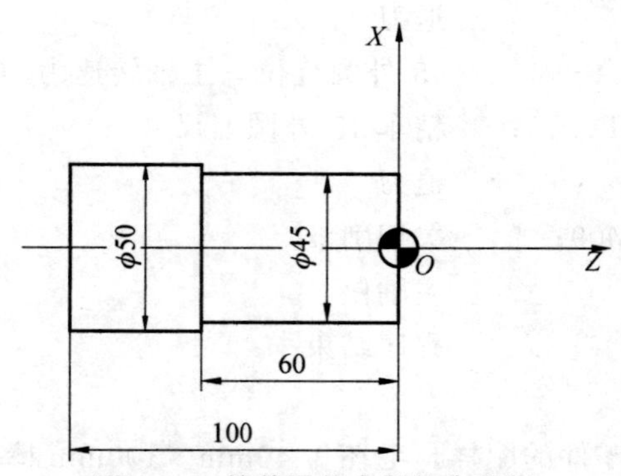

图 3-51　简单零件车削综合实例

2. 加工工序

(1) 粗车端面及 45°外圆，留 0.5mm 精车余量；
(2) 精车 45°外圆刀尺寸。

3. 刀具

零件的粗、精加工均用 90°外圆车刀完成。

4. 切削用量

粗加工时进给量为 0.3mm/r，主轴转速为 300r/min；精加工时进给量为 0.15mm/r，主轴转速为 600r/min。粗加工一次完成，精加工也一次完成，单边切削量为 0.5mm。

5. 工件坐标系

以零件右端面与回转轴线交点为工件原点，坐标系如图 3-52 所示。用 G54 设定工件坐标系，设定方法与前面所介绍的完全相同。

程序如下：

```
O0401;
N010 G54;                 调用 G54 坐标系
N020 S300 M03;            主轴正转，转速为 300r/min
N025 G28 U0 W0;           刀架从当前点直接返回参考点
N030 M08;                 送切削液
N040 G00 X55.0 Z0;        定位，快速到达端面的径向外
N050 G01 X-0.5 F0.3;      车削端面
N060 G00 Z2.0;            退刀
N070 X46.0;               定位
N080 G01 Z-60.0 F0.3;     粗车外圆
N090 X55.0;               车端面
```

```
N100 G00 Z2.0；             退刀
N110 X45.0 S600；           45°外圆定位，主轴转速为 600r/min
N120 G01 Z－60.0 F0.15；    精车 45°外圆刀尺寸
N130 X55.0；                退刀
N140 G00 Z100.0 M09；       关切削液
N150 M05；                  主轴停
N160 M30；                  程序结束
```

综合例题 2：

图 3-52 所示是轴类零件的图样，毛坯为 40mm×100mm 棒料，材料为 45 钢。

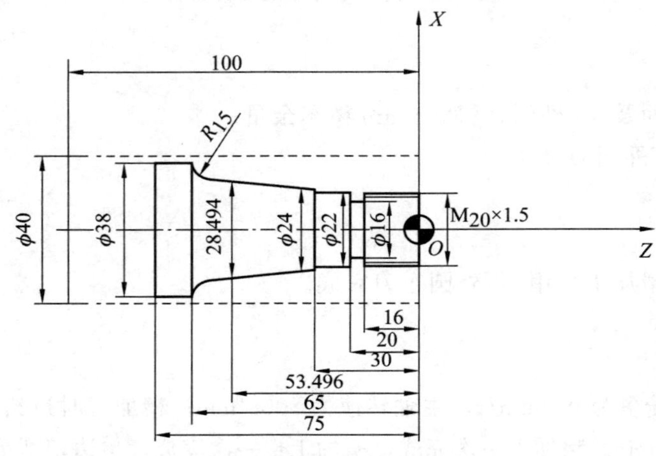

图 3-52 轴类零件的车削综合实例

（1）确定工艺方案。采用三爪自定心卡盘夹持 40 外圆，棒料伸出卡盘外约 85mm，找正后一次装夹完成粗、精加工。

（2）刀具。分析零件图以后，确认该零件加工需要 3 把刀具。选定 1 号刀为硬质合金机夹车刀，2 号刀为宽 4mm 的硬质合金切槽刀，3 号刀为 60°硬质合金机夹螺纹车刀。

（3）工艺路线的设计。

①用 1 号刀进行轮廓的粗车和精车，采用粗车循环指令 G71 和精车循环指令 G70 进行编程；

②用 2 号刀进行车槽加工；

③用 3 号刀车螺纹，采用 G76 指令编程；

④用 2 号刀切断工件。

（4）切削用量。粗车轮廓时车削深度为 1.5mm，退刀量为 2mm，进给量为 1.3mm/r，主轴转速为 800r/min；精车轮廓时进给量为 0.15mm/r，主轴转速为 1200r/min。粗车完毕后，X 向单边精车余量为 0.2mm，Z 向单边精车余量为 0.1mm；车槽时进给量为 0.15mm/r，主轴转速为 600r/min，车刀进入槽底部进给暂停 2s。

(5) 工件坐标系。以零件右端面与回转轴线交点为工件原点，坐标系如图 3-53 所示。用 G54 设定工件坐标系，设定方法与前面所介绍的完全相同。

程序如下：

```
O0402;
N010 G54;                          调用 G54 坐标系
N020 S800 M03;                     主轴正转，转速为 800r/min
N030 M08;                          送切削液
N040 T0101;                        换 1 号车刀，导入刀具补偿
N045 G28 U0 W0;                    刀架返回参考点
N050 G00 X50.0 Z5.0;               快速到达循环起刀点定位
N060 G94 X0 Z0 F0.15;              端面固定循环车削端面
N070 G90 X40.0 Z-80.0 F1.3;        外径车削固定循环刮毛坯外径
N080 G71 U1.5 R2.0;                外圆粗车循环，N100～N170 为循环部分轮廓
N090 G71 P100 Q170 U0.4 W0.1;
N100 G00 X20.0;                    下刀
N110 G01 Z-20.0 F0.15 S1200;
车削螺纹部分圆柱，主轴转速为 1200r/min，进给量为 0.15mm/r
N120 X22.0;                        车削槽处的台阶端面
N130 Z-30.0;                       车削 22°外圆
N140 X24.0;                        车削台阶
N150 X28.494 Z-53.469;             车圆锥
N160 G02 X38.0 Z-65.0 R15.0;       车削 R15 的圆弧
N170 G01 Z-80.0;                   车削 38°外圆
N180 G70 P100 Q170;                从 N100 至 N170 精车轮廓
N190 G00 X100.0;                   刀具沿径向快退
N200 Z200.0;                       刀具沿轴向快退
N210 T0202;                        换 2 号车刀，导入刀具补偿
N215 G28 U0 W0;                    刀架返回参考点
N220 G00 X24.0 Z-20.0 S600;        2 号车刀快速定位，主轴转速为 600r/min
N230 G01 X16.0 F0.15;              车槽
N240 G04 X2.0;                     暂停 2s，修光槽底
N250 G00 X24.0;                    径向退刀
N260 X100.0 Z200.0;                回到换刀点
N270 T0303;                        换 3 号车刀，导入刀具补偿
N275 G28 U0 W0;                    刀架返回参考点
N280 G00 X21.0 Z3.0;               快速到达螺纹加工起始位置，轴向有引入长
```

度 3mm

```
N290 G76 P021060 Q100 R0.1;
G76 X18.052 Z-18.0 R0 P974 Q400 F1.5;    螺纹循环加工
N300 G00 X100.0;                        刀具沿径向快退
N310 Z200.0;                            刀具沿轴向快退
N320 T0202;                             换 2 号车刀，导入刀具补偿
N325 G28 U0 W0;                         刀架返回参考点
N330 X42.0 Z-79.0;                      快速到达切断位置
N340 G01 X0 F0.15;                      切断进给
N350 X42.0 F1.3;                        切断完毕后沿径向退出
N360 G00 X100.0;                        刀具沿径向快退
N370 Z200.0;                            刀具沿轴向快退
N380 T0101;                             1 号刀，为下一个零件的加工做准备
N385 G28 U0 W0;
N390 M09;                               关冷却液
N400 M05;                               主轴停止
N410 M30;                               程序结束
```

综合例题 3：（宏程序编程） 精车抛物线轮廓编程。如图 3-53 所示。

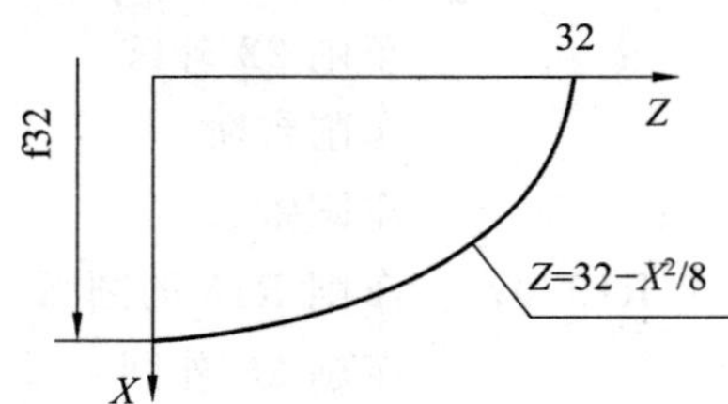

图 3-53 精车抛物线

```
00001
#10=0；X 坐标（直径值） * 初值
#11=0；Z 坐标
T0101
M03 S600
G00 X0 Z34
WHILE #10 LE 32  DO1      * 终值
G90  G01 X [#10] Z [#11] F100
#10=#10+0.32              * 增量值
#9=#10/2；求出 X 坐标的半径值，便于求解#11
#11=32- [#9*#9/8]
```

```
END1
G00 X80 Z100
M05
M30
```

二、 综合练习题 （参考综合例题完成）

习题 6　取棒料为 30mm 的毛坯，螺纹内径为 10.647。选用 3 把刀具：93°外圆正偏刀，4mm 切槽刀，60°螺纹车刀。完成图 3-54 所示零件的工艺制定及编程。

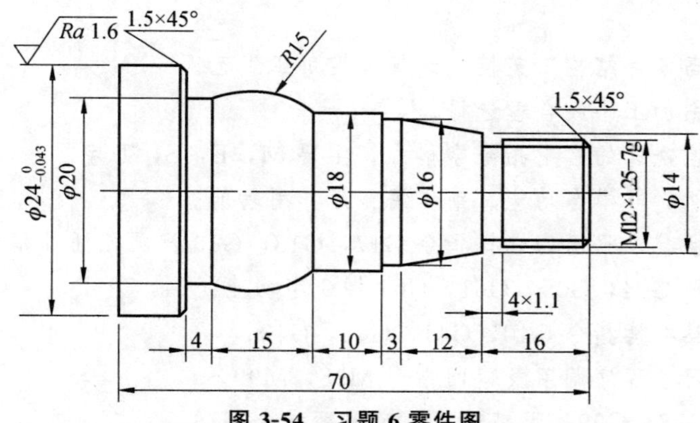

图 3-54　习题 6 零件图

习题 7　结合图示零件图 3-55，未注倒角为 1.5×45°，螺纹内径为 13.835。自行分析加工工艺，并完成工艺制定及编程。

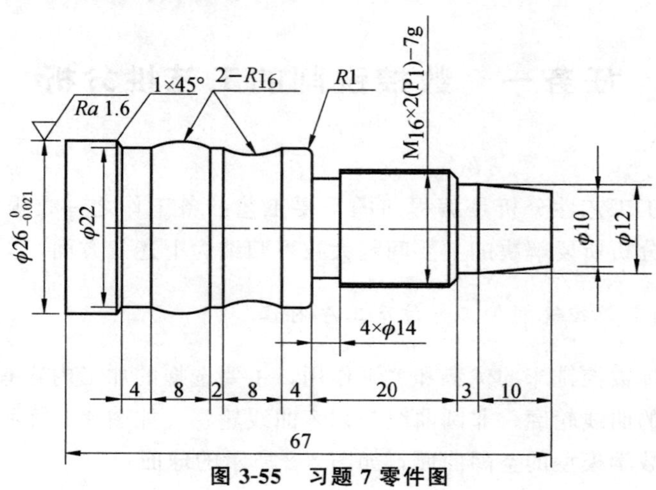

图 3-55　习题 7 零件图

模块四　数控铣削与加工中心编程要点

模块导读

（1）如何提高零件结构工艺性，改善数控加工工艺。
（2）零件切削加工路线合理选择。
（3）了解数控铣床的常用指令字格式，主要 M，F，S，T 字。
（4）模态功能、非模态功能、前作用、后作用功能。
（5）坐标（插补）平面的选择指令 G17，G18，G19 及圆弧插补指令 G02，G03。
（6）掌握区别 G04，G09，G61，G64 指令字功能。
（7）学习刀具补偿指令 G40，G41，G42，G43。
（8）巩固学习子程序调用及返回指令 M98，M99。
（9）掌握（G98，G99）下精镗孔固定循环指令 G76。

任务一　数控铣削的工艺性分析

数控铣削加工工艺性分析是编程前的重要工艺准备工作之一，根据加工实践，数控铣削加工工艺分析所要解决的主要问题大致可归纳为下述几方面。

1. 选择并确定数控铣削加工部位及工序内容

为了充分发挥数控铣床的优势和关键作用，主要选择的加工内容有：
（1）工件上的曲线轮廓，非圆曲线与列表曲线轮廓，如图 4-1 所示的正弦曲线；
（2）已给出数学模型的空间曲面，如图 4-2 所示的球面；
（3）形状复杂、尺寸繁多、划线与检测困难的部位；
（4）用通用铣床加工时难以观察、测量和控制进给的内外凹槽；
（5）以尺寸协调的高精度孔和面；
（6）能在一次安装中顺带铣出来的简单表面或形状；

(7) 用数控铣削方式加工后，能成倍提高生产力，大大减轻劳动强度的一般加工内容。

图 4-1　Y＝SIN（X）曲线　　　　图 4-2　球面

2. 零件图样的工艺性分析考虑的问题

加工工艺取决于产品零件的结构形状、尺寸和技术要求等。

主要分析与考虑的问题。

(1) 零件图样尺寸的正确标注。由于加工程序是以准确的坐标点来编制的，如果零件轮廓各处尺寸公差带不同，如在图 4-3 中就很难同时保证各处尺寸在尺寸公差范围内，这时要采用对称公差法标注。

对称公差法标注时兼顾各处尺寸公差，在编程计算时，改变轮廓尺寸并移动公差带，改为对称公差，这样可采用同一把铣刀和同一个刀具半径补偿值加工。

对图 4-3 中括号内的尺寸，其公差带均作了相应改变，计算与编程时用括号内尺寸来进行。

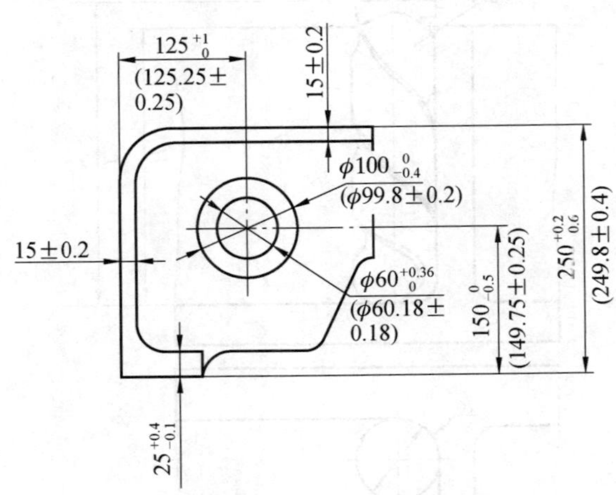

图 4-3　零件尺寸公差带的调整

(2) 统一内壁圆弧的尺寸。加工轮廓上内壁圆弧的尺寸往往限制刀具的尺寸。

① 内壁转接圆弧半径 R：如图 4-4 所示，当工件的被加工轮廓高度 H 较小，内壁转接圆弧半径 R 较大时，则可采用刀具切削刃长度 L 较小、直径 D 较大的铣刀加工。这样，底面 A 的走刀次数较少，表面质量较好，因此，工艺性较好。反之如图 4-5 所示，铣削工艺性则较差。

通常，当 $R<0.2H$ 时工艺性较差。

即内壁转接圆弧半径 R 要大，$\geqslant 0.2H$，选刀具 D 就大，加工快，工艺性好。

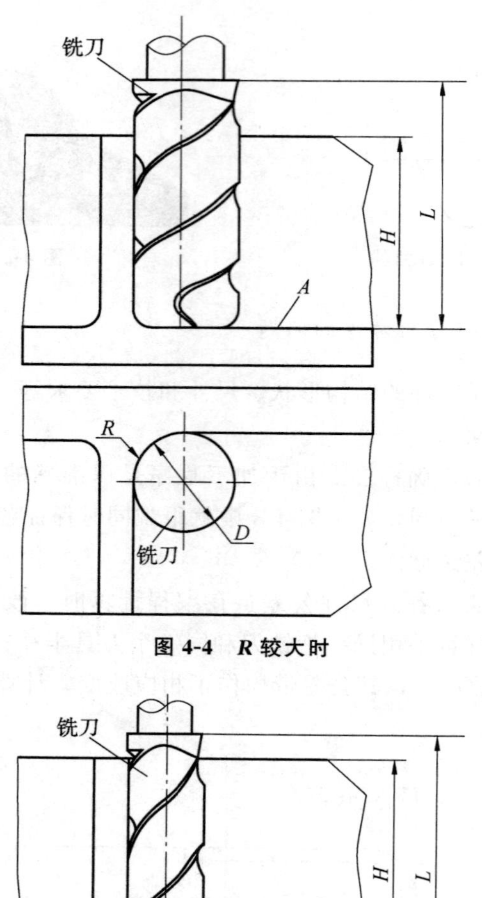

图 4-4　R 较大时

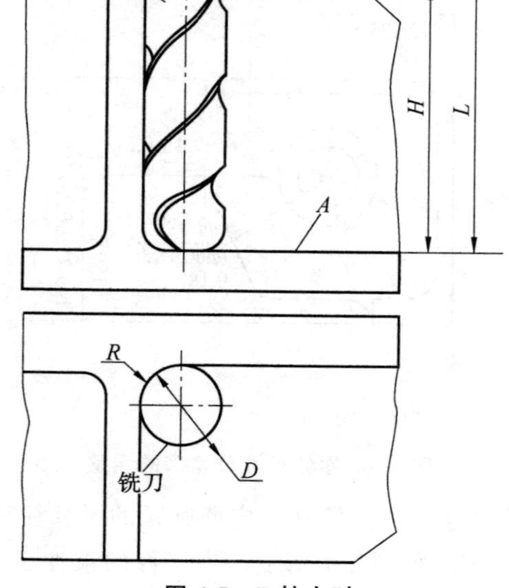

图 4-5　R 较小时

② 内壁与底面转接圆弧半径 r：如图 4-6 所示，铣刀直径 D 一定时，工件的内壁与底面转接圆弧半径 r 越小，铣刀与铣削平面接触的最大直径 $d=D-2r$ 也越大，铣刀

端刃铣削平面的面积越大，则加工平面的能力越强，因而，铣削工艺性越好。反之，工艺性越差，如图 4-7 所示。零件结构设计好坏决定了其加工工艺性，见表 4-1。

表 4-1　改善零件结构工艺性（摘录）

提高工艺性的方法	结构 改进前	结构 改进后	结果
铣加工			
改进内壁形状	$R_2<(\frac{1}{5}\cdots\frac{1}{6}H)$，$R_1$，H	$R_2>(\frac{1}{5}\cdots\frac{1}{6}H)$，$R_1$，H	可采用较高刚性刀具
统一圆弧尺寸	r_1，r_2，r_3，r_4	r，r，r，r	减少刀具数和更换刀具次数，缩短辅助时间
选择合适的圆弧半径 R 和 r	r，R	r，ϕd，R	提高生产效率
用两面对称结构			减少编程时间，简化编程

续表

<table>
<tr><td rowspan="2">提高工艺性的方法</td><td colspan="2">结　构</td><td rowspan="2">结　果</td></tr>
<tr><td>改进前</td><td>改进后</td></tr>
<tr><td colspan="4">铣　加　工</td></tr>
<tr><td>合理改进凸台分布</td><td colspan="2">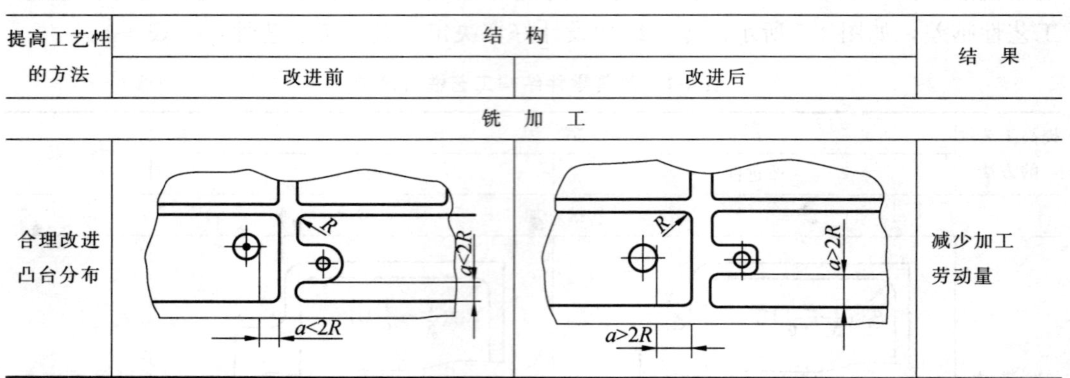</td><td>减少加工劳动量</td></tr>
</table>

即工件内壁与底面转接圆弧半径 r 要小，刀具端面有效面积因 $d=D-2r$ 变大而增大，加工快。

当底面铣削面积大，转接圆弧半径 r 也较大时，如图 4-7 所示，采用先小 r 铣刀，再采用与工件相适应的大 r 铣刀，两次完成切削。

总之，一个零件上内壁转接圆弧半径尺寸的大小尽可能一致，至少要力求半径尺寸分组靠拢，以改善铣削工艺性。

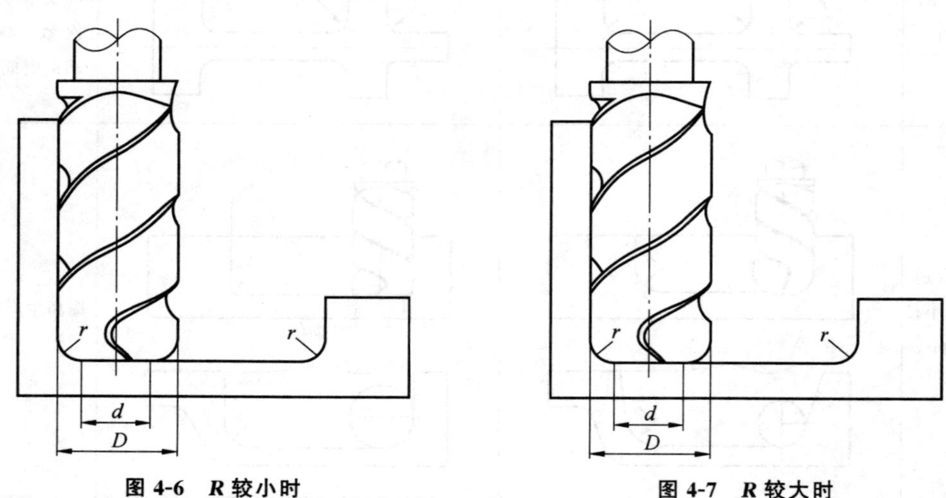

图 4-6　R 较小时　　　　图 4-7　R 较大时

（3）保证基准统一的原则。有些工件需要在铣削完一面后，再重新安装铣削另一面，由于数控铣削时，不能使用通用铣床加工时常用的试切方法来接刀，因此，最好采用统一基准定位。

（4）分析零件的变形情况。铣削工件在加工时的变形将影响加工质量。可采用常规方法如粗、精加工分开及对称去余量法等，也可采用热处理的方法；加工薄板时，应考虑合适的工件装夹方式，提高刚性，减少振动。

总之，加工工艺取决于产品零件的结构形状、尺寸和技术要求等。表 4-1 中给出了改进零件结构、提高工艺性的一些实例。

3. 数控加工路线的确定

数控加工路线：指刀位点相对于工件的运动轨迹和方向，包括切削加工路径与刀具引入、切出等空行程。

数控加工路线的设计，往往不是从毛坯到成品的整个工艺过程，而仅仅是几道数控加工工序工艺过程的具体描述，并注意与其它加工工艺的衔接。常见的工艺流程如图 4-8 所示。

加工路线的确定原则：首先，保证加工精度和表面质量；其次，数值计算简单，走刀路线短，效率高等。

常用加工路线分析：

(1) 轮廓表面铣削路线。在铣削轮廓表面时一般采用立铣刀侧面刃口进行切削。对于二维轮廓加工，通常采用的加工路线如图 4-9 所示（尽量切线切入、切线离开）。

① 从起刀点下刀；

② 沿切向切入工件；

③ 轮廓切削；

④ 刀具沿轮廓切线逐渐切离工件；

⑤ 返回起刀点。

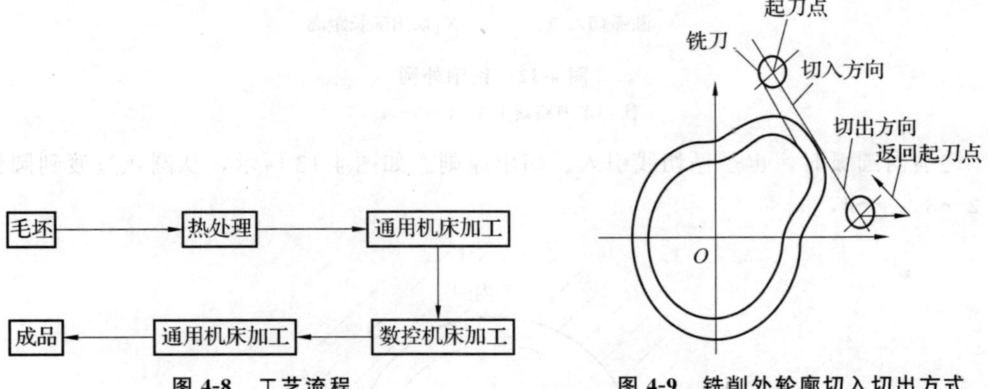

图 4-8　工艺流程　　图 4-9　铣削外轮廓切入切出方式

而对于封闭内轮廓加工，要注意刀具的引入、切出：

① 尽量选择两几何元素的相切交点，如图 4-10 所示；

② 没有相切交点，则选择远离拐角处，如图 4-11 所示；而且切入、切出时尽量贴近切线方向形式。

③ 圆弧插补铣削外圆时圆弧加工完毕时，不要在切点处直接退刀，要多运动一段距离，再取消刀补，避免碰撞。如图 4-12 所示。

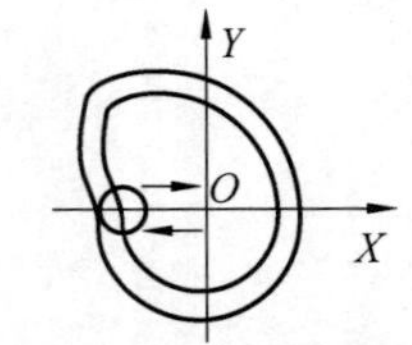

图 4-10　内轮廓加工刀具切入和切出过渡

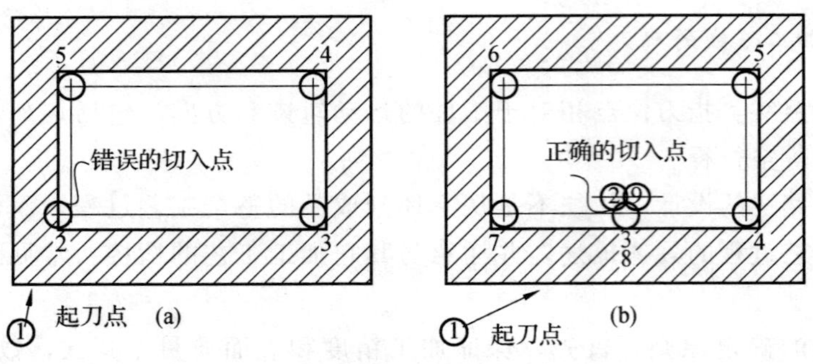

图 4-11　无交点内轮廓加工刀具的切入和切出

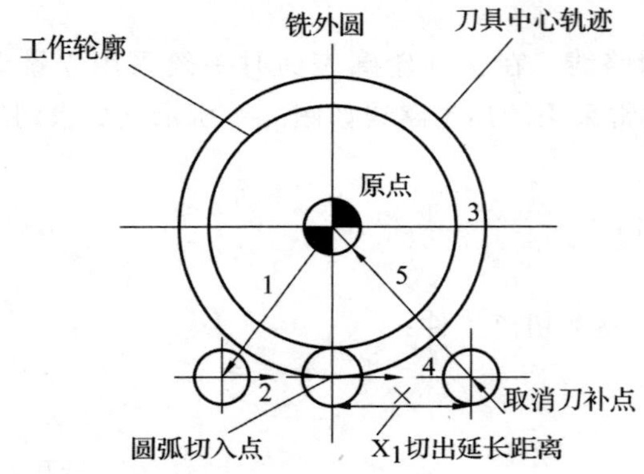

图 4-12　铣削外圆

注：走刀路线为 1—2—3—4—5

铣削内圆弧时，也遵循切线引入、切出原则。如图 4-13 所示，从圆弧过渡到圆弧：1，2→3，3→4，5。

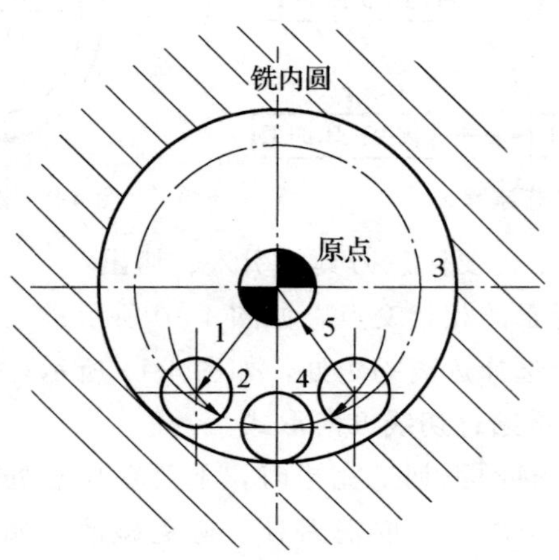

图 4-13　铣削内圆

注：走刀路线为 1—2—3—4—5

（2）平面孔系零件加工路线分析。最好先知道定位点。高精度要求，且精镗孔系时，镗各孔的路线尽量采用单向趋近定位点；或安排定位时，先考虑这一原则；则各孔的定位方向一致，避免传动系统的反间隙误差。如图 4-14 所示。

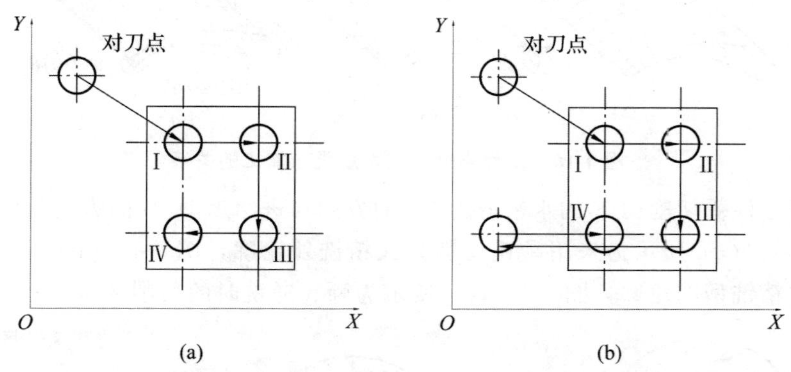

图 4-14 孔隙加工路线方案比较

常用的点位、直线控制数控机床，选择工艺路线时，主要考虑加工精度和加工效率两个原则。

（3）铣削曲面的加工路线分析。

① 常采用球头刀的“行切法”进行加工：所谓“行切法”指刀具与零件轮廓的切点轨迹是一行一行的，行间距根据精度要求确定。

对边界敞开的曲面，球头由边界外开始加工，且可采用两种加工路线：按轴线直铣、按截面轮廓横铣，如图 4-15 所示。

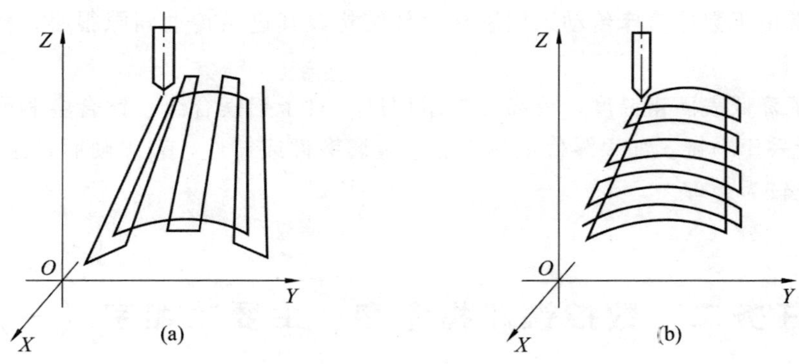

图 4-15 曲面加工的加工路线

② 考虑工件强度及表面质量的路线：如图 4-16 所示：强度较好；强度较差；表面质量较好。

4. 顺铣和逆铣对加工的影响

逆铣时工件受切削力 F 的水平分力 F_X 的方向与进给运动 V_f 方向相反；

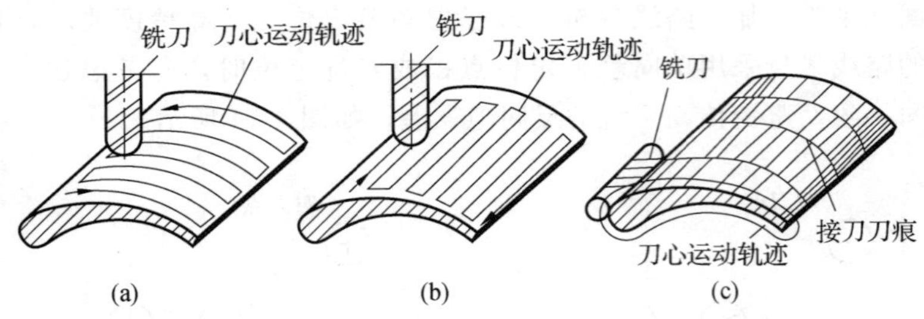

图 4-16 工件强度、表面质量与加工的关系

顺铣时工件受切削力 F 的水平分力 F_X 的方向与进给运动 V_f 的方向相同。

如图 4-17（a）所示为采用顺铣切削方式精铣外轮廓，图 4-17（b）所示为采用逆铣切削方式精铣型腔轮廓，图 4-17（c）所示为顺、逆铣时的切削区域。

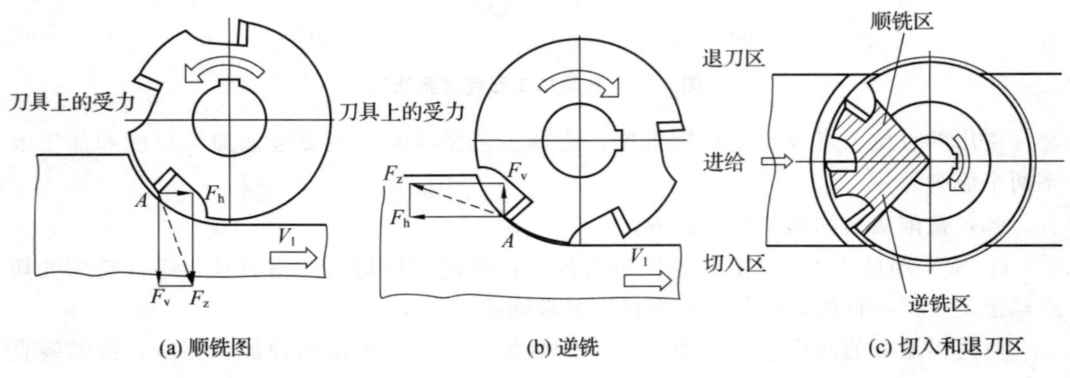

图 4-17 顺铣和逆铣切削方式

① 通常由于数控机床传动采用滚珠丝杠结构，其进给传动间隙很小，顺铣的工艺性就优于逆铣。

② 为了降低表面粗糙度，提高刀具耐用度，对于铝镁合金、钛合金和耐热合金等材料，尽量采用顺铣。如果零件毛坯为黑色金属锻件或铸件，表皮硬而且余量较大时，则采用逆铣较为合理。

任务二 数控铣床指令字、主要功能字（一）

一、数控铣床主要功能及常用指令字格式

1. 数控铣床的主要功能

各种类型数控铣床所配置的数控系统虽然各有不同，但各种数控系统的功能，除

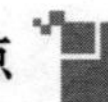

一些特殊功能不尽相同外，其主要功能基本相同。

（1）点位控制功能。此功能可以实现对相互位置精度要求很高的孔系加工。

（2）连续轮廓控制功能。此功能可以实现直线、圆弧的插补功能及非圆曲线的加工。

（3）刀具半径补偿功能。此功能可以根据零件图样的标注尺寸来编程，而不必考虑所用刀具的实际半径尺寸，从而减少编程时的复杂数值计算。

（4）刀具长度补偿功能。此功能可以自动补偿刀具的长短，以适应加工中对刀具长度尺寸调整的要求。

（5）比例及镜像加工功能。比例功能可将编好的加工程序按指定比例改变坐标值来执行。镜像加工又称轴对称加工，如果一个零件的形状关于坐标轴对称，那么只要编出一个或两个象限的程序，其余象限的轮廓就可以通过镜像加工来实现。

（6）旋转功能。该功能可将编好的加工程序在加工平面内旋转任意角度来执行。

（7）子程序调用功能。有些零件需要在不同的位置上重复加工同样的轮廓形状，将这一轮廓形状的加工程序作为子程序，在需要的位置上重复调用，就可以完成对该零件的加工。

（8）宏程序功能。该功能可用一个总指令代表实现某一功能的一系列指令，并能对变量进行运算，使程序更具灵活性和方便性。

2. 零件程序的结构

一个零件程序由遵循一定结构句法和格式规则的若干个程序段组成，每个程序段又由若干指令字组成，程序的结构如图 4-18 所示。

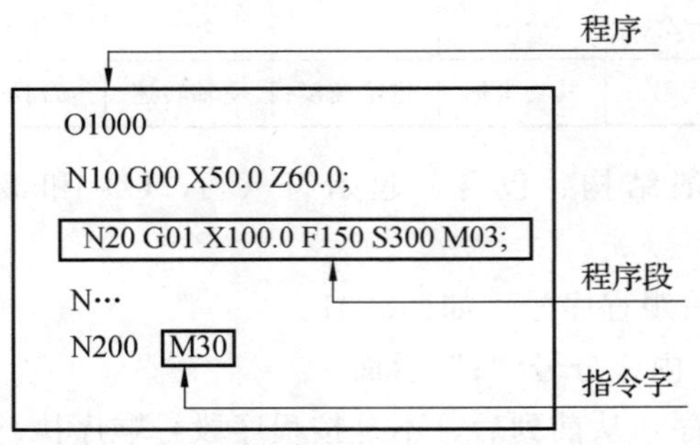

图 4-18　程序的结构

（1）指令字的格式。指令字＋符号。指令字＋数字、数据；

常用文字码及其含义见表 4-2。

表 4-2　常用文字码及其含义

功　能	文字码	含　　义
程序号	O：ISO/：EIA	表示程序名代号（1～9999）
程序段号	N	表示程序段代号（1～9999）
准备机能	G	确定移动方式等准备功能
坐标字	X，Y，Z，A，C	坐标轴移动指令（±99999.999mm）
	R	圆弧半径（±99999.999mm）
	I，J，K	圆弧圆心坐标（±99999.999mm）
进给功能	F	表示进给速度（1～1000mm/min）
主轴功能	S	表示主轴转速（0～9999r/min）
刀具功能	T	表示刀具号（0～99）
辅助功能	M	冷却液开、关控制等辅助功能（0～99）
偏移号	H	表示偏移代号（0～99）
暂停	P，X	表示暂停时间（0～99999.999s）
子程序号及子程序调用次数	P	子程序的标定及子程序重复调用次数设定（1～9999）
宏程序变量	P，Q，R	变量代号

（2）程序段的格式。一个程序段就是一个指令行；程序段格式定义了本段功能字的句法，见表 4-3 所示。

表 4-3　程序段格式

N—	G—	X—Y—Z—	……	F—	S—	T—	M—	LF—
行号	准备功能	位置代码	其它坐标	进给速度	主轴转速	刀具号	辅助功能	行结束

（3）程序段的一般结构。包含：起始符（%，O）和最后的结束符（M02 或 M03）。

起始符（%，O）后跟程序号，如%0001。

程序段的注释：() 内、分号“;”后面。

注意程序的执行顺序：从前到后，不是按程序段号顺序执行。

二、辅助 M 功能及模态功能，前、后作用功能等

加工中心用 S 代码来对主轴转速进行编程，用 T 代码进行选刀编程，其他可编程辅助功能由 M 代码实现，见表 4-4。

表 4-4　辅助功能代码

M 代码	功　能	M 代码	功　能
M00	程序停止	M18	主轴定向解除
M01	条件程序停止	M19	主轴定向
M02	程序结束	M30	程序结束并返回程序头
M03	主轴正转	M93	冲屑 1 开
M04	主轴反转	M94	冲屑 1 关
M05	主轴停止	M95	冲屑 2 开
M06	刀具交换	M96	冲屑 2 关
M08	冷却液开	M98	调用子程序
M09	冷却液关	M99	子程序结束返回

1. 主轴功能 S（r/min）

S 为模态指令。

2. 进给速度 F（mm/min，mm/r）

编程出现：G94 F～：此时进给速度单位为 mm/min；

G95 F～：此时进给速度单位为 mm/r；

说明，G94，G95 均为模态功能，且 G94 为缺省项；G00，G60 程序段，指定 F 时不起作用。

3. 刀具功能（T 功能）

T 代码用于选刀，其后可接四位数，前两位为刀具编号，后两位为刀具补偿值存储地址；

T 选刀补偿后，出现 M06 时，就自动完成换刀；

T 为非模态指令，但是其刀具补偿值有效到下一把刀补出现之前。

4. 辅助功能 M 代码

组成：M＋两位数字；

M 功能分为：非模态功能、模态功能；

非模态功能，指在当段程序段有效；

模态功能，指在下一个同组模态功能出现前一直有效；如 M03 执行后，当 M04 或 M05 出现就失效。

M 功能又分为：前作用 M 功能、后作用 M 功能；

前作用 M 功能，指当段中，先执行出现的前作用 M 功能，再移动主轴走刀；

如：N010 G00 X20.0 Y10.0 M03 S800； （先执行 M03，主轴再移动到 X20.0 Y10.0；）

相当于：N009 M03 S800；

N010 G00 X20.0 Y10.0；

后作用 M 功能，指当段中，先移动主轴走刀，再执行出现的后作用 M 功能；

如：N010 G00 X20.0 Y10.0 M05；（先移动主轴到 X20.0 Y10.0，再执行 M05，即主轴停）

相当于：N009 G00 X20.0 Y10.0；

N010 M05；

FANUC 数控系统的辅助 M 代码见表 4-4 所示。介绍如下：

（1）程序暂停：M00，模态后作用 M 功能。程序在 M00 出现后，将暂停执行当前程序，然后通过按操作面板上“循环启动”键，使程序继续执行后续程序。

（2）选择停机：M01。当操作面板上“任选停机”键置 1 时，包含 M01 的程序段执行后，自动运行停止；

（3）程序结束并离开程序 M02，模态后作用 M 功能。M02 放在最后一个程序段中，主轴停转，加工结束；执行 M02 后，主程序结束且离开，再执行前要重新调用该程序。

（4）程序结束并返回程序头（%）：M30。再次执行该程序，只需通过按操作面板上“循环启动”键。

（5）主轴控制指令：M03，M04，M05。M03：主轴顺时针转动，前作用 M 功能；M04：主轴逆时针转动，前作用 M 功能；M05：主轴停转，后作用 M 功能。

通常 M30 前，先用 M05 使主轴停转。

（6）换刀指令：M06，后作用 M 功能。

（7）冷却液打开、停止指令：M07，M08，M09。M07：开 2＃冷却液，前作用 M 功能；M08：开 1＃冷却液，前作用 M 功能；M09：关闭冷却液，后作用 M 功能；另外主要 G 功能代码可以查询相关资料、产品说明书。

三、 准备功能 G 代码

FANUC－0MD 数控系统的准备功能 G 代码如表 4-5 所示，其中带＊号标志的为默认激活 G 代码。

表 4-5　准备功能 G 代码

G 代码	分　组	功　能	G 代码	分　组	功　能
* G00	01	点定位（快速移动）	G56	12	选用 3 号工件坐标系
* G01		直线插补（进给速度）	G57		选用 4 号工件坐标系
G02		顺时针圆弧插补	G58		选用 5 号工件坐标系
G03		逆时针圆弧插补	G59		选用 6 号工件坐标系
G04	00	暂停	G60	00	单一方向定位
G09		准停检验	G61	13	精确停止方式
G10		偏移量设定	* G64		连续切削方式
G15	18	极坐标指令取消	G68	16	坐标系旋转
G16		极坐标指令	G69		坐标系旋转取消
* G17	02	选择 XY 平面	G73	09	深孔钻削固定循环（断屑式）
G18		选择 ZX 平面	G74		反螺纹攻丝固定循环
G19		选择 YZ 平面	G76		精镗固定循环
G20	06	英制尺寸	G80		取消固定循环
G21		米制尺寸	G81		钻削固定循环
G27	00	返回参考点检验	G82		钻削固定循环
G28		返回参考点	G83		深孔钻削固定循环（排屑式）
G29		从参考点返回	G84		攻丝固定循环
G30		返回第二参考点	G85		镗削固定循环
* G40	07	取消刀具半径补偿	G86		镗削固定循环
G41		刀具半径左补偿	G87		背镗固定循环
G42		刀具半径右补偿	G88		镗削固定循环
G43	08	刀具长度正补偿	G89		镗削固定循环
G44		刀具长度负补偿	* G90	03	绝对值指令方式
* G49		取消刀具长度补偿	G91		增量值指令方式
G50	11	图形缩放取消	G92	00	设定工件坐标系
G51		图形缩放打开	* G94	05	每分进给
G52	00	设置局部坐标系	G95		每转进给
G53		选择机床坐标系	* G98	04	返回初始平面
G54	12	选用 1 号工件坐标系	G99		返回 R 平面
G55		选用 2 号工件坐标系			

任务三　数控铣床指令字、主要功能字（二）

一、加工（插补）平面的选择指令及 G00，G01 学习

1. 选择加工平面

坐标平面选择指令：G17（XY 面）、G18（XZ 面）、G19（YZ 面）

用来选择圆弧插补的平面和刀具补偿的平面，各坐标平面如图 4-19 所示；

3 个指令均为模态指令，且系统默认 XY 面（G17 为缺省项）。

注意：移到指令（如 G01）与平面选择无关，如选了 G17，运行 G01 Z10；Z 轴照样移动；只是针对圆弧插补和刀具补偿。

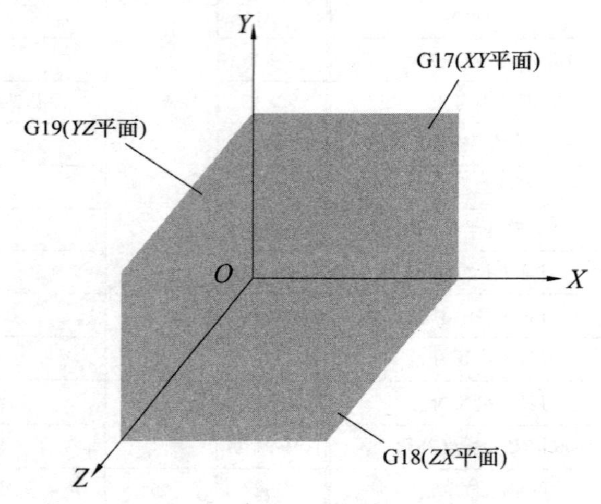

图 4-19　坐标平面的选择

2. 快速点位指令

编程格式：G00 X～Y～Z～；

X，Y，Z 为快速点位移动的终点坐标；

注意：各坐标轴先同速联动（平面内为 45°方向移动），后单动到终点，一般形成多段直线。

如图 4-20 所示，执行：G90 G00 X20 Y30；

并非按图 4-20（a）图所示走刀路线，而是按图 4-20（b）图走刀路线到达终点。

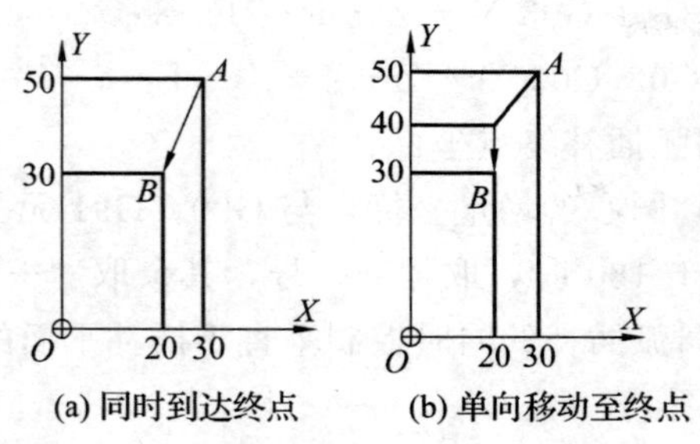

(a) 同时到达终点　　(b) 单向移动至终点

图 4-20　快速点定位

3. 直线插补指令

该指令按制定的进给速度 F 实现空间直线运动。

编程格式：G01 X－Y－Z－F－；

X，Y，Z 为终点坐标值；

注意：与 G00 运动路线相区别，各坐标轴一不等速联动形成起点到终点的一条直线运动。

G01 为模态指令。

如图 4-21 所示，实现 A 到 B 的直线插补运动程序：

绝对编程：G90 G01 X10 Y10 F100；

增量编程：G91 G01 X－10 Y－20 F100。

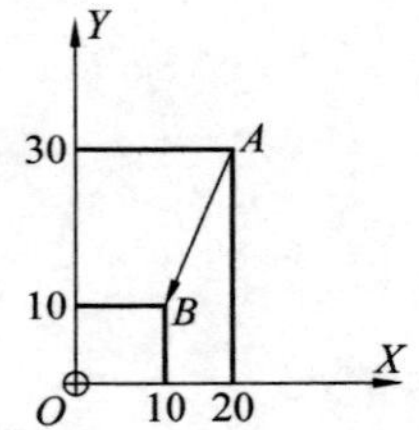

图 4-21　直线插补运动

二、 圆弧插补指令 G02， G03

1. 圆弧插补指令（针对某一平面）

G02：为指定平面内顺时针插补；

G03：为指定平面内逆时针插补；

插补方向判断：朝着编程平面看，根据圆弧中心判断顺时针、逆时针（同闹钟）；如图 4-22 所示。

编程格式：（参考图 4-23）

XY 平面（G17）

半径 R 编程：　G17 G02/G03 X－ Y－ R－ F－；

圆心坐标编程：G17 G02/G03 X－ Y－ I－ J－ F－；

XZ 平面（G18）

半径 R 编程：　G18 G02/G03 X－ Z－ R－ F－；

圆心坐标编程：G18 G02/G03 X－ Z－ I－ K－ F－；

YZ 平面（G19）；

半径 R 编程：　G19 G02/G03 Y— Z— R— F—；

圆心坐标编程：G19 G02/G03 Y— Z— J—K— F—；

注意：X，Y，Z 指圆弧插补终点坐标；

I，J，K 指圆弧起点到圆心的增量坐标，与 G90，G91 无关；

半径 R，在圆心角大于 180°时，取“—”号，其余取“+”号（同机床）。

此外，G02，G03 在圆弧插补的同时控制垂直于插补平面的第三个轴移动，就形成螺旋线插补编程（课外学习）。

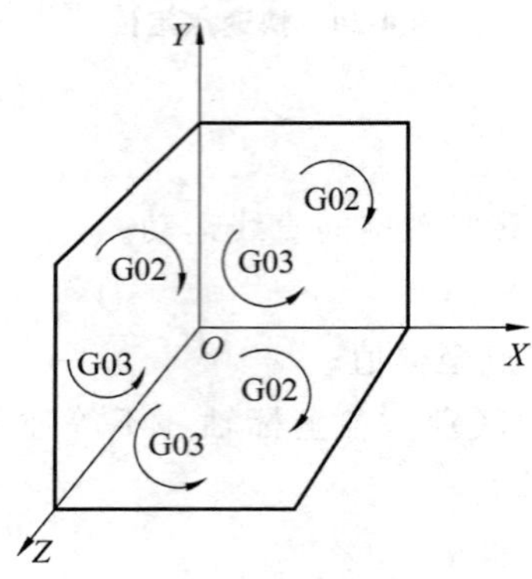

图 4-22　圆弧方向判断

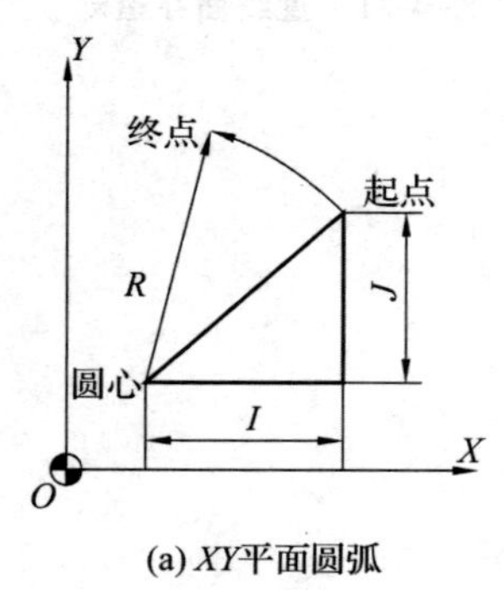

(a) XY平面圆弧

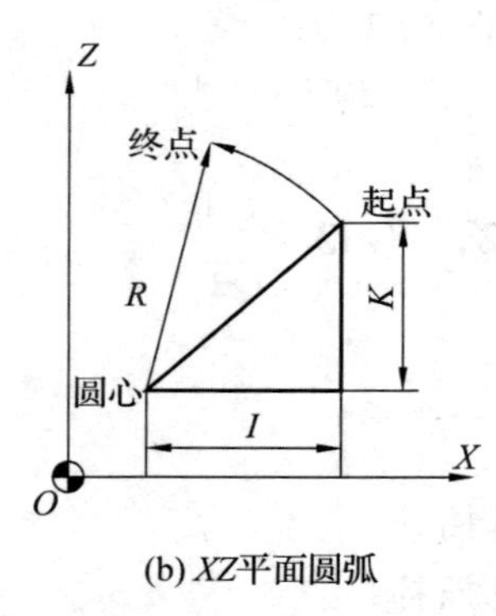

(b) XZ平面圆弧

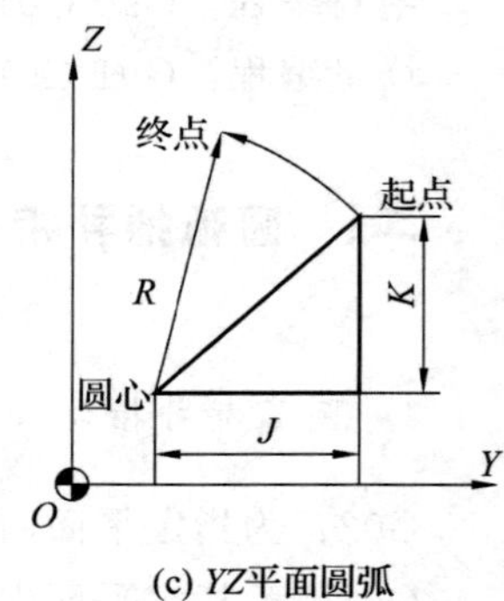

(c) YZ平面圆弧

图 4-23　各平面内圆弧情况

例题 1　如图 4-24 所示，从 P_1 到 P_2 的圆弧插补程序：

G02 X321.65 Y280 R—145.6 F50；

或 G02 X321.65 Y280 I40 J140 F50；

没有指定编程平面时，默认 G17（XY 平面）；

注意整圆编程（如图 4-25 所示）问题，整圆编程不能用半径 R 编程，只能用 I，J，K；

圆弧编程注意问题：

(1) 必须指定圆弧插补平面（G17，G18，G19）

(2) I0，J0，K0 可以省略不写；

(3) X，Y，Z 终点坐标省略时，表示起始点重合，是切削整圆；
(4) 整圆编程只能用 I，J，K，不用 R 编程；
(5) 特别注意圆弧插补 G02，G03 与直线插补 G01 的切换；
(6) 使用 G01，G02，G03 时，必须指定主轴 S，进给 F 功能。

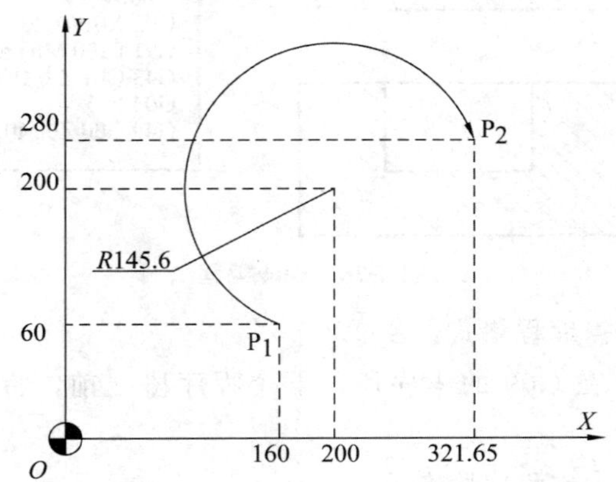

图 4-24　圆弧插补应用

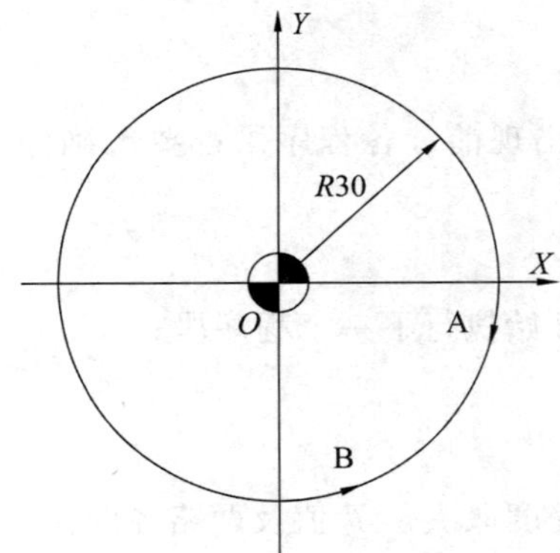


```
i)从A点顺时针一周时
G90 G02 X30 Y0 I-30 J0 F300
G91 G02 X0 Y0 I-30 J0 F300
ii)从B点逆时针一周时
G90 G03 X0 Y-30 I0 J30 F300
G91 G03 X0 Y0 I0 J30 F300
```

图 4-25　整圆编程

三、 G04，G09，G61，G64 指令字功能

其他 G 功能指令

(1) 暂停指令 G04。格式：G04 P—

说明：

P：暂停时间 (s)；

G04 指令程序段，执行进给速度降为零并暂停，主轴继续运转；

G04 为非模态指令，本段有效。

例题 2 编制图 4-26 所示零件的钻孔加工程序。

利用 G04 暂停指令，获得光整切削底面。

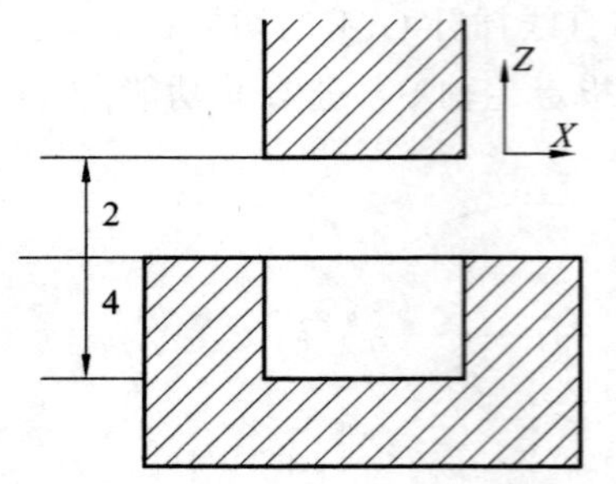


```
%0004
G92 X0 Y0 Z0
G91 F200 M03 S500
G43 G01 Z-6 H01
G04 P05
G49 G00 Z6 M05 M30
```

图 4-26 G04 编程

(2) 准停检验 G09。编程格式：G09。

G09 用于准确停止在 G09 的程序段，下个程序段之前，特别是在加工尖锐的棱角时；

G09 为非模态指令，本程序段有效；

(3) 段间的过渡方式 G61 G64。

格式：G61

　　　G64

说明：G61 为精确停止检验；直到 G64 出现前，各程序段都要准确停止在程序段的终点，然后继续下一段；

G64 为连续切削方式，且为缺省项；

G64 后的各程序段，在编程轴减速时就开始执行下一个程序段；

G61 编程轮廓重合实际轮廓；

G61 与 G09 区别在于 G61 为模态指令；

G64 的编程轮廓与实际轮廓不同，不同程度取决于 F 值及两路径的夹角。

例题 3 如图 4-27 所示要求编程轮廓与实际轮廓相符。G61 表示 Y 轴移动减速到零或 X 轴加速到稳定移动，所以出现尖角，轮廓重合。

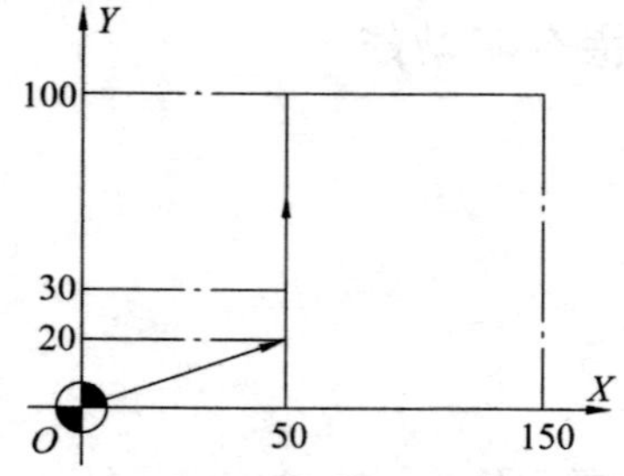


```
%0061
G54 G00 X0Y0 Z0
G91 G00 G43 Z-10 H01
G41 X50 Y20 D01
G01 G61 Y80 F300
X100
…
```

图 4-27 G61 编程

例题 4　如图 4-28 所示，要求加工程序段间不停顿。G64 表示 Y 轴在开始减速时（圆弧起始点）Z 轴也开始加速，到 Y 轴速度为零时，X 轴移动速度稳定了，所以圆弧过渡，轮廓不重合。

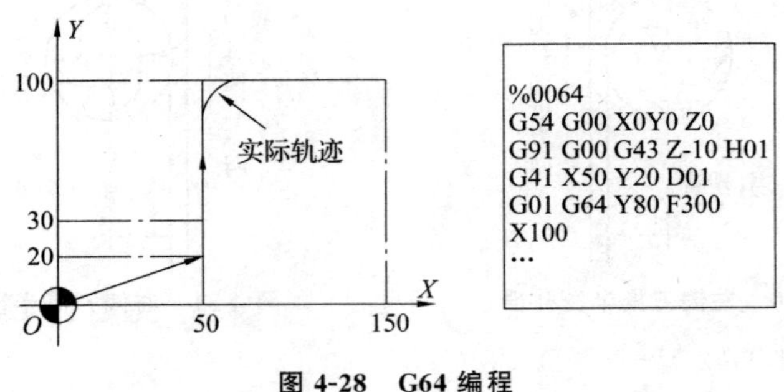

图 4-28　G64 编程

四、刀具补偿指令 G40，G41，G42，G43

1. 刀具半径补偿指令：G41，G42，G40

零件是按其轮廓编程的，一般不用刀具的中心轨迹编程，为保证刀具轨迹与零件轮廓正确的位置关系，必须调用刀具半径补偿功能。如图 4-29 所示。

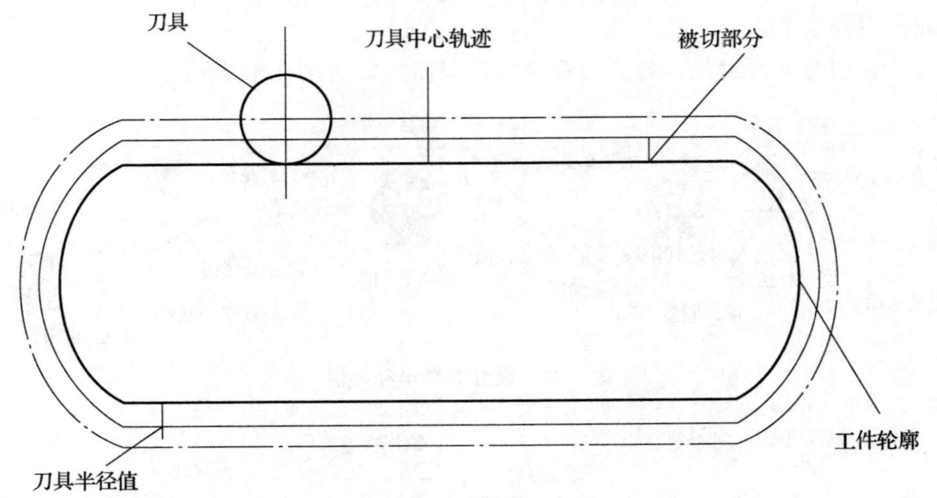

图 4-29　刀具半径补偿

（1）编程格式。G41 为左偏刀具半径补偿；刀具相对工件，沿工件左边界走刀时用 G41。如图 4-30 所示。G42 为右偏刀具半径补偿；刀具相对工件，沿工件右边界走刀时用 G42；如图 4-31 所示。G40 为补偿撤销指令。

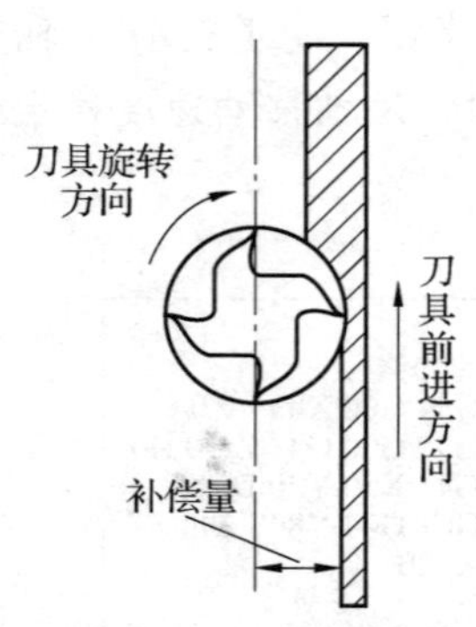

图 4-30　左偏刀具半径补偿

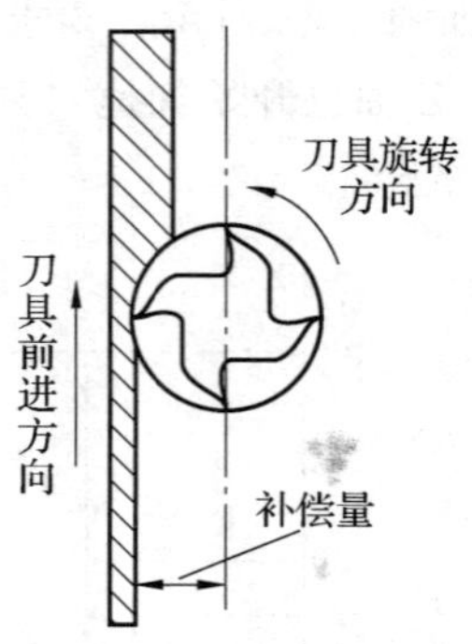

图 4-31　右偏刀具半径补偿

G00/G01 G41/G42 X－Y－D－；

……

G00/G01 G40 X－Y－。

格式说明：

G41/G42 程序段中的 X－Y－，为建立补偿程序段的终点坐标值，设定刀补完成的点。如图 4-32、图 4-33 所示。

G40 程序段中的 X－Y－，为取消补偿程序段的终点坐标值，设定刀补结束的点。如图 4-34 所示。

D－，即 D00 至 D99，为调用相应地址的存储的刀具半径值（D＊＊＝R）；D00 也可以表示刀补取消。

（2）补偿与取消过程。建立刀补过程，如图 4-32、图 4-33 所示。

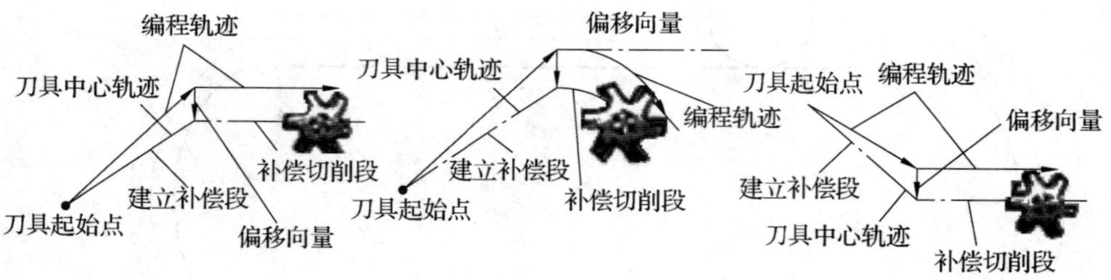

图 4-32　建立刀具半径补偿

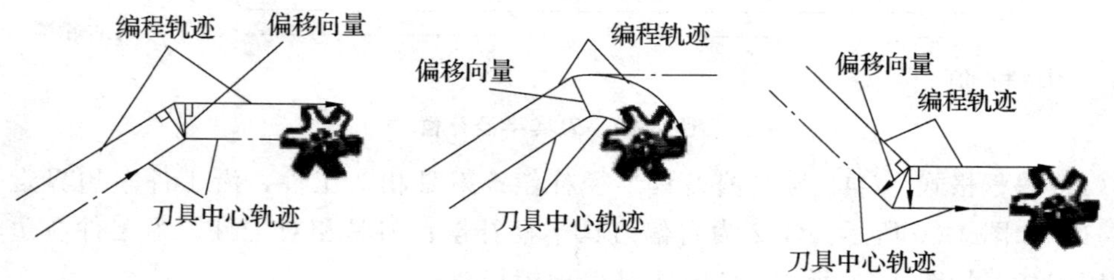

图 4-33　刀具半径补偿运动

取消刀补过程，如图 4-34 所示。

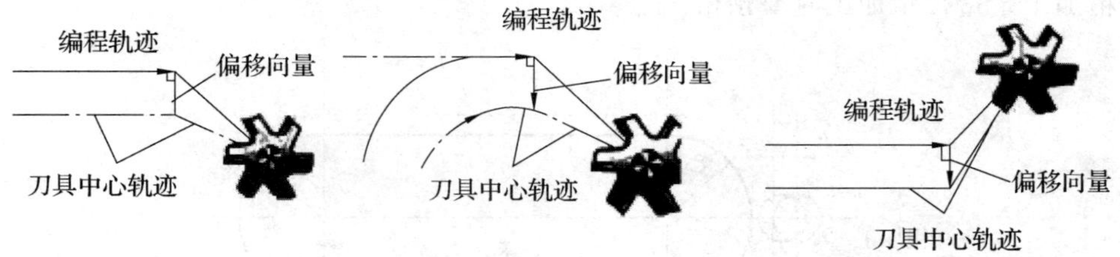

图 4-34　撤销刀具半径补偿

(3) 注意问题。

进行刀补时，要先选择平面 G17/G18/G19；

建立刀补的程序段，必须有一段直线移动；

补偿程序段在切入工件之前完成，即补偿段终点坐标在切入工件之前；

撤销补偿的程序段，终点要设在切出工件之外一段直线距离；

半径补偿值在存储中，请尽量设为正值，否则会引起 G41 与 G42 的相互转化。

(4) 注意防止过切

① 零件转角半径小于刀具半径时，如图 4-35 所示。

② 沟槽最小宽度小于刀具直径时，如图 4-36 所示。

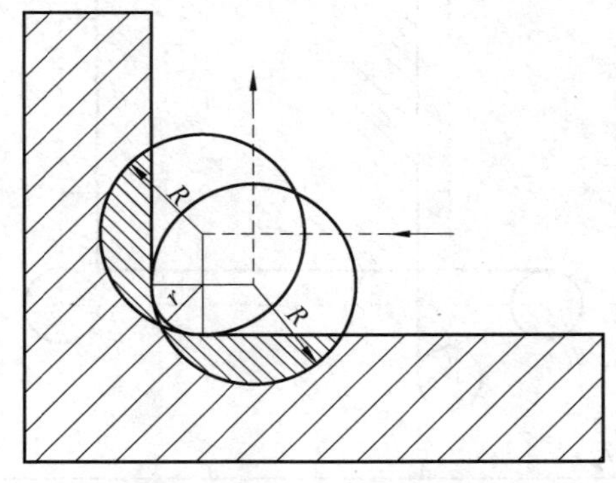

图 4-35　加工内轮廓转角

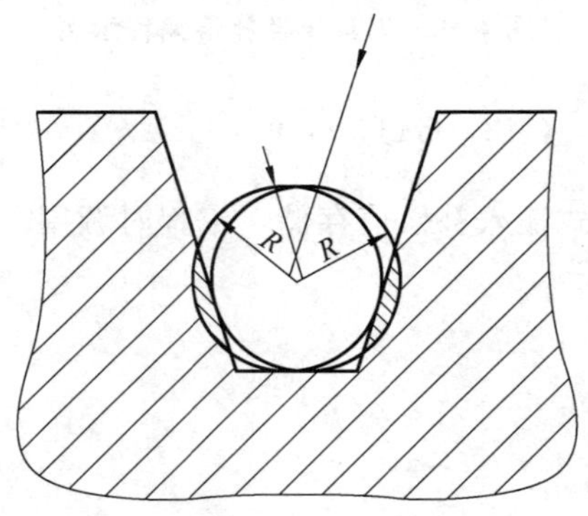

图 4-36　加工沟槽

(5) 粗加工的刀具补偿半径：$R+\Delta$；精加工刀具补偿半径：Δ；如图 4-37 所示，Δ为精加工余量，粗加工时要预留。

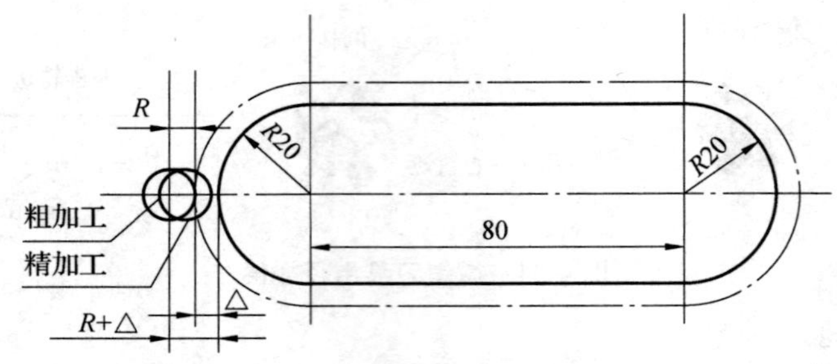

图 4-37　刀具半径补偿的应用实例

(6) 刀具半径补偿应用实例。如图 4-38 所示，选择 G17（XY 平面）；

分析：从原点出发到点（20，10）处完成建立刀补；从（10，20）点回到原点完成取消刀补。在操作界面，offset 键下的 WEAR 界面存入 D01＝5。假设切深为 3mm，工件上表面为 Z＝0，思考编程。

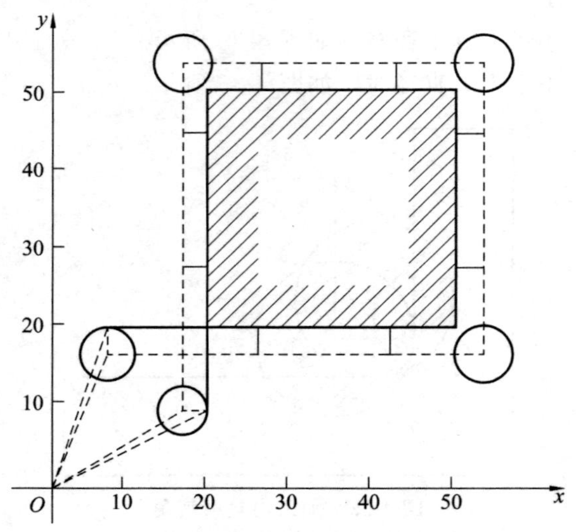

图 4-38　刀具半径补偿编程示例

2. 刀具长度补偿指令，G43，G44，G49

用操作界面的 MDI 方式输入补偿值存储，编程时调用。

编程格式：

G00 G43/G44 a－ H－；

……

……

G49/H00；

其中 a—∈ {X，Y，Z，U，V，W}，选一个作为相应补偿轴的终点坐标，如 Z—32 代替；

H—为长度补偿偏置代号；H00 表示补偿值为零，即取消。H ＊ ＊ ＝ε；通过 MDI/CRT 设定。

ε 有正负之分。刀具实际长度短于理论编程长度为负值，长于理论编程长度为正值，并存入存储位置。

注意：G43 为补偿轴正方向移动补偿，程序所指定 Z 轴终点值加上“H—”中 ε 值；G44 为补偿轴负方向移动补偿，程序所指定 Z 轴终点值减去“H—”中 ε 值。如图 4-39 所示。

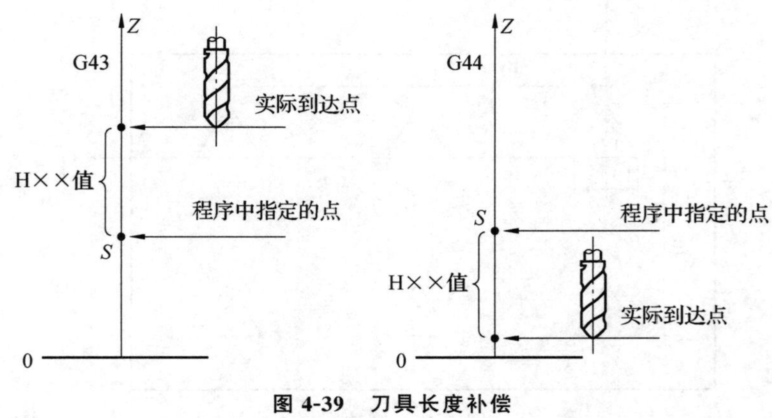

图 4-39　刀具长度补偿

任务四　数控铣床指令字、主要功能字（三）

一、 子程序调用及返回指令 M98， M99

1. 程序调用及返回指令：M98，M99

编程时，为了简化程序的编制，当一个工件上有相同的加工内容时，常用调用子程序的方法进行编程。

调用子程序的程序叫做主程序。

子程序的格式：

%0020

……

M99；

注意：M99 表示子程序结束，并返回到调用子程序的主程序中。

调用子程序的编程格式：

M98 P～ L～；

式中：

P—被调用的子程序号；

L—重复调用次数，省略时为调用一次。

例题 5 如图 4-40 所示，在一块平板上加工 6 个高为 10mm 的等腰三角形，每边的槽深为－2mm，工件上表面为 Z 向零点。其程序的编制就可以采用调用子程序的方式来实现（编程时不考虑刀具补偿）。

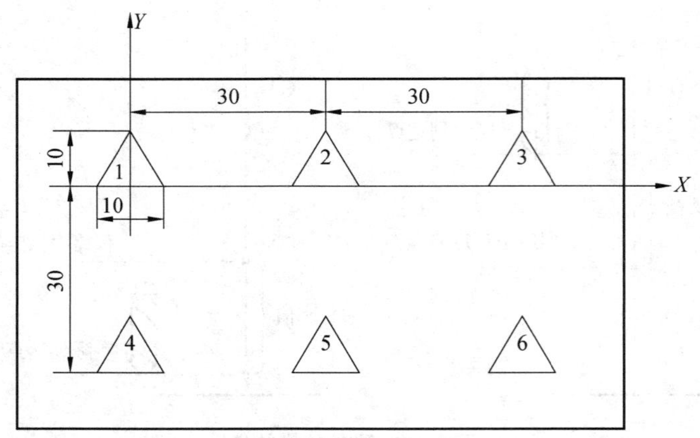

图 4-40 零件图样

主程序：

%1010

N10 G54 G90 G01 Z40 F2000	进入工件加工坐标系
N20 M03 S800	主轴启动
N30 G00 Z3	快进到工件表面上方
N40 G01 X0 Y10	到 1＃三角形上顶点
N50 M98 P20	调 20 号切削子程序切削三角形，即 N50 M98 P20 L1；
N60 G90 G01 X30 Y10	到 2＃三角形上顶点
N70 M98 P20	调 20 号切削子程序切削三角形
N80 G90 G01 X60 Y10	到 3＃三角形上顶点
N90 M98 P20	调 20 号切削子程序切削三角形
N100 G90 G01 X 0 Y －20	到 4＃三角形上顶点
N110 M98 P20	调 20 号切削子程序切削三角形
N120 G90 G01 X30 Y －20	到 5＃三角形上顶点
N130 M98 P20	调 20 号切削子程序切削三角形
N140 G90 G01 X60 Y －20	到 6＃三角形上顶点

N150 M98 P20　　　　　调 20 号切削子程序切削三角形
N160 G90 G01 Z40 F2000　抬刀
N170 M05　　　　　　　主轴停
N180 M30　　　　　　　程序结束

子程序：

%20

N10 G91 G01 Z －5 F100　在三角形上顶点切入（深）2mm
N20 G01 X －5 Y－10　　切削三角形
N30 G01 X10 Y0　　　　切削三角形
N40 G01 X －5 Y 10　　 切削三角形
N50 G01 Z 5 F2000　　　抬刀
N60 M99　　　　　　　 ；子程序结束

注：之前对刀设置 G54：X＝－400，Y＝－100，Z＝－50。

二、 坐标系旋转、 极坐标指令、 比例及镜向功能

1. 坐标系旋转功能 G68，G69

该指令可使编程图形按照指定旋转中心及旋转方向旋转一定的角度，G68 表示开始坐标系旋转，G69 用于撤消旋转功能。

编程格式：G68 X ～ Y ～ R ～

……

G69

式中：

（1）X，Y—旋转中心的坐标值（可以是 X，Y，Z 中的任意两个，它们由当前平面选择指令 G17，G18，G19 中的一个确定）。

（2）当 X，Y 省略时，G68 指令认为当前的位置即为旋转中心。

（3）R—旋转角度，逆时针旋转定义为正方向，顺时针旋转定义为负方向。

（4）当程序在绝对方式下时，G68 程序段后的第一个程序段必须使用绝对方式移动指令，才能确定旋转中心。如果这一程序段为增量方式移动指令，那么系统将以当前位置为旋转中心，按 G68 给定的角度旋转坐标。

例题 6　以图 4-41 为例，应用旋转指令的程序为：

N10 G92 X－5 Y－5　　　建立图 4-41 所示的加工坐标系 XOY；
N20 G68 G90 X7 Y3 R60　开始以点（7，3）为旋转中心，逆时针旋转 60°的旋转
N30 G90 G01 X0 Y0 F200　按原加工坐标系描述运动，到达（0，0）点

(G91 X5 Y5)	若按括号内程序段运行，将以（－5，－5）的当前点为旋转中心旋转 60°，如图 4-41 所示，也就是刀具起始点为旋转中心。
N40 G91 X10	X 向进给到（10，0）
N50 G02 Y10 R10	顺圆进给
N60 G03 X－10 I－5 J0	逆圆进给
N70 G01 Y－10	回到（0，0）点
N80 G69 G90 X－5 Y－5	撤消旋转功能，回到（－5，－5）点
M02	结束

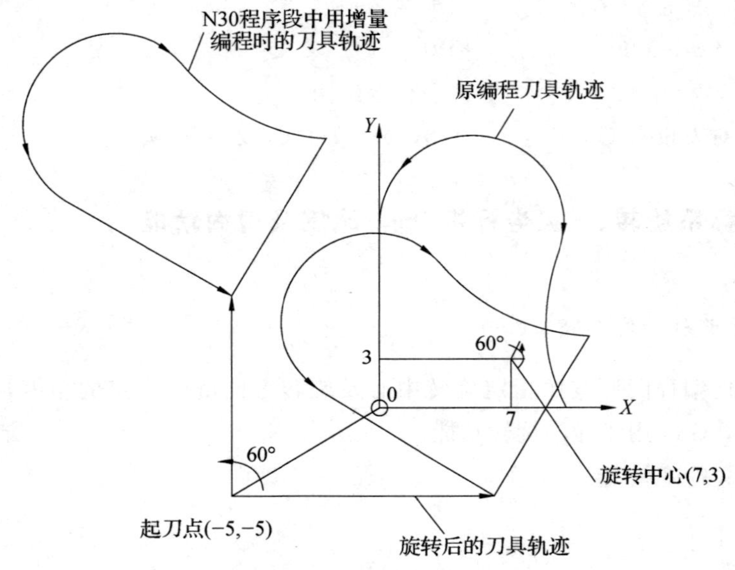

图 4-41　坐标系的旋转

2. 极坐标指令 G15，G16

该指令可以在半径和角度为轴的极坐标上输入终点坐标值，从指定极坐标指令平面的第一轴的正方向，沿逆时针角度为正，反之为负。此外，该指令的半径和角度两者都可以由绝对值指令或增量值指令（G90，G91）指定，不同的是极坐标原点是工件坐标系原点或当前点。

编程格式：

G90 或 G91

G16；　极坐标指令开始（极坐标方式）

……　极坐标指令运行程序（极半径和角度编程）（在 XOY 平面内 X—半径值，Y—角度值）

G15；　极坐标指令取消

说明：

（1）设定工件坐标系零点作为极坐标系的原点，用绝对值编程指令指定半径（零点和编程点之间的距离）。

（2）设定当前位置作为极坐标系的原点，用增量值编程指令指定半径（当前位置和编程点之间的距离）。

（3）用绝对值指令指定极径，用增量值指令指定角度，属于 G90，G91 混和编程。

（4）限制

在极坐标方式中，对于圆弧插补或螺旋线切削（G02，G03）用 R 指定半径（不能用向量方式）。在极坐标方式中不能指定任意角度倒角和拐角圆弧过渡。不受极坐标指令影响的指令有 G04，G10，G52，G92，G53，G22，G68，G51。

现在以正六边形为例图 4-42 所示，设工件编程原点在正六边形图形上表面中心，坐标系为 G54。

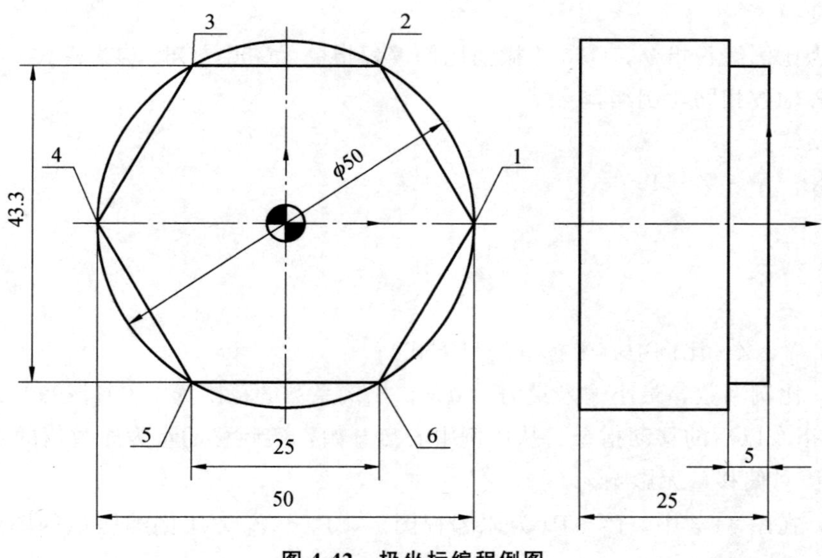

图 4-42　极坐标编程例图

O0111

G54 G90 G40 G17 G15 Z100；

G00 X35 Y0；

Z10；

M03 S400；

M08；

G01 Z－5 F30；

G42 G01 X25 Y0 D1 F60；

G16；

Y60；

```
Y120;
Y180;
Y240;
Y300;
Y360;
G15;
G40 G01 X35 Y0;
G00 Z100;
M30;
```

3. 比例及镜向功能，G51，G50

比例及镜向功能可使原编程尺寸按指定比例缩小或放大，也可让图形按指定规律产生镜像变换。

G51 为比例编程指令，G50 为撤消比例编程指令。G50，G51 均为模式 G 代码。

（1）各轴按相同比例编程

编程格式：

```
G51 X~ Y~ Z~ P~
……
G50
```

式中：

① X，Y，Z—比例中心坐标（绝对方式）；

② P—比例系数，最小输入量为 0.001，比例系数的范围为 0.001～999.999。

③ 该指令以后的移动指令，从比例中心点开始，实际移动量为原数值的 P 倍。

④ P 值对偏移量无影响。

例如，在图 4-43 中，P_1～P_4 为原编程图形，$P_{1'}$～$P_{4'}$ 为比例编程后的图形，P_0 为比例中心。

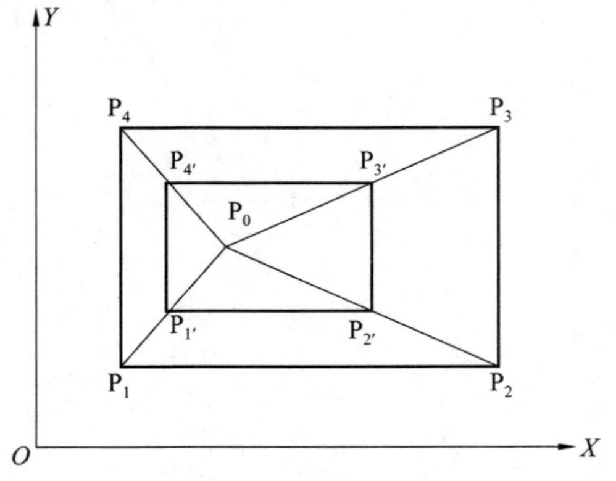

图 4-43　各轴按相同比例编程

（2）各轴以不同比例编程。各个轴可以按不同比例来缩小或放大，当给定的比例系数为－1时，可获得镜像加工功能。

编程格式：G51 X～ Y～Z～ I～ J～K～

……

G50

式中：

X，Y，Z—比例中心坐标；

I，J，K——对应X，Y，Z轴的比例系数，在±0.001 ～ ±9.999范围内。本系统设定I、J、K不能带小数点，比例为1时，应输入1000，0.01则应输入10，放大1000倍；并在程序中都应输入，不能省略。比例系数与图形的关系如图4-44所示。其中：b/a：X轴系数；d/c：Y轴系数；O：比例中心。

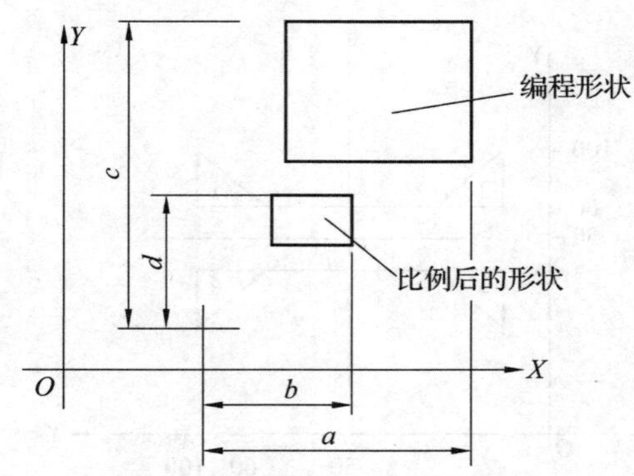

图4-44　各轴以不同比例编程

（3）镜像功能。举例说明G51镜像功能的应用。如图4-45所示，其中槽深为2mm，比例系数取为＋1000或－1000。设刀具起始点在O点，程序如下：

子程序：O 9000

N10 G00 X60 Y60	到三角形左顶点
N20 G01 Z－2 F100	切入工件
N30 G01 X100 Y60	切削三角形一边
N40 X100 Y100	切削三角形第二边
N50 X60 Y60	切削三角形第三边
N60 G00 Z4	向上抬刀
N70 M99	子程序结束

主程序：O 100

N10 G92 X0 Y0 Z10	建立加工坐标系
N20 G90	选择绝对方式
N30 M98 P9000	调用9000号子程序切削1＃三角形
N40 G51 X50 Y50 I－1000 J1000	以X50 Y50为比例中心，以X比例为－1，Y

	比例为＋1 镜向
N50 M98 P9000	调用 9000 号子程序切削 2＃三角形
N60 G51 X50 Y50 I－1000 J－1000	以 X50 Y50 为比例中心，以 X 比例为－1，Y 比例为－1 镜向
N70 M98 P9000	调用 9000 号子程序切削 3＃三角形
N80 G51 X50 Y50 I 1000 J－1000	以 X50 Y50 为比例中心，以 X 比例为＋1，Y 比例为－1 镜向
N90 M98 P9000	调用 9000 号子程序切削 4＃三角形
N100 G50	取消镜向
N110 M05	主轴停转
N120 M30	程序结束

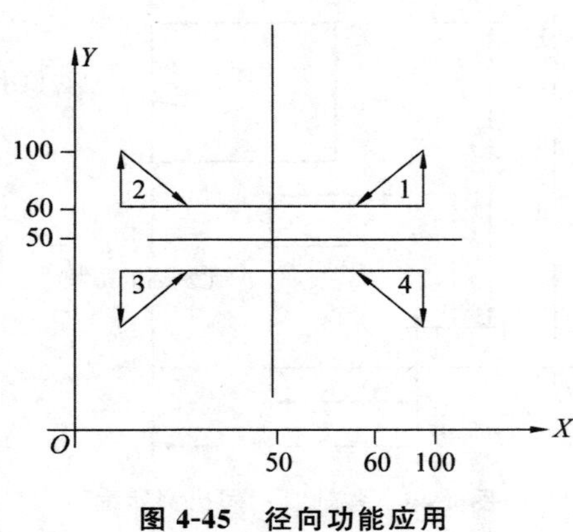

图 4-45 径向功能应用

任务五 数控铣床指令字、主要功能字（四）

一、（G98，G99）下精镗孔固定循环指令 G76

1. 固定循环

常用于钻孔、镗孔的孔位与平面定位、快速进刀、工作进给、快速退回等循环；
孔加工固定循环指令：G73，G74，G76，G80～G89。
指令执行时完成 6 步动作（如图 4-46 所示）。
(1) X 轴、Y 轴定位（钻孔中心点对刀）；
(2) 定位到 R 点（快进到参考点）；

（3）孔加工；

（4）在孔底停留加工；

（5）返回到R点（参考点）；

（6）快速返回到初始点。

绝对坐标编程G90时，循环数据如图4-47（a）所示。Z点是以Z=0（坐标原点）为参照；

相对坐标编程G91时，循环数据如图4-47（b）所示。Z点是以前一点为参照；

实线表示工进，虚线表示快进或返回参考平面。

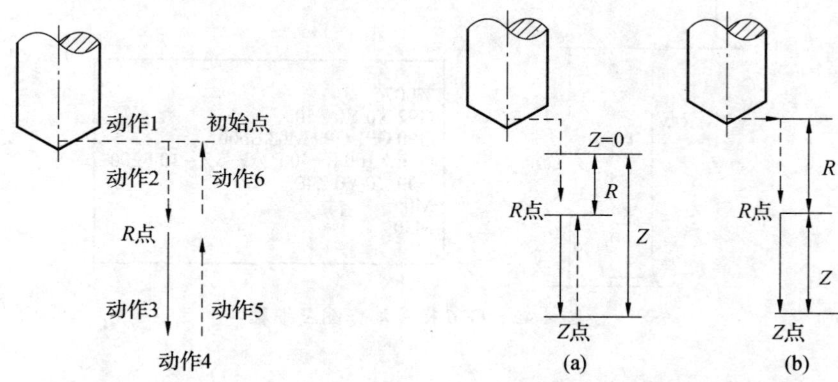

图4-46　固定循环动作　　　图4-47　固定循环的数据形式

固定循环程序格式：G98/G99 G __ X __ Y __ Z __ R __ Q __ P __ F __ K __；

其中：

（1）G98为每次进给后返回到初始平面；G99为每次进给后返回到R点平面；

（2）G __为固定循环代码G73，G74，G76，G80～G89中之一；

（3）X、Y为加工起点到孔位（置）的距离（G91时）或孔位坐标（G90时）；

（4）R点、G91表示相对初始点的位移；G90表示相对于坐标原点（Z＝0）的位移；

（5）Z点、G91表示孔底相对前一点（R点）的位移；G90表示相对于坐标原点（Z＝0）的位移；

（6）Q，G73/G83钻孔时每次进给深度；或G76/G87镗孔时刀具在轴反向位移增量退刀。

（7）P为刀具在孔底的暂停时间；

（8）F为切削进给速度；

（9）K为重复次数（仅限需要重复时）；

应用中要注意，哪个程序段选择了G90，哪个程序段选择了G91指令；

另外，上述孔的加工地址不一定全部写，根据需要可省略相应地址与数据；

G73，G74，G76和G81～G89，Z __ R __ Q __ P __ F __是模态指令；

G80为取消固定循环指令，G01～G03等代码也可以取消固定循环；

介绍：G76，G81，G83，G74，G84；

G76 为精镗循环指令

格式：G98/G99 G76 X __ Y __ Z __ R __ Q __ P __ F __ K __；

Q 为刀具在轴反向位移增量（G76/G87 时用），即横向退刀量，如图 4-48 所示，刀尖退刀后不会划伤工件已加工面，保证精度；

如图 4-48 所示，设刀具起点距工件上表面 42mm，距孔底 50mm，在距工件上表面 2mm 处（R 点）由快进转为工进的程序。

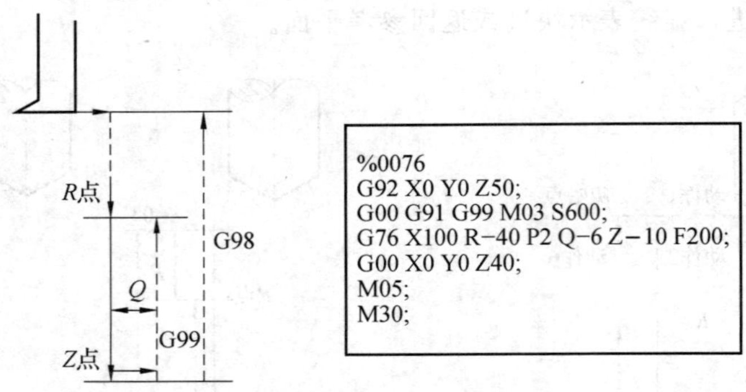

图 4-48 G76 指令动作图及编程

二、（G98，G99）固定循环加工指令 G81，G83，G73

（1）G81 为钻中心孔循环指令。格式：G98/G99 G81 X __ Y __ Z __ R __ F __ K __；该指令包括动作：X，Y 坐标定位、快进、工进和快速返回等。

如图 4-49 所示，同样设刀具起点距工件上表面 42mm，距孔底 50mm，在距工件上表面 2mm 处（R 点）由快进转为工进的程序。

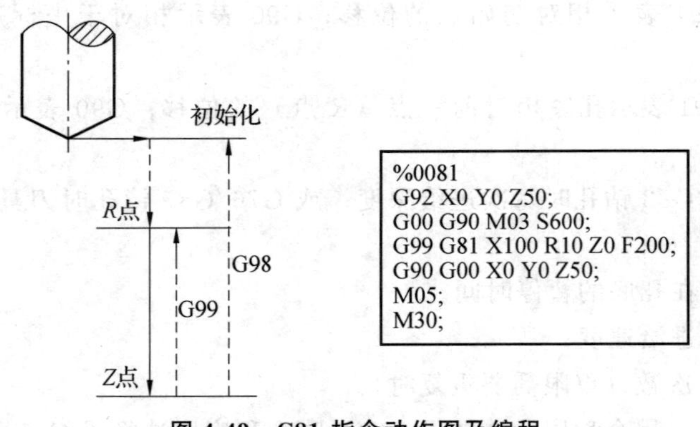

图 4-49 G81 指令动作图及编程

（2）G83 深孔加工循环。格式：G98/G99 G73/G83 X __ Y __ Z __ R __ Q __ P __ F __ K __。

其中：Q 为每次进给深度；d 为每次退刀后，再次进给时，距离已加工面（部位）的距离（由系统参数 No. 5115 设定）；G83 与 G73 指令略有不同，动作循环如图 4-50 和图 4-51 所示。G73 为高速深孔钻循环指令，G83 为每次刀具间歇进给后回退至 R 点平面，利于断屑和充分冷却，而 G73 只回退至距离已加工面为 d 距离处。

如图 4-50 所示，设刀具起点距工件上表面 42mm，距孔底 80mm，在距工件上表面 2mm 处（R 点）由快进转为工进，每次进给深度 10mm，退刀后再次进刀距已加工面的距离 5mm（系统参数设定）的程序。

说明：其中 Q−10，d5 表示每次进给 10mm 后，返回到 R 点平面（G99）；再次进给前，先快进，再靠近上次进给加工到的位置 5mm 时，转为工进，并再次加工深度 10mm。如此循环到孔底为止。

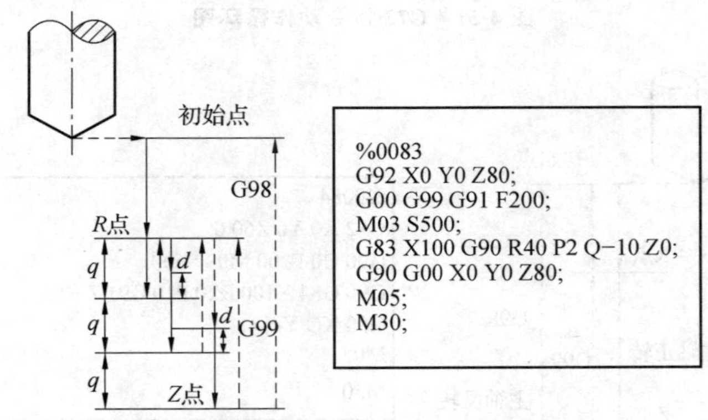

图 4-50　G83 指令动作图及编程

三、（G98，G99）下 G74，G84 攻丝循环指令

G74/G84 攻丝循环指令

编程格式：G98/G99 G74/G84 X＿Y＿Z＿R＿P＿Q＿F＿K＿；

G84 攻右旋螺纹，从 R 点到 Z 点主轴正转，在孔底暂停后主轴反转，然后退回；G74 则攻左旋螺纹，从 R 点到 Z 点主轴反转，在孔底暂停后主轴正转，然后退回。

该指令的动作循环如图 4-51 所示，注意以下问题：

（1）攻丝时速度倍率、进给保持均不起作用；

（2）R 应该选在距离工件表面 7mm 以外。

如图 4-52 所示，设刀具起点距工件上表面 48mm，距孔底 60mm，在距工件上表面 8mm 处（R 点）由快进转为工进的程序。

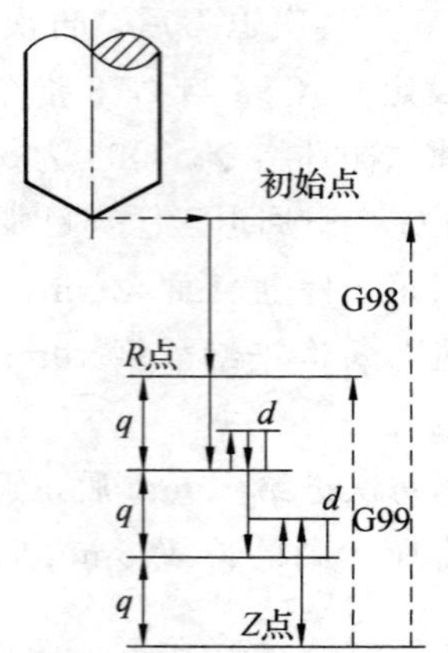

图 4-51　G73 指令动作循环图

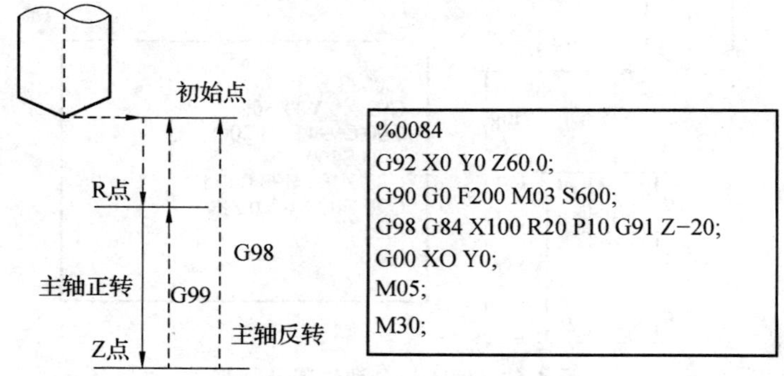

图 4-52　G84 指令动作图及编程

四、 固定循环指令应用总结

(1) 使用固定循环之前，要先主轴转动（M03，M04）；

(2) 程序段中至少指定 X，Y，Z，R 其中一个参数；

(3) 在使用控制主轴回转的固定循环 G74，G84，G86 时，当初始平面到 R 的距离偏短时，注意插入 G04，使主轴取得时间达到正常转速；

(4) 用 G00～G03 注销时，G00～G03 一定放在固定循环指令后；

(5) G80 为取消固定循环指令，同时撤销 R 点、Z 点；

(6) 在固定循环中如果定义了 M 指令，则定位时先执行 M 信号，才能进行孔加工循环。

例题 7　如图 4-53 所示，为螺纹加工程序，刀具起始点距工件表面 100mm 处，切削深度 10mm。

注意：图示 X0Y0 与上表面为工件坐标系原点。

(1) 先用 G81 钻孔

```
O1000
G54 G17 G40 G49 G80;
G90 G00 X0 Y0 Z100.;
M03 S600;
M08;
G99 G81 X40. Y40. G90 R-98. Z-10. F200;
G91 X40. k3;
Y50.;
X-40. k3;
G90 G80 X0 Y0 Z0;
M09 M05;
M30;
```

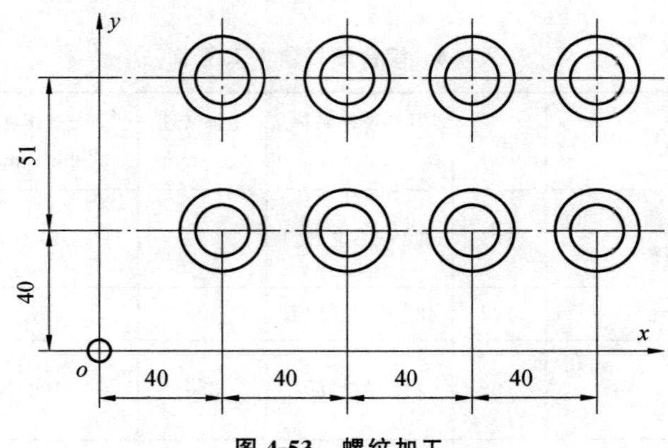

图 4-53　螺纹加工

(2) 再用 G84 攻丝

```
O2000
G54 G17 G40 G49 G80;
G90 G00 X0 Y0 Z100.;
M03 S600;
M08;
G99 G84 X40 Y40 G90 R-93 Z-10 F200;
G91 X40 K3;
Y50;
X-40 K3;
G90 G80 X0 Y0 Z100;
M09 M05;
M30;
```

习题 1　结合提供的工序规划，完成图 4-54 所示零件的数控加工程序编制。习题 1

工序卡见表 4-6。

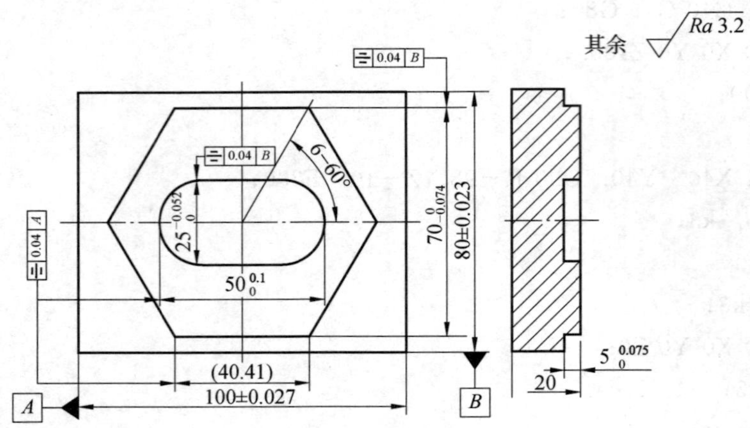

图 4-54　数控铣床编程零件图 1

表 4-6　综合练习题 1 工序卡

工步号	工步内容	刀具号	刀具规格名称 /（mm）	主轴转速 /（r/min）	进给速度 /（mm/min）	背吃刀量 /（mm）	备注
1	粗铣六角形凸台，留 0.5mm 单边余量	T01	ϕ20 三刃立铣刀	300	100	2.5	
2	精铣六角形凸台	T02	ϕ20 三刃立铣刀	400	100	2.5	
3	粗铣槽，留 0.5mm 单边余量	T03	ϕ16 健槽铣刀	350	100	2.5	
4	精铣槽	T04	ϕ16 三刃立铣刀	450	100	2.5	

习题 2　结合提供的工序规划，完成图 4-55 所示零件的数控加工程序编制。习题 2 工序卡见表 4-7。

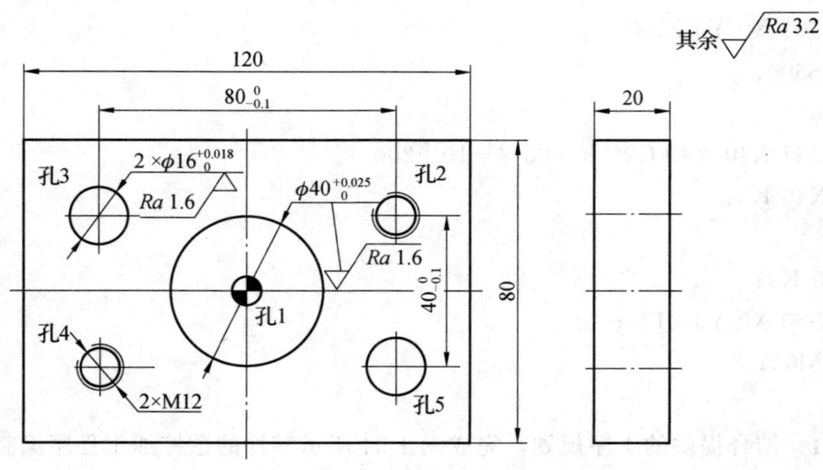

图 4-55　数控铣床编程零件图 2

表 4-7　习题 2 工序卡

工步号	工步内容	刀具号	刀具规格名称 / (mm)	主轴转速 / (r/min)	进给速度 / (mm/min)	背吃刀量 / (mm)	备注
1	钻削孔 1	T01	ϕ25 麻花钻	300	30	2.5	
2	铣削孔 1	T02	ϕ16 三刃立铣刀	400	180	2.5	
3	点钻孔 2～5	T03	ϕ4 中心钻	1200	120	2.5	
4	钻削孔 2～5	T04	ϕ10.3 麻花钻	600	100	2.5	
5	扩孔 3，5	T05	ϕ15.8 麻花钻	400	50		
6	攻螺纹孔 2，4	T06	M12 机用丝锥	150	1.75（导程）		
7	铰孔 3，5	T07	ϕ16 机用铰刀	250	40		
8	镗孔 1	T08	ϕ40 微调镗刀	1200	100		

模块五　电火花线切割工艺与编程及成型机床

任务一　熟悉线切割加工原理

一、线切割机床加工原理

用移动的细金属丝（铜丝或钼丝）作为工具电极（接高频脉冲电源的负极），对工件（接高频脉冲电源的正极）进行脉冲火花放电而切割成所需的工件形状与尺寸。

二、电火花线切割加工时电极丝和工件之间的脉冲放电

电火花线切割时电极丝接脉冲电源的负极，工件接脉冲电源的正极。在正负极之间加上脉冲电源，加到工件电极和钼丝电极上。钼丝与工件之间喷入具有绝缘性能的工作液。当钼丝与工件的距离小到一定程度时，在脉冲电压的作用下，工作液被击穿，在钼丝与工件之间形成瞬间放电通道，产生瞬时高温，可高达10000℃以上，使金属局部熔化甚至汽化而被蚀除下来。若工作台带动工件不断进给，就能切割出所需要的形状。通常认为电极与工件之间的放电间隙在0.01mm左右，若电脉冲的电压高，放电间隙会大一些。

为了保证火花放电时电极丝不被烧断，必须向放电间隙注入大量工件液，以便电极丝得到充分冷却。同时电极丝必须进行高速轴向运动，以避免火花放电总在电极丝的局部位置而被烧断，电极丝速度约在7～10m/s左右。高速运动的电极丝，还有利于不断往放电间隙中带入新的工件液，同时也有利于把电蚀产物从间隙中带出去。

电火花线切割加工时，为了获得比较好的表面粗糙度和高的尺寸精度，并保证电极丝不被烧断，应选择好相应的脉冲参数，并使工件和钼丝之间的放电必须是火花放电，而不是电弧放电。

如图 5-1 所示，在 2 个电极间施加脉冲电压，不断喷射具有一定绝缘性能的水质工作液，并由伺服电机驱动坐标工作台按预先编制的数控加工程序沿 X，Y 两个坐标方向移动，当两个电极的间隙小到一定范围内时（并稳定），工作液被击穿，引发火花放电，蚀除工件材料。

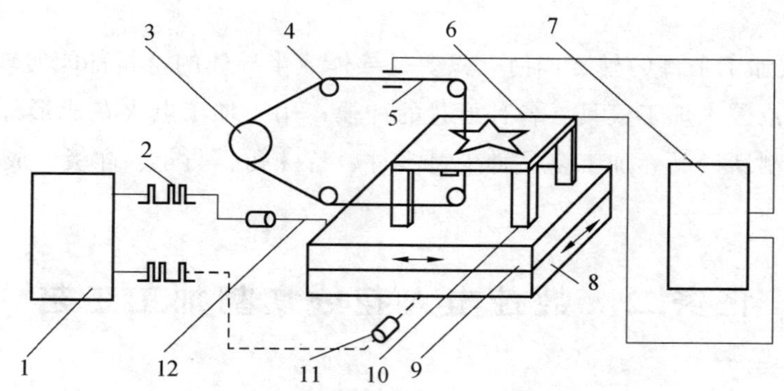

图 5-1　数控线切割加工原理图

1—数控装置；2—信号；3—贮丝筒；4—导轮；5—电极丝；6—工件；
7—脉冲电源；8—下工作台；9—上工作台；10—垫铁；11—步进电机；12—丝杠

三、电火花线切割机床的分类

快走丝线切割机床、慢走丝数控电火花线切割机床。

（1）快走丝线切割。电极丝：用钼丝、铜丝（ϕ0.08～ϕ0.2mm），双向走丝；走丝速度：8～10m/s；达到精度：尺寸精度，±0.01mm，Ra=0.63～1.25μm；最大切割速度：50mm²/min；切割厚度：最大达 500mm；

（2）慢走丝数控电火花线切割机床。电极丝：采用紫铜、黄铜、钨、钼等（ϕ0.03～ϕ0.35mm），单向走丝；走丝速度：3m/min，最大 15m/min；达到精度：尺寸精度，±0.001mm，Ra<0.32μm；

（3）优缺点比较。快走丝线切割机床：结构简单、价格低廉，生产力高，精度满足一般要求（较低），广泛应用。慢走丝切割机床：结构复杂、价格较贵，生产力相对低，但精度高、自动化程度高。

四、数控电火花线切割加工的特点和应用范围

（1）电火花线切割加工特点

① 有很细的金属丝为工具电极（负极）；

② 用移动的电极丝加工，单位长度的电极丝损耗小，对加工精度影响小；

③ 轮廓加工余量小，节约材料；

④ 采用乳化液或去离子水的工作液，不易引燃起火，可实现昼夜无人连续加工；

⑤ 采用补偿功能，可任意调节凹凸模间隙；

⑥ 若采用四轴联动，可加工上、下异型体、形状扭曲曲面体、变锥度和球形等零件；

⑦ 无论被加工工件的硬度如何，只要是导体或半导体的材料都能实现加工。

(2) 应用范围。加工模具：各种形状的冲模；用于加工电火花成形加工用的电极；加工零件：试制新产品、加工多品种少量零件、特殊孔、凸轮、样板、成型刀具。

任务二　数控电火花线切割加工工艺

一、电火花线切割的典型夹具及工件装夹

工件装夹的形式对加工精度有直接影响。一般是在通用夹具上采用压板螺钉固定工件。为了适应各种形状工件加工的需要，还可使用磁性夹具或专用夹具。

线切割加工的工件在装夹过程中需要注意的事项。

(1) 确认工件的设计基准或加工基准面，尽可能使设计或加工的基准面与 X，Y 轴平行。

(2) 工件的基准面应清洁、无毛刺。经过热处理的工件，在穿丝孔内及扩孔的台阶处，要清理热处理残物及氧化皮。

(3) 工件装夹的位置应有利于工件找正，并应与机床行程相适应。

(4) 工件的装夹应确保加工中电极丝不会过分靠近或误切割机床工作台。

(5) 工件的夹紧力大小要适中、均匀，不得使工件变形或翘起。

1. 工件的装夹方法

(1) 工件装夹位置对编程的影响。

① 适当的定位可以简化编程，如尽量选用 0°，90°走丝，使编程大大简化。任意斜角编程复杂，如图 5-2 所示。

② 而当工件超过工作台的行程时，为了在一次装夹中完成加工，而采用斜角 45°，30°装夹。如图 5-3 所示。

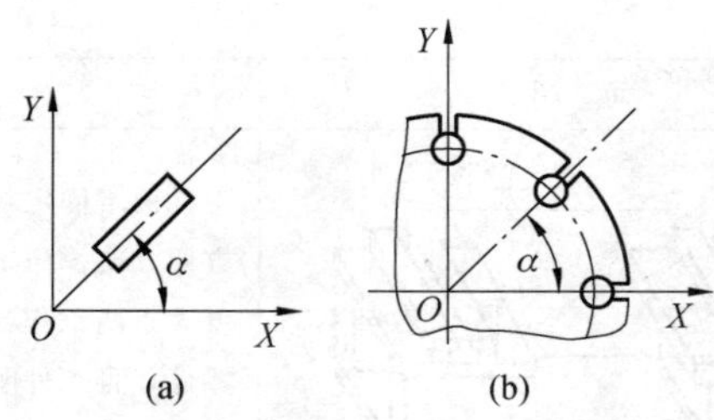

图 5-2　工件定位对编程影响示意图之一

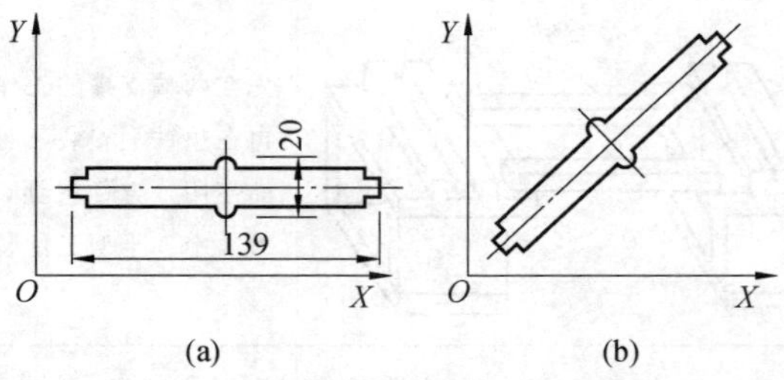

图 5-3　工件定位对编程影响示意图之二

2. 工件的具体装夹

(1) 支承夹具的具体装夹。

① 悬臂式装夹：表 5-1 为悬臂方式装夹工件的简图说明，这种方式装夹方便、通用性强。但由于工件一端悬伸，易出现切割表面与工件上、下平面间的垂直度误差。仅用于加工要求不高或悬臂较短的情况。

② 两端支撑方式装夹：表 5-1 为两端支撑方式装夹工件，这种方式装夹方便、稳定，定位精度高，但不适于装夹较大的零件。

表 5-1　具体装夹方式

名　称	简　图	说　明
悬臂支撑方式	工件	装夹方便，通用性强。工件平面难与工作台面找平，工件一端悬伸，易受力挠曲，切割表面与工件上下平面的垂直度误差较大，仅用于加工要求不高或悬臂较短的情况。

续表

名 称	简 图	说 明
两端支撑方式	工件	工件两端固定在两相对工作台面上，装夹简单方便，支撑稳定，定位精度高。但要求工件长度大于两工作台面的距离，不适于装夹较小的零件，且工件刚性要好，中间悬空部不会产生挠曲。
桥式支撑方式	垫铁	先在两端支撑的工作台面上垫上两个支撑垫铁，再在垫铁上安装工件，垫铁的侧面也可作定位面使用。方便灵活，通用性强，装夹方便，对大、中、小型工件装夹都适用。
板式支撑方式	10×M8 支撑板	根据常用工件的形状和尺寸，制成带各种矩形或圆形的平板作为辅助工作台，将工件安装在支撑板上。装夹精度高，适于批量生产各种小型或异型工件。但无论切割型孔还是外形都需要穿丝，通用性较差。
复合支撑方式		在桥式夹具上装上专用夹具组合而成，装夹方便，特别适用于成批零件加工。既可节省工作找正和调整电极丝相对位置等辅助工时，又保证了工件加工的一致性。

③ 桥式支撑方式装夹：这种方式是在通用夹具上放置垫铁后再装夹工件。这种方式装夹方便，大、中、小型工件都能采用。

④ 板式支撑方式装夹：表 5-1 所示的板式支撑方式装夹工件。根据常用的工件形状和尺寸，采用有通孔的支撑板装夹工件。这种方式装夹精度高，但通用性差。

⑤ 复合支撑方式：工件装夹好后，还必须配合找正法进行调整：用百分表找正；用划线法找正。

(2) 压板夹具。它主要用于固定平板状的工件，对于稍大的工件要成对使用。夹具上如有定位基准面，则加工前应预先用划针或百分表将夹具定位基准面与工作台对应的导轨校正平行，这样在加工批量工件时较方便，因为切割型腔的划线一般是以模板的某一面为基准。夹具成对使用时两件基准面的高度一定要相等，否则切割出的型腔与工件端面不垂直，生产出废品。在夹具上加工出 V 形的基准，则可用以夹持轴类工件。

(3) 磁性夹具。采用磁性工作台或磁性表座夹持工件，不需要压板和螺钉，操作

方便，通用性强，应用范围广，对于加工成批的工件尤其有效。

用磁性工作台或磁性表座夹持工件，主要适应于夹持钢质工件，因它靠磁力吸住工件，故不需要压板和螺钉，操作快速方便，定位后不会因压紧而变动，如图 5-4 所示。

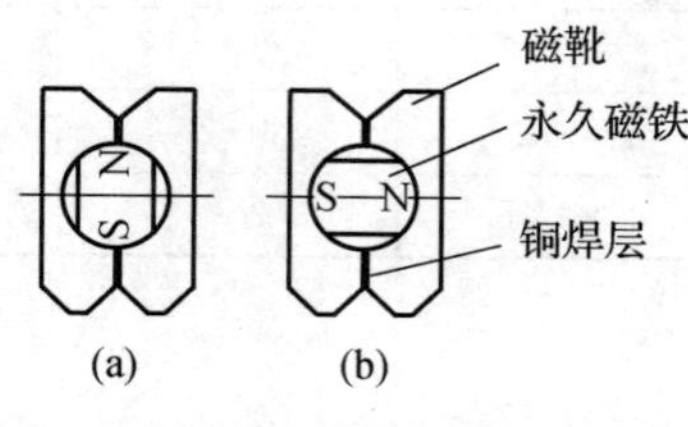

图 5-4　磁性夹具

二、电加工参数的选择

1. 脉冲电源加工参数的选择

正确选择脉冲电源加工参数，可以提高加工工艺指标和加工的稳定性。粗加工时，应选用较大的加工电流和大的脉冲能量，可获得较高的材料去除率（即加工生产率）。而精加工时，应选用较小的加工电流和小的单个脉冲能量，可获得加工工件较低的表面粗糙度。

加工电流就是指通过加工区的电流平均值，单个脉冲能量大小，主要由脉冲宽度、峰值电流、加工幅值电压决定。脉冲宽度是指脉冲放电时脉冲电流持续的时间，峰值电流指放电加工时脉冲电流峰值，加工幅值电压指放电加工时脉冲电压的峰值。

下列电规准实例可供使用时参考：

（1）精加工。脉冲宽度选择最小档，电压幅值选择低档，幅值电压为 75V 左右，接通 1～2 个功率管，调节变频电位器，加工电流控制在 0.8～1.2A，加工表面粗糙度 $Ra \leqslant 2.5\mu m$。

（2）最大材料去除率加工。脉冲宽度选择四到五档，电压幅值选取“高”值，幅值电压为 100V 左右，功率管全部接通，调节变频电位器，加工电流控制在 4～4.5A，可获得 $100mm^2/min$ 左右的去除率（加工生产率）（材料厚度在 40～60mm 左右）。

（3）大厚度工件加工（>300mm）。幅值电压打至“高”档，脉冲宽度选五到六档，功率管接通 4～5 个，加工电流控制在 2.5～3A，材料去除率 $>30mm^2/min$。

（4）较大厚度工件加工（60～100mm）。幅值电压打至高档，脉冲宽度选取五档，功率管接通个左右，加工电流调至 2.5～3A，材料去除率 $50\sim60mm^2/min$。

（5）薄工件加工。幅值电压选低档，脉冲宽度选第一档或第二档，功率管接通 2～3 个，加工电流调至 1A 左右。

注意，改变加工的电规准，必须关断脉冲电源输出（调整间隔电位器 RP1 除外），在加工过程中一般不应改变加工电规准，否则会造成加工表面粗糙度不一样。脉冲参数选择表 5-2。

表 5-2　快走丝线加切割加工脉冲参数的选择

应用	电流峰值 I_C（A）	脉冲宽度 t_i（μs）	脉冲间隔 t_0（μs）	空载电压
快速切割或较厚工件 $Ra>2.5\mu m$	大于 12	20～40	为实现稳定的加工一般选择 $t_0/t_i=3\sim4$	一般为 70～90
半精加工 $Ra=1.25\mu m$	6～12	6～20		
精加工 $Ra<1.25\mu m$	4.8 以下	2～6		

2. 机械参数的选择

对于普通的快走丝线切割机床，其走丝速度一般都是固定不变的。进给速度的调整主要是电极丝与工件之间的间隙调整。切割加工时进给速度和电蚀速度要协调好，不要欠跟踪或跟踪过紧。进给速度的调整主要靠调节变频进给量，在某一具体加工条件下，只存在一个相应的最佳进给量，此时钼丝的进给速度恰好等于工件实际可能的最大蚀除速度。欠跟踪时使加工经常处于开路状态，无形中降低了生产力，且电流不稳定，容易造成断丝，过紧跟踪时容易造成短路，也会降低材料去除率。一般调节变频进给，使加工电流为短路电流的 0.85 倍左右（电流表指针略有晃动即可）。就可保证为最佳工作状态，即此时变频进给速度最合理、加工最稳定、切割速度最高。表 5-3 给出了根据进给状态调整变频的方法。

表 5-3　根据进给状态调整变频

实频状态	进给状态	加工面状况	切割速度	电极丝	变频调整
过跟踪	慢而稳	焦褐色	低	略焦，老化快	应减慢进给速度
欠跟踪	忽慢忽快不均匀	不光洁易出深痕	较快	易烧丝，丝上有白斑伤痕	应加快进给速度
欠佳跟踪	慢而稳	略焦褐，有条纹	低	焦色	应稍增加进给速度
最佳跟踪	很稳	发白，光洁	快	发白，老化慢	不需再调整

三、加工条件的确定

线切割加工时，主要确定的加工条件有：空载电压、峰值电流、脉冲宽度、脉冲间隔、放电电流、电极丝张力、走丝速度、电极丝直经、工作液电阻率以及进给速度等。现在介绍几个主要加工条件的确定原则。

（1）空载电压的选择。空载电压直接影响放电间隙的大小，进而引起切割速度和加工精度的变化，对断丝也影响较大。当电极丝直径小（0.1mm）、切缝较窄，要减小加工面腰鼓形时，应选较低的空载电压；当要改善表面粗糙度，减小拐角的塌角时，应选较高的空载电压。一般快走丝机床的空载电压选 100V，慢走丝机床选 150V 以下。

图 5-5 所示为切缝与空载电压的关系曲线，切缝的变化会影响加工表面的平直度和形状精度。图 5-6 为空载电压与切割速度的关系曲线。

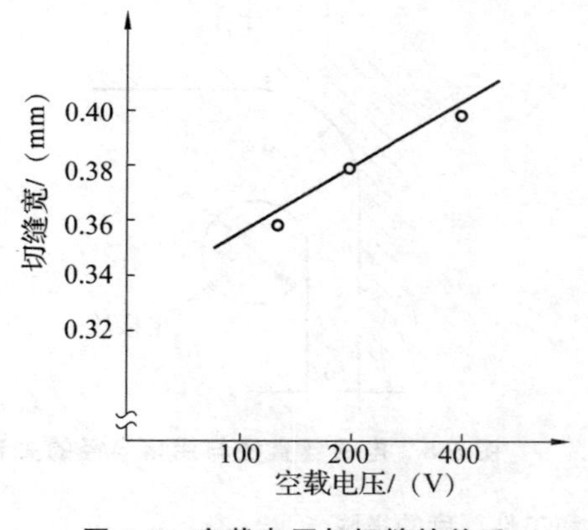

图 5-5　空载电压与切缝的关系

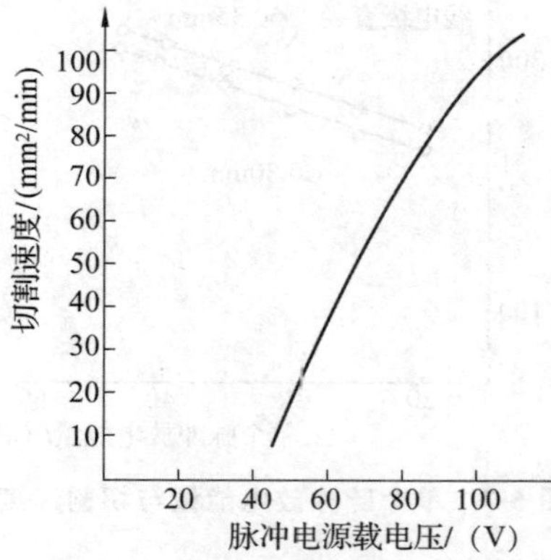

图 5-6　空载电压与切割速度的关系

（2）峰值电流选择。峰值电流会影响切割速度及断丝，一般在试切时限定峰值电流的大小。快走丝线切割机床的峰值电流大约范围为 15～40A，慢走丝机床峰值电流约为 100～500A，最大可达 1000A。峰值电流与加工速度的关系就是单个脉冲能量与加工速度的关系，图 5-7 所示为单个脉冲能量与切割速度的关系。

（3）电极丝材料和直径的选择。目前电极丝材料的种类很多，主要有纯铜丝、黄铜丝、专用黄铜丝、钼丝、钨丝、各种合金丝及镀层金属丝等。常用电极丝材料及其特点见表 5-4。

表 5-4　常用电极丝材料及其特点

材　料	线　径/（mm）	特　点
纯铜	0.1～0.25	适合于切割速度要求不高或精加工，丝不易卷曲，抗拉强度低，容易断丝
黄铜	0.1～0.30	适合于高速加工，加工面的蚀屑附着少，表面粗糙度和加工面的平直度也较好
专用黄铜	0.05～0.35	适合于高速、高精度和理想的表面粗糙度加工以及自动穿丝，但价格高
钼	0.06～0.25	由于它的抗拉强度高，一般用于快速走丝，在进行微细、窄缝加工时，也可用于慢速走丝
钨	0.03～0.10	由于抗拉强度高，可用于各种窄缝的微细加工，但价格昂贵

一般情况下，快速走丝机床常用钼丝作电极丝，钨丝或其他昂贵金属丝因成本高而很少使用，其他丝材因抗拉强度低，在快速走丝机床上不能使用。慢速走丝机床上则可用各种铜丝、铁丝、专用合金丝以及镀层（如镀锌等）的电极丝。

电极丝的直径 d 应根据工件加工的切缝宽度、工件厚度、拐角大小及切割速度的要求等选取。如图 5-8 所示，电极丝直径 d 与拐角半径尺的关系为 $R \geqslant d/2+\delta$。所以，在拐角要求小的微细线切割加工中，需要选用线径细的电极。但线径太细，能够加工的工件厚度也将会受到限制。一般范围为 $\phi 0.03 \sim \phi 0.35$mm 范围。表 5-5 列出了不同材料、不同直径电极丝的拐角 R 和加工工件厚度的极限值。

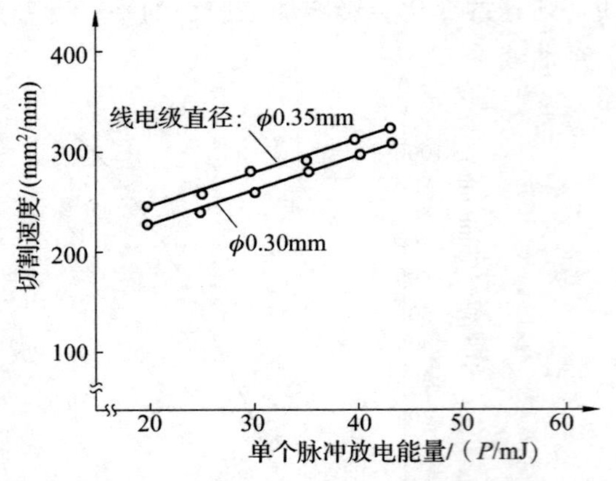

图 5-7　单个脉冲放电能量与切割速度的关系

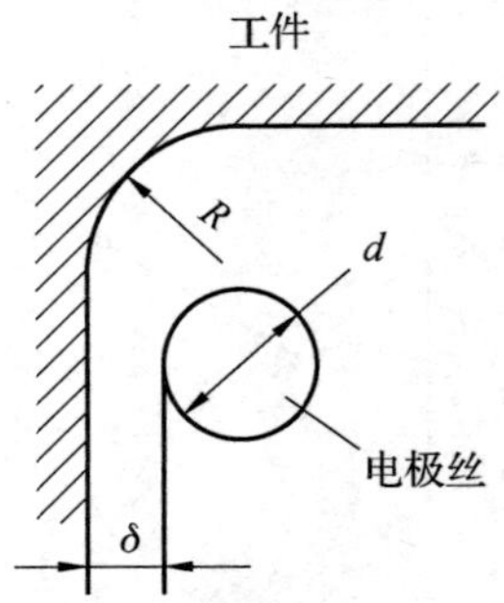

图 5-8　电极丝直径与拐角半径的关系

表 5-5　电极丝直径与拐角和工件厚度的极限

电极丝直径/（mm）	拐角 R 极限/（mm）	工件厚度/（mm）
0.15（黄铜）	0.10 ～ 0.16	0 ～ 50
0.25（黄铜）	0.15 ～ 0.22	0 ～ 100（100 以上）
＜，Palign＝center＞0.07（钨）	0.05 ～ 0.10	0 ～ 20
0.10（钨）	0.07 ～ 0.12	0 ～ 30

（4）电极丝张力选择。电极丝的张力越大，切割速度越高，表面质量越好，图 5-9 所示为电极丝张力与切割速度的关系。电极丝张力过大会引起断丝，一般电极丝的张力为 8N 左右，某些慢走丝线切割机床专用电极丝的张力可达 15～20N。

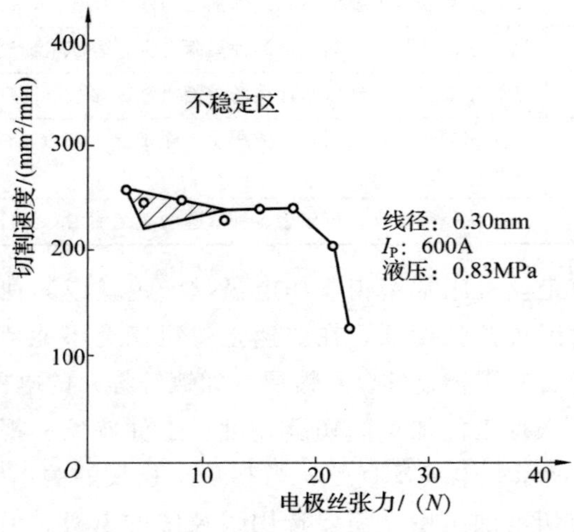

图 5-9　电极丝张力与切割速度的关系

（5）进给速度选择。常见的线切割机床进给方式有恒速进给和伺服进给两种，一般快走丝线切割机床采用伺服进给，而慢速走丝切割机床采用恒速进给。进给速度太快易发生短路和断丝，进给速度太慢则加工表面腰鼓形会增大，但表面粗糙度会改善。一般取试切时进给速度的80%～90%作为正式加工的进给速度。

（6）走丝速度选择。电极丝的走丝速度影响到电极丝在加工区的逗留时间和承受的放电次数。一般应使走丝速度尽量快些，有利便于冷却、排屑，减小电极损耗，提高加工精度（尤其是厚的工件）。走丝速度应根据工件厚度和切割速度选择，慢走丝线切割机床的走丝速度常在3～12m/min之间选取。

四、切割路线的选择

（1）切割路线开始应从远离夹具的方向开始进行加工，最后再转向工件夹具的方向。其中，图5-10（a），（c）所示的切割路线是错误的，如果按此路线加工，第一段切割加工就将主要的连接部位割断，余下材料与夹持部分连接较少，工件刚度降低，易产生变形。所以，一般情况下，最好将工件与其夹持部分分割的线段安排在切割路线的末端。

（2）尽量避免从工件外侧端面开始向内切割，而采用从工件上预制穿丝孔，再从孔开始加工，如图5-10（c），（d）所示。图5-10（a），（b）不打穿丝孔，从外切入工件，切第一边时使工件的内应力失去平衡而产生变形，在加工其他边时，误差就会增大。

对精度要求较高的零件，最好采用图5-10（c）所示的方案，电极丝不是由坯件外部切入，而是将切割起始点取在坯件预制的穿丝孔中，这种方案可使工件的变形最小。

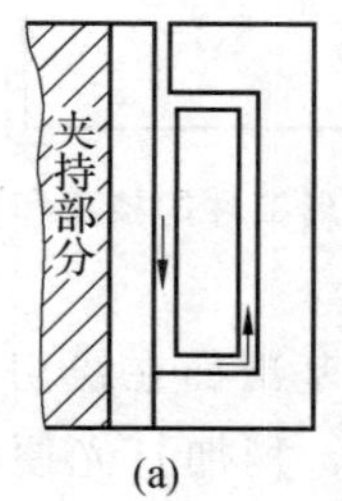

(a)

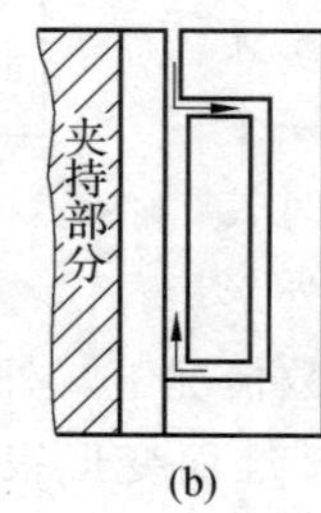

(b)

(c)

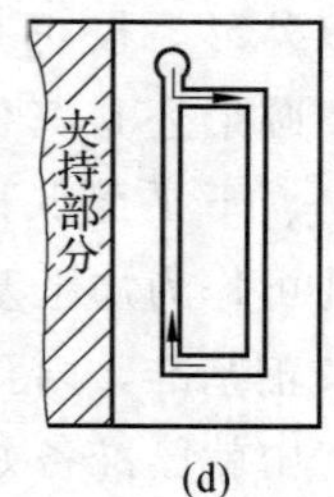

(d)

图5-10　切割路线的选择

（3）切割孔槽类工件时可采用多次切割法，以减少变形，保证加工精度，如图5-11所示。第一次粗加工型孔时留0.1～0.5mm的精加工余量，以补偿变形，第二次精加工要达到精度要求。

（4）在一块毛坯上切割出2个（或2个以上）工件时，应从不同的预制孔开始加工，而不应连续一次切割出来，如图5-12所示。

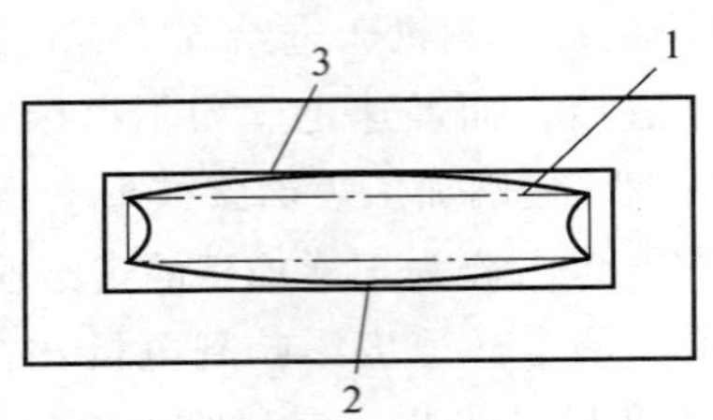

图 5-11　多次切割示意图

1—第一次切割路线；2—第一次切割后的变形图形；3—第二次切割的形状

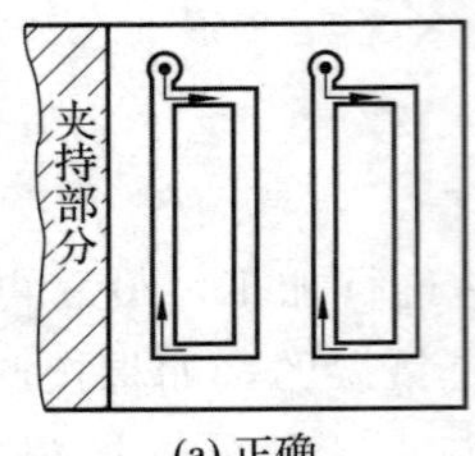

(a) 正确

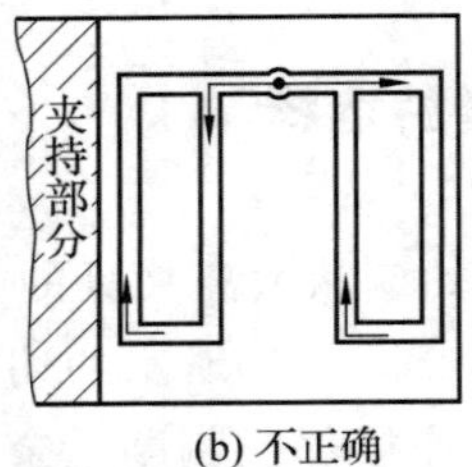

(b) 不正确

图 5-12　一块毛坯上加工多个工件的切割路线

五、 工件加工基准的选择

为了便于线切割加工，根据工件外形和加工要求，应准备相应的校正和加工基准，并且此基准应尽量与图样的设计基准一致，常见的有以下两种形式。

（1）以外形为校正和加工基准。外形是矩形状的工件，一般需要有两个相互垂直的基准面，并垂直于工件的上、下平面（如图 5-13 所示）。

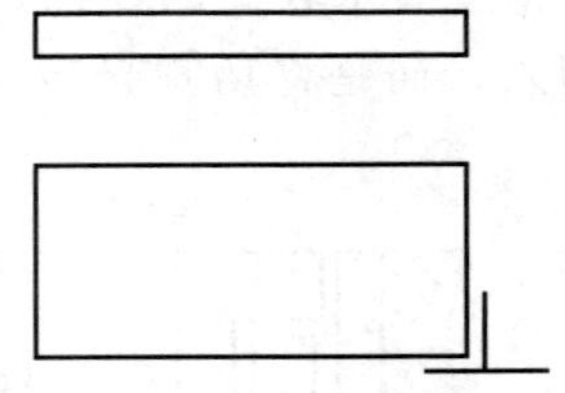

图 5-13　矩形工件的校正和加工基准

（2）以外形为校正基准，内孔为加工基准。无论是矩形、圆形还是其他异形工件，都应准备一个与工件的上、下平面保持垂直的校正基准，此时其中一个内孔可作为加工基准，如图 5-14 所示（外形一侧边为校正基准，内孔为加工基准）。在大多数情况下，外形基准面在线切割加工前的机械加工中就已准备好了。工件淬硬后，若基准面变形很小，稍加打光便可用线切割加工；若变形较大，则应当重新修磨基面。

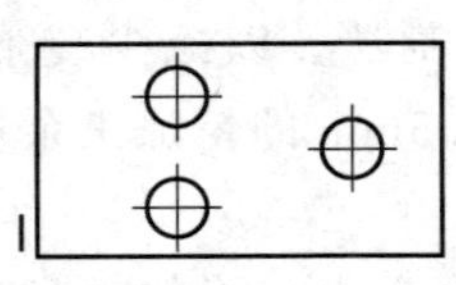

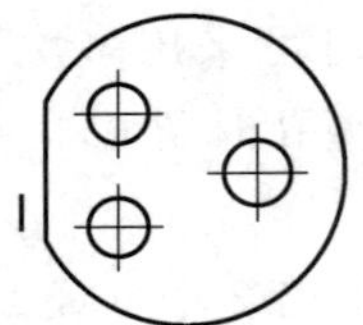

图 5-14　加工基准的选择

六、穿丝孔的确定

(1) 切割凸模类零件。为避免将坯件外形切断引起变形（工件内应力失去平衡造成）而影响加工精度，通常在坯件内部外形附近预制穿丝孔。

(2) 切割凹模、孔类零件。此时可将穿丝孔位置选在待切割型腔（孔）内部。当穿丝孔位置选在待切割型腔（孔）的边右处时，切割过程中无用的轨迹最短；而穿丝孔位置选在已知坐标尺寸的交点处则有利于尺寸推算；切割孔类零件时，若将穿丝孔位置选在型孔中心可使编程操作容易。因此，要根据具体情况选择穿线孔的位置。

(3) 穿丝孔大小。穿丝孔大小要适宜。一般不宜太小，如果穿丝孔径太小，不但钻孔难度增加，而且也不便于穿丝。但是，若穿丝孔径太大，则会增加钳工工艺上的难度。一般穿丝孔常用直径为 3～10mm。如果预制孔可用车削等方法加工，则穿丝孔径也可大些。

七、电极丝的定位

在数控线切割中，需要确定电极丝相对于工件的基准面、基准线或基准孔的坐标位置，可按下列常用找正方法进行。

(1) 百分表找正法。如图 5-15 所示，用磁力表架将百分表固定在丝架上，往复移动工作台，按百分表上指示值调整工件位置，直至百分表指针偏摆范围达到所要求的精度。

(2) 划线找正法。图 5-16 所示，利用固定在丝架上的划针对正工件上划出的基准线，往复移动工作台，目测划针与基准线间的偏离情况，调整工件位置，此法适应于精度要求不高的工件加工。

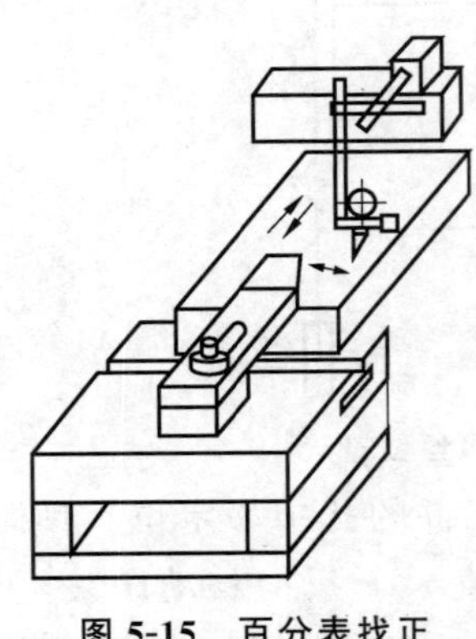

图 5-15　百分表找正

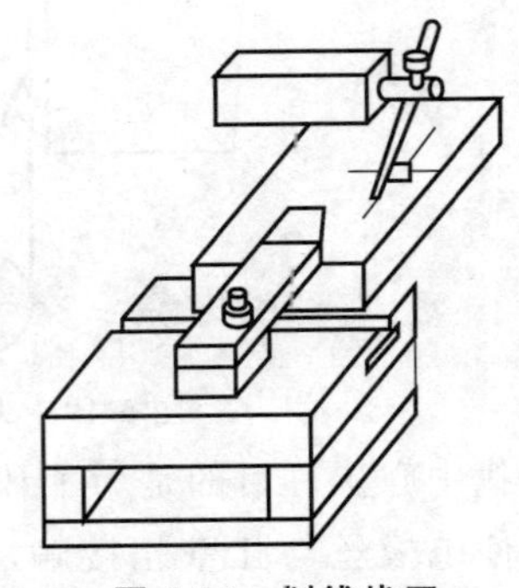

图 5-16　划线找正

电极丝位置的调整线切割加工前，应将电极丝调整到切割的起始坐标位置上，其调整方法有：

(1) 目视法。对加工要求较低的工件，确定电极丝和工件有关基准线和基准面的相互位置时，可直接目视或借助于2～8倍的放大镜来进行观测。

① 观测基准面：工件装夹后，观测电极丝与工件基准面初始接触位置，记下相应的纵横坐标，如图5-17所示。但此时的坐标并不是电极丝中心和基准面重合的位置，两者相差一个电极丝半径。

② 观测基准线：利用钳工或镗工等在工件的穿丝孔处划上纵、横方向的十字基准线，观测电极丝与十字基准线的相对位置，如图5-18所示。摇动纵向或横向丝杠手柄，使电极丝中心分别与纵、横方向基准线重合，此时的坐标就是电极丝的中心位置。

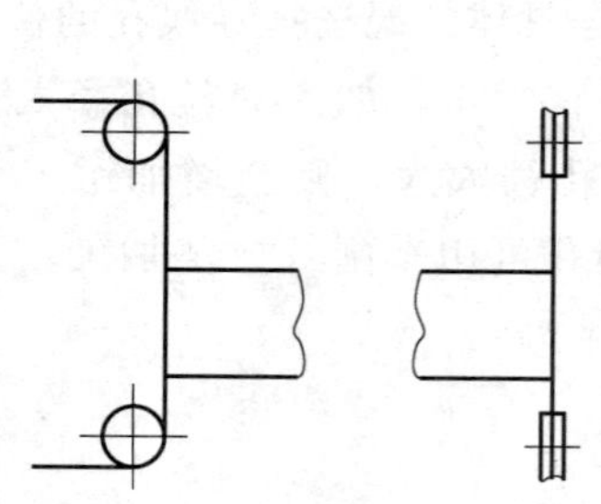

图 5-17　观测基准面（确定电极丝位置）

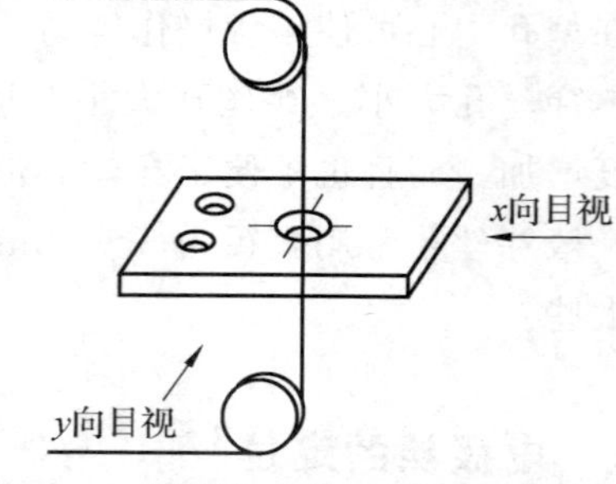

图 5-18　观测基准线（确定电极丝位置）

(2) 火花法。该方法是利用电极丝与工件在一定间隙下发生放电的火花来确定电极丝坐标位置的，如图5-19所示。摇动拖板的丝杠手柄，使电极丝接近工件的基准面，待开始出现火花时，记下拖板的相应坐标。该方法简便、易行，但电极丝逐步接近工件基准面时，开始产生脉冲放电的距离往往并非正常加工条件下电极丝与工件间的放电距离。

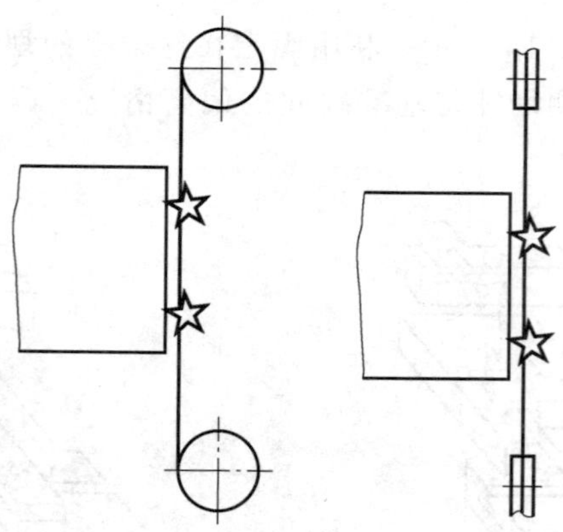

图 5-19　火花法确定电极丝位置

(3) 自动找中心法。目的是为了让电极丝在工件的孔中心定位。具体方法是：移动横向床鞍，使电极丝与孔壁相接触，记下坐标值x_1，反向移动床鞍至另一导通点，记下相应坐标x_2，将拖板移至x_1与x_2的绝对值之和的一半处。同理，移动纵向床鞍，记录下坐标值y_1，y_2，将拖板移至y_1与y_2的绝对值之和的一半处，即可找到电极丝与基准孔中心相重合的坐标，如图5-20所示。

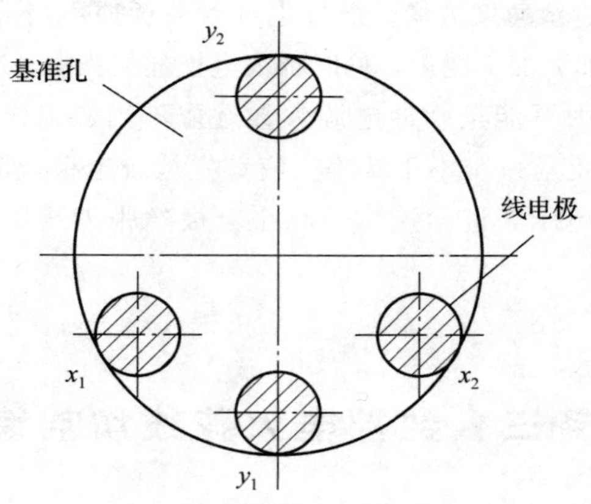

图 5-20　找电极丝中心

八、 线切割加工的主要工艺指标

1. 切割速度

在保持一定的表面粗糙度和切割过程中，单位时间内电极丝中心线在工作上切过的面积总和称为切割速度，单位为 mm^2/min。最高切割速度是指在不计切割方向和表面粗糙度等条件下所能达到的切割速度。通常，高速走丝线切割为 40～80mm^2/min，它与加工电流大小有关。为比较不同输出电流脉冲电源的切割效果，将每安培电流的切割速度称为切割效率，一般切割效率为 20$mm^2/(min \cdot A)$。

2. 表面粗糙度

高速走丝切割一般可达 Ra 2.5～5μm，最佳也只有 Ra 1μm 左右。慢走丝切割一般可达 Ra 1.25μm，最佳也只有 Ra 0.2μm。

3. 电极丝损耗量

对高速走丝机床，用电极丝在切割 10000mm^2 面积后电极丝直径的减少量来表示。一般每切割 10000mm^2 后，钼丝直径减少不大于 0.01mm。

4. 加工精度

加工精度是所加工工件的尺寸精度、形状精度和位置精度的总称。快速走丝线切割的可控加工精度在 0.01～0.02mm 左右，慢走丝线切割可达 0.002～0.05μm 左右。

九、 短路、 断丝的处理

切割加工中出现电极丝短路、断丝的现象，应采取下述措施处理：

（1）短路可能是由进给速度太快、脉冲电源参数选择不当等原因造成。应降低进给速度，增加峰值电流，加大加工能量，同时加大电极丝的张力，减小工作液的电阻率。

（2）发生断丝的原因可能是脉冲电源参数选取不当、工作液浓度不合适、工件变形、进给速度不合适、走丝系统不正常等。应首先检查电极丝断丝的位置并判别原因，减小峰电流，降低空载电压和进给速度，减小电极丝张力或增大冷却喷嘴的工作液流量等。

任务三　数控电火花线切割编程

线切割加工通常是工件整个加工中的最后一道工序，所以加工质量尤为重要。一般线切割加工的加工过程如图 5-21 所示。

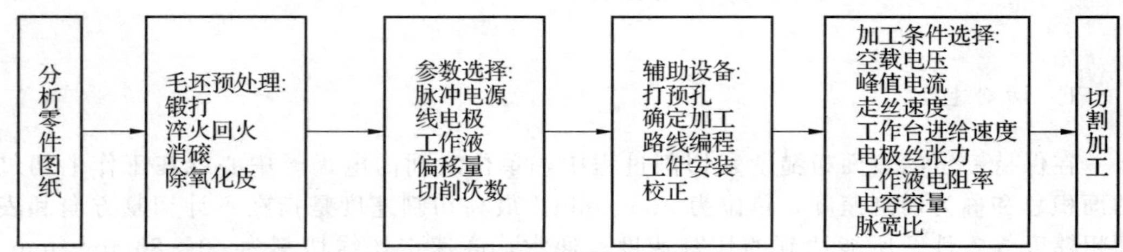

图 5-21　线切割加工的步骤

目前生产的线切割加工机床都有计算机自动编程功能，即可以将线切割加工的轨迹图形自动生成机床能够识别的程序。

线切割程序与其它数控机床的程序相比，有以下特点。

（1）线切割程序普遍较短，很容易读懂。

（2）国内线切割程序常用格式有 3B（个别扩充为 4B 或 5B）格式和 ISO 格式。其中慢走丝机床普遍采用 ISO 格式，快走丝机床大部分采用 3B 格式。

一、线切割 3B 代码程序格式

线切割加工轨迹图形是由直线和圆弧组成的，它们的 3B 程序指令格式见表所示 5-6。

表 5-6　B 程序指令格式

Z	G	J	B	Y	B	X	B
分隔符	X 坐标值	分隔符	Y 坐标值	分隔符	计数长度	计数方向	加工指令

注：B 为分隔符，它的作用是将 X，Y，J 数码区分开来；X，Y 直线的终点或圆弧起点的坐标值；J 为加工线段的计数长度；G 为加工线段计数方向；Z 为加工指令。

1. 直线的 3B 代码编程

（1）x，y 值的确定。

① 以直线的起点为原点，建立正常的直角坐标系，x，y 表示直线终点的坐标绝对值，单位为 μm。

② 在直线 3B 代码中，x，y 值主要是确定该直线的斜率，所以可将直线终点坐标的绝对值除以它们的最大公约数作为 x，y 的值，以简化数值。

③ 若直线与 X 或 Y 轴重合，为区别一般直线，x，y 均可写作 0，且在 B 后可不写。

（2）G 的确定。G 用来确定加工时的计数方向，分 Gx 和 Gy。直线编程的计数方向的选取方法是：以要加工的直线的起点为原点，建立直角坐标系，取该直线终点坐标绝对值大的坐标轴为计数方向。具体确定方法为：若终点坐标为（xe，ye），令 $x=|xe|$，$y=|ye|$，若 $y<x$，则 $G=Gx$［如图 5-22（a）所示］；若 $y>x$，则 $G=Gy$［如图 5-22（b）所示］；若 $y=x$，则在一、三象限取 $G=Gy$，在二、四象限取 $G=Gx$。由此可见，计数方向的确定以 45°线为界，取与终点处走向较平行的轴作为计数方向，具体可参见图 5-22（c）。

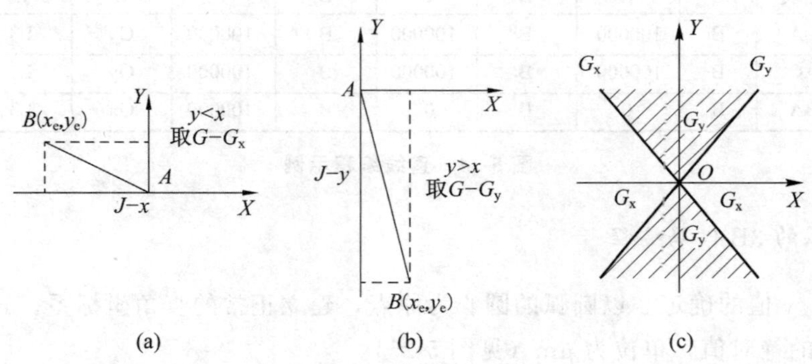

图 5-22　G 的确定

（3）J 的确定。J 为计数长度，以 μm 为单位。以前编程应写满六位数，不足六位前面补零，现在的机床基本上可以不用补零。

J 的取值方法为：由计数方向 G 确定投影方向，若 $G=Gx$，则将直线向 X 轴投影得到长度的绝对值即为 J 的值；若 $G=Gy$，则将直线向 Y 轴投影得到长度的绝对值即为 J 的值。

（4）Z 的确定。加工指令 Z 按照直线走向和终点的坐标不同可分为 L_1，L_2，L_3，L_4，其中与 $+X$ 轴重合的直线算作 L_1，与 $+Y$ 轴重合的直线算作 L_2，与 $-X$ 轴重合的直线算作 L_3，与 $-Y$ 轴重合的直线算作 L_4。如图 5-23 所示。

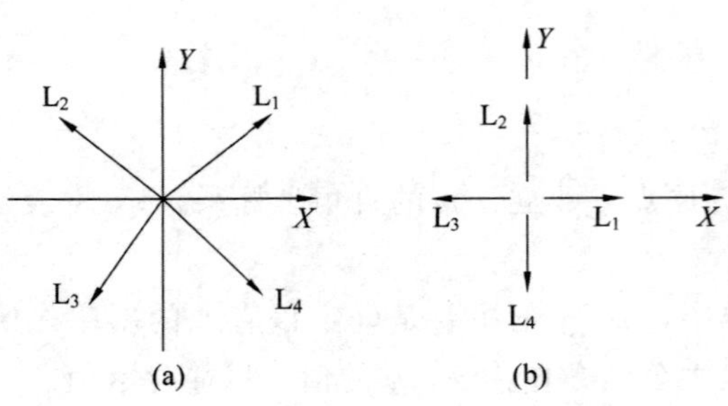

图 5-23 *Z* 的确定

直线编程示例见图 5-24。

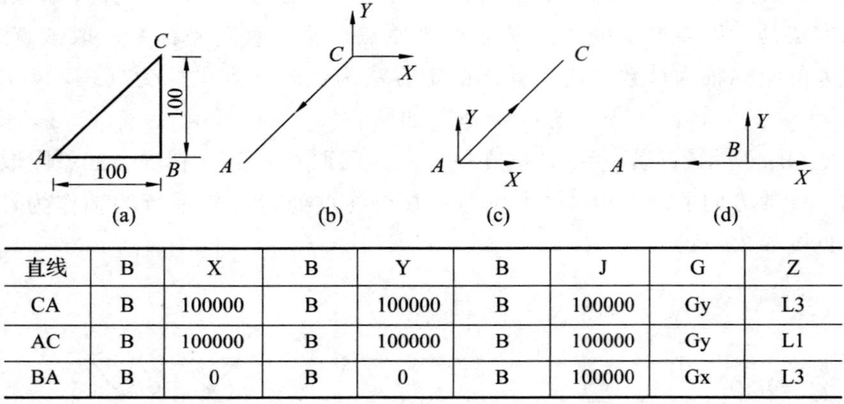

直线	B	X	B	Y	B	J	G	Z
CA	B	100000	B	100000	B	100000	Gy	L3
AC	B	100000	B	100000	B	100000	Gy	L1
BA	B	0	B	0	B	100000	Gx	L3

图 5-24 直线编程示例

2. 圆弧的 3B 代码编程

（1）x，y 值的确定。以圆弧的圆心为原点，建立正常的直角坐标系，x，y 表示圆弧起点坐标的绝对值，单位为 μm（见图 5-25）。

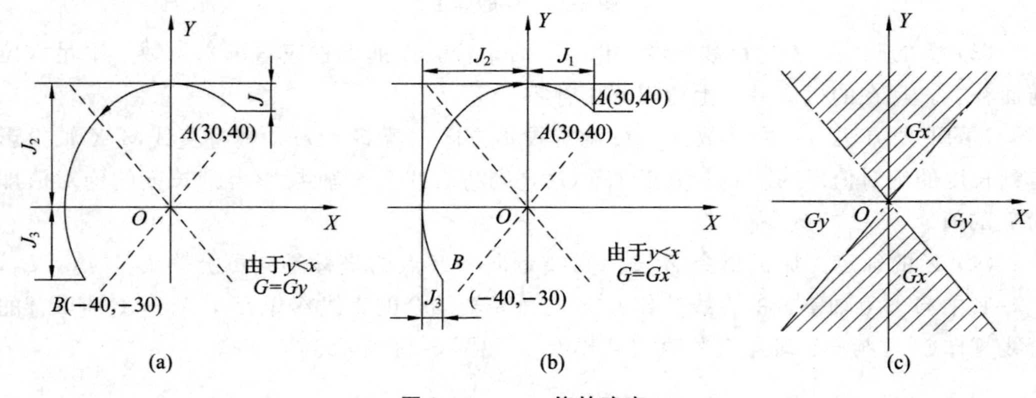

图 5-25 *x*，*y* 值的确定

图（a）中，$x=30000$，$y=40000$；图（b）中，$x=40000$，$y=30000$

（2）G 的确定。G 用来确定加工时的计数方向，分 Gx 和 Gy。圆弧编程的计数方向的选取方法是：以某圆心为原点建立直角坐标系，取终点坐标绝对值小的轴为计数方向。具体确定方法为：若圆弧终点坐标为（xe，ye），令 $x=|xe|$，$y=|ye|$，若 $y<x$，则 $G=Gy$ [如图 5-25（a）所示]；若 $y>x$，则 $G=Gx$ [如图 5-25（b）所示]；若 $y=x$，则 Gx，Gy 均可。

由此可见，圆弧计数方向由圆弧终点的坐标绝对值大小决定，其确定方法与直线刚好相反，即取与圆弧终点处走向较平行的轴作为计数方向，具体可参见图 5-25（c）。

（3）J 的确定。圆弧编程中 J 的取值方法为：由计数方向 G 确定投影方向，若 $G=Gx$，则将圆弧向 X 轴投影；若 $G=Gy$，则将圆弧向 Y 轴投影。J 值为各个象限圆弧投影长度绝对值的和。如在图 5-25（a）、（b）中，J_1，J_2，J_3 大小分别如图中所示，$J=|J_1|+|J_2|+|J_3|$。

（4）Z 的确定。加工指令 Z 按照第一步进入的象限可分为 R_1，R_2，R_3，R_4；按切割的走向可分为顺圆 S 和逆圆 N，于是共有 8 种指令：SR_1，SR_2，SR_3，SR_4，NR_1，NR_2，NR_3，NR_4，见图 5-26。

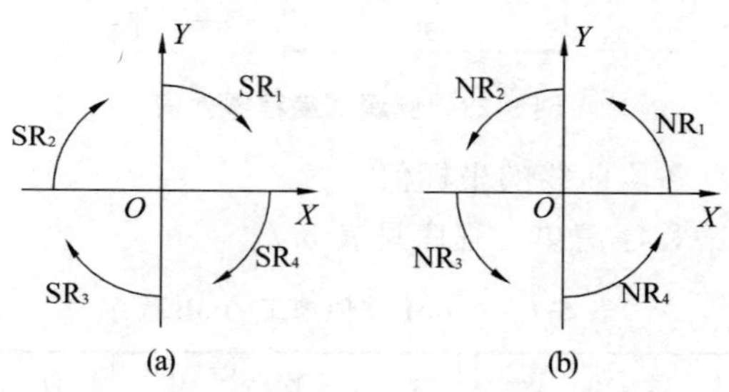

图 5-26　Z 的确定

例题 1　请写出图 5-27 所示轨迹的 3B 程序。

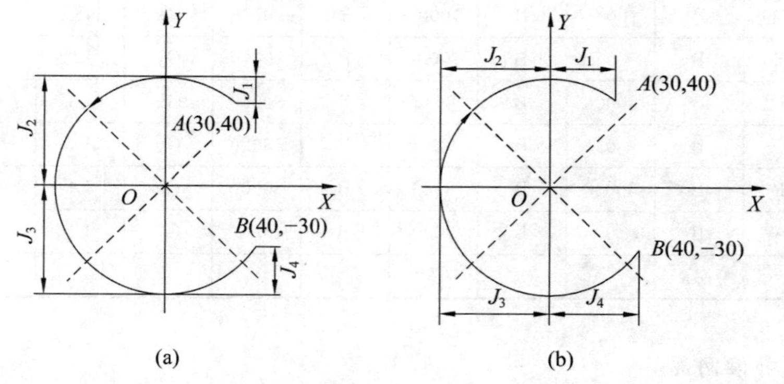

图 5-27

解　图 5-27（a），起点为 A，终点为 B，

$$J=J_1+J_2+J_3+J_4=10000+50000+50000+20000=130000$$

故其 3B 程序为：

B30000　B40000　B130000　GY　NR1

图 5-27 (b)，起点为 B，终点为 A，

$$J=J_1+J_2+J_3+J_4=40000+50000+50000+30000=170000$$

故其 3B 程序为：

40000　B30000　B170000　GX　SR4

例题 2　用 3B 代码编制加工如图 5-28 所示零件的线切割加工程序。图中 A 点为穿丝孔，加工方向沿 A—B—C—D—…—G—B—A 进行。

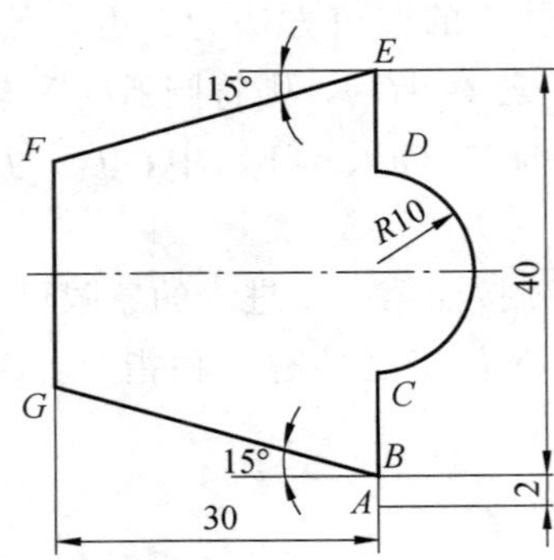

图 5-28　例题 2 编程零件图

解　(1) 分别计算各段曲线的坐标值。

(2) 按 3B 格式编写程序清单，程序见表 5-7。

表 5-7　例 6.1 零件加工的 3B 程序

序　号	加工段	B	X	B	Y	B	J	G	Z	注　释
1	A－B	B	0	B	2000	B	2000	Gy	L2	加工程序
2	B－C	B	0	B	10000	B	10000	Gy	L2	可与上句合并
3	C－D	B	0	B	10000	B	20000	Gx	NR4	
4	D－E	B	0	B	10006	B	10000	Gy	L2	
5	E－F	B	30000	B	8040	B	30000	Gx	L3	
6	F－G	B	0	B	23920	B	23920	Gy	L4	
7	G－B	B	30000	B	8040	B	30000	Gx	L4	
8	B－A	B	0	B	2000	B	2000	Gy	L4	
9		MJ								结束语句

3. 间隙补偿问题

在实际加工中，电火花线切割数控机床是通过控制电极丝的中心轨迹来加工的，也就是用电极丝作为工具电极来加工的。因为电极丝有一定的直径 d，加工时又有放电间隙 δ（或称单边放电间隙），使电极丝中心运动轨迹与给定图线相差距离 l，如图 5-29

所示，$l=d/2+\delta$。加工凸模类零件时，电极丝中心轨迹应放大；加工凹模类零件时，电极丝中心轨迹应缩小，如图 5-30 所示。

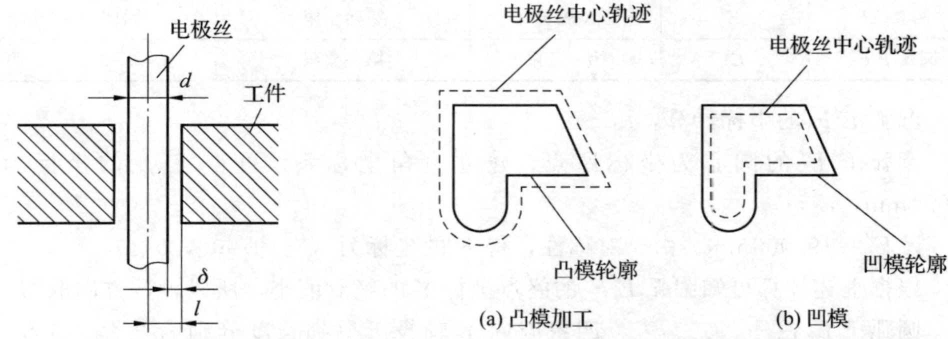

图 5-29　电极丝直径与放电间隙的关系　　图 5-30　电极丝中心运动轨迹与给定图线的关系

一般数控装置都具有刀具补偿功能，不需要计算刀具中心运动轨迹，只需要按零件轮廓编程即可。但用 3B 或 4B 格式进行手工编程时，需要考虑电极丝直径及放电间隙，即要设置间隙补偿量 JB，则有

$$JB=\pm(d/2+\delta)$$

加工凸模时取“+”值，加工凹模时取“－”。

在线切割加工时，在工件的凹角处不能得到“清角”，而是半径等于 l 的圆弧。对于形状复杂的精密冲模，在凸凹模设计图纸上应注明拐角处的过渡圆弧半径 R。

加工凹角时，有　　$R_1\geqslant l=d/2+\delta$

加工尖角时，有　　$R_2=R_1-\Delta$

式中，R_1 为凹角圆弧半径；R_2 为尖角圆弧半径；Δ 为凸凹模配合间隙。

例题 3　用 3B 代码编制加工如图 5-31（a）所示凸模状零件的线切割加工程序。已知线切割加工用的电极丝直径为 0.18mm，单边放电间隙为 0.01mm，图中 A 点为穿丝孔，加工方向沿 A—B—C—D—…—H—B—A 进行。

解　（1）分别计算各段曲线的坐标值。实际加工中由于电极丝半径和放电间隙的影响，电极丝中心实际运行的轨迹形状如图 5-31（b）中虚线所示，即加工轨迹与零件图相差一个补偿量，补偿量的大小 JB＝电极丝的半径 $d/2$＋单边放电间隙 $\delta=0.09+0.01=0.1$mm。

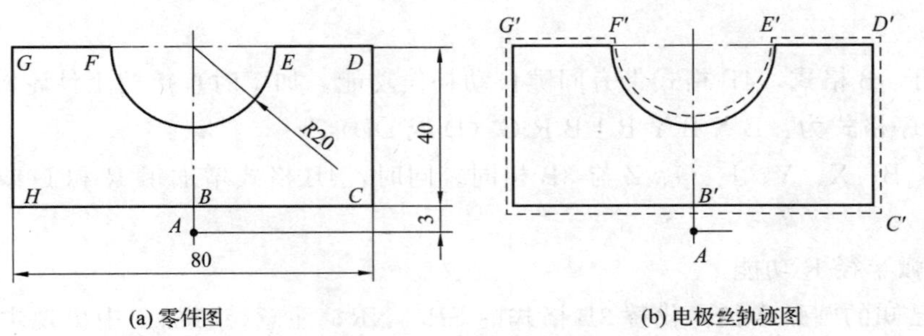

图 5-31　例题 3 线切割图形

表 5-8　圆弧 EF 和 $E'F'$ 特点比较

圆　弧	起　点	起点所在象限	圆弧首先进入象限	圆弧经历象限
圆弧 EF	E	X 轴上	第四象限	第二、三象限
圆弧 $E'F'$	E'	第一象限	第一象限	第一、二、三、四象限

圆弧 $E'F'$ 的坐标计算：

圆弧 $E'F'$ 的圆心为坐标原点，建立直角坐标系，可得 E' 点的坐标为：$YE'=0.1$mm，

$XE'=19.900$mm。由于对称性，得 F' 的坐标为（-19.900，0.1）。

根据上述计算可知圆弧 $E'F'$ 的终点坐标 Y 的绝对值小，所以计数方向取 Gy。

圆弧 $E'F'$ 在一、二、三、四象限向 Y 轴投影得到长度分别为 0.1，19.9，19.9，0.1mm，故 $J=100+1900+1900+100=40000$。

圆弧 $E'F'$ 首先在第一象限顺时针切割，故加工指令 Z 为 SR1。由此可知圆弧 $E'F'$ 的 3B 代码为：B19900 B100 B40000 Gy SRl。

（2）按 3B 格式编写程序清单，程序见表 5-9。

表 5-9　例题 3 凸模零件加工的 3B 程序

序　号	加工段	B	X	B	Y	B	J	G	Z	注　释
1	A－B′	B	0	B	2900	B	2900	Gy	L2	加工程序
2	B′－C′	B	40100	B	0	B	40100	Gx	L1	可与上句合并
3	C′－D′	B	0	B	40200	B	40200	Gy	L2	
4	D′－E′	B	20200	B	0	B	20200	Gx	L3	
5	E′－F′	B	19900	B	100	B	40000	Gy	SR1	
6	F′－G′	B	20200	B	0	B	20200	Gx	L3	
7	G′－H′	B	0	B	40200	B	40200	Gy	L4	
8	H′－B′	B	40100	B	0	B	40100	Gx	L2	
9	B′－A	B	0		2900		2900	Gy	L2	
10		MJ								结束语句

二、4B 程序格式及编程方法

相比于 3B 格式，4B 格式带有间隙自动补偿功能，加工时直接按工件轮廓编程。

4B 程序格式为：B X B Y B J B R G（D 或 DD）Z

其中：B、X、Y、J、G、Z 与 3B 相同。同时，4B 格式增加了 R 和 D 或 DD 两项功能；

1. 圆弧半径 R 功能

R 为已知的圆弧半径，代替 3B 格式的 SR、NR；注意，若加工中出现尖角时，取

大于间隙补偿值的量为 R 作圆弧过渡，一般取 R＝0. 1 mm。

2. 曲线形式 D 或 DD

D 表示凸圆弧，DD 表示凹圆弧；

外轮廓加工，间隙补偿后，若圆弧半径（轮廓）增大，则为凸圆弧，用 D 表示；反之为凹圆弧，用 DD 表示。

内表面（腔）加工，间隙补偿后，轮廓增大，则为凹圆弧，用 DD 表示；反之为凸圆弧，用 D 表示。

例题 4　用 4B 代码编制加工如图 5-32 所示凸模状零件的线切割加工程序。已知线切割加工用的电极丝直径为 0. 14 mm，单边放电间隙为 0. 01 mm，图中 O 点为穿丝孔，加工方向沿 $O-A-B-C-D-\cdots-J-A-O$ 进行。

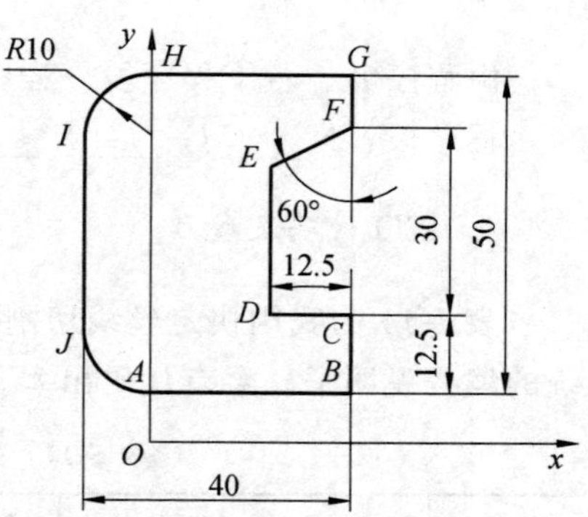

图 5-32　例题 4 线切割图形

解　（1）分别计算各段曲线的坐标值。

间隙补偿：$R=0.14/2+0.01=0.08$mm

（2）按 4B 格式编写程序清单，程序见表 5-10。

表 5-10　例题 4 凸模零件加工的 4B 程序

序　号	加工段	B	X	B	Y	B	J	B	R	G	D（DD）	Z
1	0—A	B	0	B	8000	B	8000	B		Gy		L2
2	A—B	B	30000	B	0	B	30000	B		Gx		L1
3	B—C	B	0	B	12500	B	12500	B		Gy		L2
4	C—D	B	12500	B	0	B	12500	B		Gx		L3
5	D—E	B	0	B	22783	B	22783	B		Gy		L2
6	E—F	B	12500	B	7217	B	12500	B		Gx		L1
7	F—G	B	0	B	7500	B	7500	B		Gy		L2
8	G—H	B	30000	B	0	B	30000	B		Gx		L3
9	H—I	B	0	B	10000	B	10000	B	10000	Gy	D	NR2
10	I—J	B	0	B	15000	B	15000	B		Gy		L4
11	J—A	B	10000	B	0	B	10000	B	10000	Gx	D	NR3
12	A—O	B	0	B	8000	B	8000	B		Gy		L4

三、ISO程序格式与编程

采用8单位补偿码编程，ISO代码自动编程是数控加工的必然趋势。

1. 程序格式

由程序名、若干程序段、程序结束指令组成；
程序段：N____G____X____Y____M____；单位μm

2. ISO代码及编程

表5-11为我国快走丝线切割机床的部分ISO代码，使用时要仔细阅读各个数控系统的编程说明书，会有代码出入。

表5-11　数控线切割机床常用ISO指令代码

代　码	功　能	代　码	功　能	代　码	功　能
G05	X轴镜像	G42	右偏间障补偿D偏移量	G80	接触感知
G06	Y轴镜像	G50	取消锥度	G82	半程移动
G07	X，Y轴交换	G51	锥度左偏A角度值	G84	微弱放电找正
G08	X轴镜像，Y轴镜像	G51	锥度右偏A角度值	M00	程序暂停
G09	X轴镜像，X，Y轴交换	G54	加工坐标系1	M05	接触感知解除
G10	Y轴镜像，X，Y轴交换	G55	加工坐标系2	M96	主程序调用文件程序
G11	X轴镜像，Y轴镜像，X，Y轴交换	G56	加工坐标系3	M97	主程序调用文件结束
G12	取消镜像	G57	加工坐标系4	W	下导轮到工作台面高度
G40	取消间隙	G58	加工坐标系5	H	工件厚度
G41	左偏间障补偿D偏移量	G59	加工坐标系6	S	工作台面到上导轮高度

与数控车、铣编程不同的部分指令介绍：

(1) 锥度加工指令G50，G51，G52。加工时，控制系统驱动U、V附加轴工作台，使上导轮相对于X，Y坐标轴工作台平移，以获得所需锥度；四轴联动（±6°/50mm）。

编程格式：

G51 A____：锥度左偏，A为角度值。

G52 A____：锥度右偏，A为角度值。

G50：（单列一段）消除锥度。

注意：左偏、右偏分别指沿着电极丝切割方向看，电极丝向左倾斜、右倾斜情况（参照下导轮）。

(2) 坐标指令。常用坐标指令及编程格式（含义见图5-33）。

W ____：下导轮到工作台面高度；H ____；工件厚度；S ____：工作台面到上导轮高度。

例题 5　编制图 5-33 所示凹模的数控线切割程序。电极丝直径 ϕ0.12mm，单边放电间隙 0.01mm，刃口斜度 A=0.5°，H=15mm，W=60mm，S=100mm。

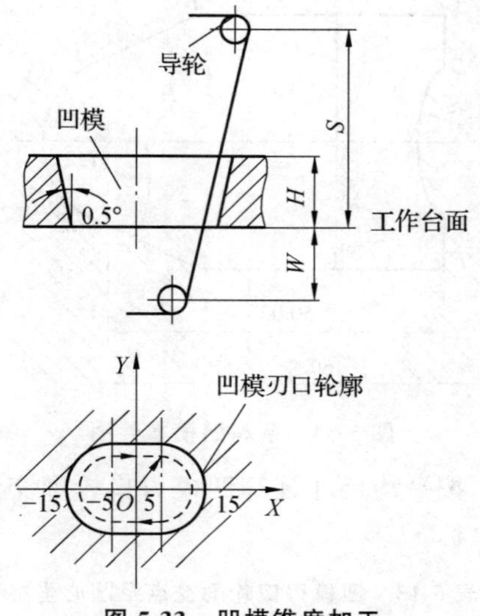

图 5-33　凹模锥度加工

步骤：先计算电极丝偏移量，$D=0.12/2+\delta=0.07$mm。表 5-12 为图 5-33 的数控加工程序。

表 5-12　图 5-33 的数控加工程序

程序段	说　明
P01	程序名
W60000	下导轮中心到工作台面的距离 W=60mm
H15000	工件厚度为 H=15mm
S100000	工作台面到上导轮中心的高度 S=100mm
G51　A0.5	锥度左偏，刃口斜度 A=0.5 度
G42　D70	左偏间隙补偿，D 偏移量为 0.07mm
G01　X5000　Y10000	从 O 点直线工进到（5，10）
G02　X5000　Y−10000　I0　J−10000	顺圆工进到（5，−10）I，J 为圆心相对于起点
G01　X−5000　Y−10000	直线工进到（5，−10）
G02　X−5000　Y10000　I0　J−10000	顺圆工进到（−5，10）
G01　X5000　Y10000	直线工进到（5，10）
G50	取消锥度
G40	取消间隙补偿
G01　X0　Y0	回到起始点 O 点
M02	程序结束

例题 6 编制图 5-34 所示的落料凹模线切割加工程序。电极丝直径为 0.15mm，单边放电间隙为 0.01mm。

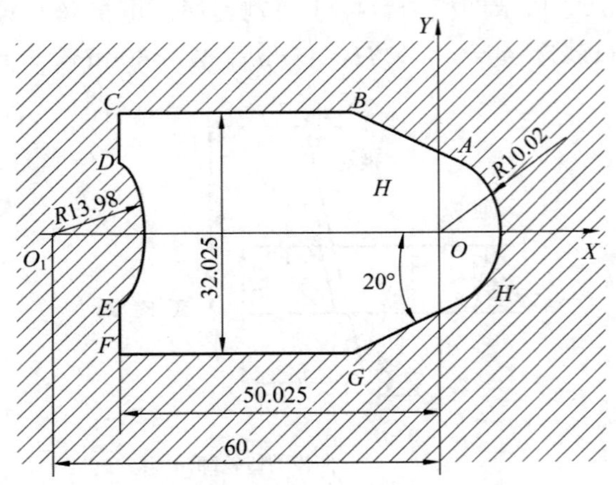

图 5-34 落料凹模零件图

解 建立图示坐标系，按平均尺寸计算凹模刃口轮廓交点及圆心坐标。表 5-13 为凹模刃口轮廓交点及圆心坐标。

表 5-13 凹模刃口轮廓交点及圆心坐标

交点及圆心坐标	*X*	*Y*
A	3.4270	9.4157
B	−14.6975	16.0125
C	−50.025	16.0125
D	−50.025	9.7949
E	−50.025	−9.7949
F	−50.025	−16.0125
G	−14.6975	−16.0125
F	3.4270	−9.4157
O	0	0
01	−60	0

偏移量度 *D*1＝0.085mm

穿丝孔在 *O* 点，按 *O*→*A*→*B*→*C*→*D*→*E*→*F*→*G*→*H*→*A*→*O* 的顺序切割，程序如下：

```
G90;
G92  X0  Y0;
G41  D85;
G01  X3427  Y9416;
G01  X−14698  Y16013;
```

G01　X－50025　Y16013；

G01　X－50025　Y9795；

G02　X－50025　Y－9795　I－9975　J－9795；

G01　X－50025　　Y－16013；

G01　X－14698　Y－16013；

G01　X3427　　Y－9416；

G03　X3427　Y9416　I－3427　J9416；

G40；

G01　X0　Y0；

M02。

四、 自动编程

自动编程：YH 编程，按 YH 要求画图，就能自动编出程序；CAXA 线切割编程，能完成画图或已有图形到自动编程输出。

任务四　数控电火花成形机床简介

一、 问题的引出

如图 5-35 所示零件，其表面复杂、要求的表面加工质量高，尤其是型腔较深的模具零件，若采用数控铣床或加工中心，刀具很难进入加工；对于非通孔零件也不适合采用电火花线切割加工，采用另外一种电加工的方法——电火花成形加工则比较合适。

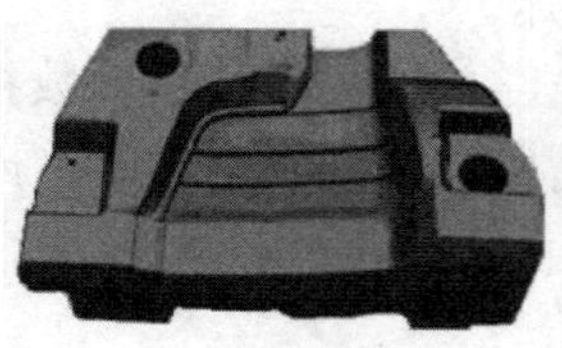

(a) 汽车车灯模具

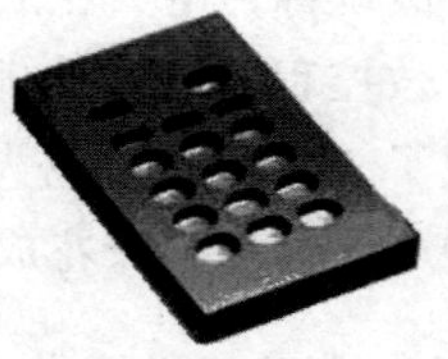

(b) 模具型腔

图 5-35　电火花成形加工零件

二、数控电火花成形机床的加工原理、基本构成、分类和加工特点

1. 数控电火花成形机床的加工原理及分类

如图 5-36 所示，数控电火花成形加工的工作原理类似于电火花线切割，它是利用导电材料（常用的如石墨、钢、铜等）作为工具电极，被加工的金属导体材料做成工件电极，在电极和工件之间通入绝缘液体介质，并在电极和工件上接入高频脉冲电源，对工件进行连续的、周期性的电火花放电的电腐蚀加工。

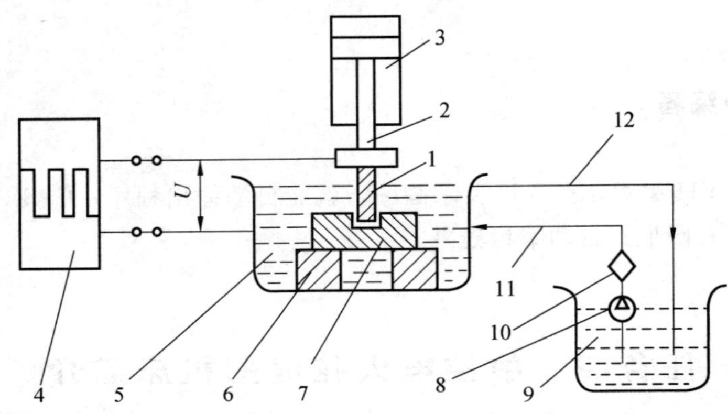

图 5-36　电火花成形加工原理图

1—电极；2—主轴头；3—主轴头座；4—脉冲电源；5—储油箱；6—油杯；7—工件；8—油泵；9—工作液箱；10—过滤器；11—输油管；12—回油管

电火花成形机一般先进行工具电极的成型加工，再利用工具电极对其他金属导电材料的工件进行电火花仿形加工，使得工件与工具电极成相似型或相同型，从而完成对各种各样的复杂模具和复杂零件的仿形加工。

早期我国生产的电火花成形机分为电火花穿孔加工机床和电火花成形加工机床。20 世纪 80 年代后，我国开始大量采用晶体管脉冲电源，电火花成形机既可用作穿孔加工又可作成形加工，故统称为电火花成形机床。

电火花成形机按数控程度可分为非数控、单轴数控及三轴数控。随着科学技术的进步，目前已经涌现了三坐标数控电火花机床，以及带工具电极库能按程序自动更换电极的电火花加工中心等高档电火花成形机床。

2. 数控电火花成形机床的基本构成和主要参数

如图 5-37 所示，为 SE1 型精密数控电火花成形机床的基本组成。主要由主机、工作油箱、数控电源柜等部分组成。主机包括床身、滑座、工作台、底座、滑枕、主轴头、工作液槽、机床端子箱等部分组成。主轴头上装有电极夹头，是用来装夹及调整

电极的装置，如图 5-38 所示，为最普通的电极夹头。通常情况下，用直角尺或百分表找正电极与工作台面垂直，调整螺钉 4，5 时电极在垂直面 30°范围内转动；用 2，3，6，7 调节电极在 Y，Z 平面，X，Z 平面的垂直；用 1 夹紧电极。

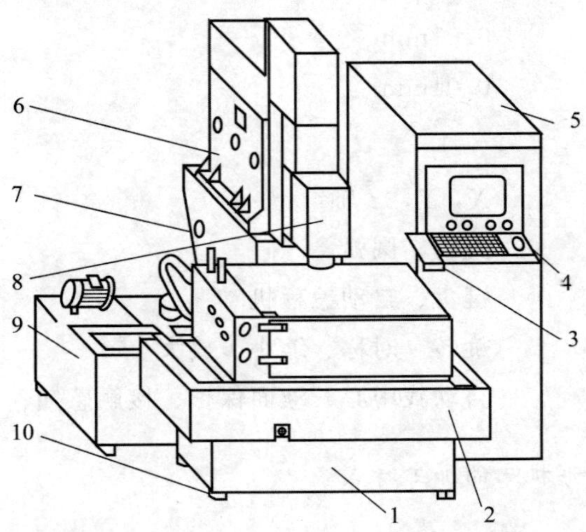

图 5-37　SE1 型数控电火花成形机床的组成

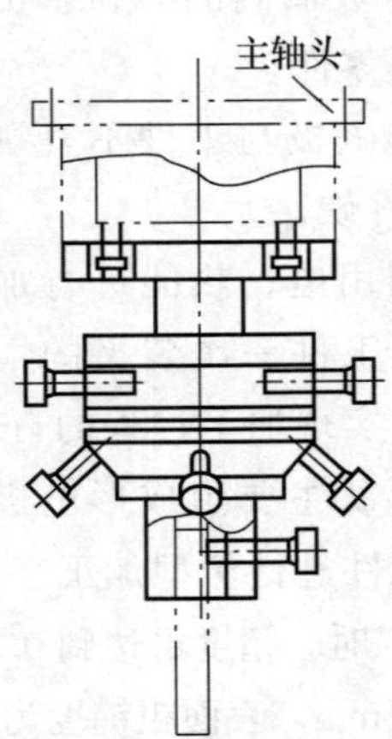

图 5-38　普通电极夹头

SE1 型数控电火花成形机床的主要技术参数及功能举例说明如下：

（1）主要技术参数

工作台尺寸	500mm×320mm	电源	三相 AC(380±10%)V
工作液容量	150L	数控电源容量	10kV·A
工作台左右	320mm	辅助电源容量	3.3kV·A
移动距离主轴行程	260mm	工艺指标	
主轴端面与工作台距离	250mm	加工电流	50A/100A

工作台最大承载质量	1000kg	加工粗糙度	≤0.7μm
主轴头最大承载质量	100kg	电极体积相对损耗≤1%	
x 轴定位精度	0.01mm		
y 轴定位精度	0.01mm		
z 轴定位精度	0.01mm		

（2）控制功能

控制轴数	X，Y，Z 轴
插补方式	直线、圆弧
输入方式	键盘、自动编程机
图形变换加工	旋转、对称、缩小、放大
加工中功能	自动找中心、液面保护、接触感知、电极摇动

3. 数控电火花成形机床的加工特点

数控电火花成形机床适合于加工各种中小型冲裁模（落料模、复合模和级进模），型腔模（精密压铸、压延、塑料、玻璃制品、粉末冶金和胶木等），各种超硬度材料，异型曲面零件，坐标孔零件及成型零件。

（1）电火花成形加工过程中，电极与工件不直接接触（工件和电极间存在着放电间隙），所以电极的材料必须比工件硬。

（2）电火花成形加工是直接利用电、热能进行加工，控制较方便，其电参数可以任意调节，可以在同一台机床上，工件一次装夹的情况下，连续进行粗加工、半精加工和精加工，便于保证加工精度，实现加工过程的自动化。

（3）电火花加工中，工件的形状主要由成形电极成形，因此可采用成形电极对各种型孔、立体曲面、复杂形状等工件进行仿型加工。

（4）电火花成形加工，在精加工时，精度可达到0.01mm，表面粗糙度为$Ra=0.63\mu m$；微精加工时，精度可达0.002～0.004mm，表面粗糙度为$Ra=0.16\sim0.32\mu m$。

电火花成形加工与金属切削加工比有其独特的优点，但在某些方面也存在以下一些不足之处：

电火花成形加工只能用于加工金属等导电体，一定条件下也可加工半导体和非导体材料。一般加工速度较慢，为改善这些问题，提高生产力，通常可以先用切削加工去除大部分余量，再用电火花成形加工将其加工到位。

存在电极的损耗，电火花成形加工过程中，工件和电极都有腐蚀，而电极的腐蚀损耗会直接影响到加工的精度，且电极的损耗都集中在尖角和底部，尤其影响工件的成形精度。

三、数控电火花成形机床的编程与操作

（1）加工方法选择。

① 单工具电极直接成型法；

② 多电极更换法；

③ 分解电极加工法；

④ 手动侧壁修光法。

（2）电极的设计与制作。

① 材料选择；

② 电极设计；

③ 电极制造。

（3）电极的安装及校正、工件的安装及校正。

（4）参数的选择、加工条件的选择。

（5）分析零件图纸。

电火花成形机床一般加工过程如图 5-39 所示。

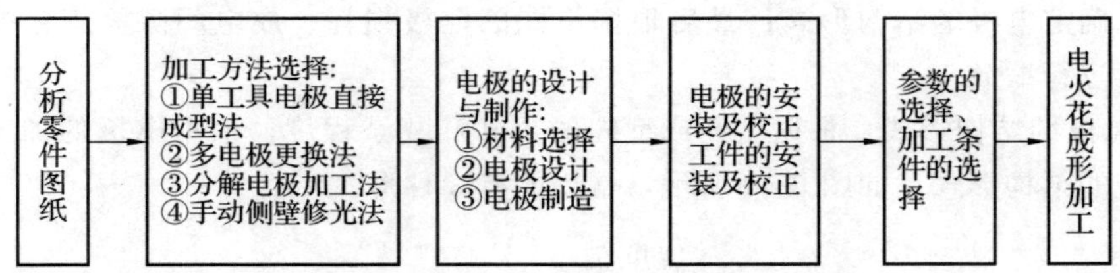

图 5-39　电火花成形机床一般加工过程

在电火花成形加工过程中，必须综合考虑机床的性能、加工方法、加工质量等各个方面的因素对加工的影响。从总体上讲，电火花加工机床加工零件的过程一般按如下步骤进行。

1. 加工方法的选择

根据加工对象、精度及表面粗糙度等要求和机床的性能确定加工方法。电火花成形加工的加工方法通常有以下几种。

（1）单工具电极直接成型法。单工具电极直接成型法采用同一个工具电极完成模具型腔的粗加工、中加工及精加工。单电极平动法加工时，工具电极只需一次装夹定位，避免了因反复装夹带来的定位误差。但对于棱角要求高的型腔，加工精度难以保证。

（2）多电极更换法。多电极更换法采用几个不同尺寸的工具电极完成一个型腔的粗、中及精加工。在加工时首先用粗加工电极蚀除大量金属，然后更换电极进行中、精加工；对于加工精度高的型腔，往往需要较多的电极来精修型腔。此方法的优点是仿型精度高，尤其适用于尖角、窄缝多的型腔模加工。缺点是需要制造多个电极，对电极的重复制造精度要求高，且要考虑电极更换时的重复定位精度。

（3）分解电极加工法。分解电极加工法是根据型腔的几何形状，把电极分解成主型腔电极和副型腔电极，分别制造。先用主型腔电极加工出主型腔，后用副型腔电极加工尖角、窄缝等部位的副型腔。此方法的优点是能根据主、副型腔不同的加工条件，选择不同的加工规准，有利于提高加工速度，改善加工表面质量，同时还可简化电极制造，便于电极修整。缺点是主型腔和副型腔间的精确定位较难解决。

2. 电极的设计与制作

电极的设计与制作是电火花加工中的关键步骤之一，要考虑的主要因素有：电极材料的选择、电极的尺寸和个数、电极上是否要开设冲液孔、电极定位的基准面、电极的制作方法等。

常用的电极材料为石墨和紫铜。一般精加工电极或小电极的材料为紫铜，粗加工电极材料为石墨。

（1）电极设计。电极设计是电火花加工中的关键点之一。在设计中，首先详细分析产品图纸，确定电火花加工位置；其次根据现有设备、材料、拟采用的加工工艺等具体情况确定电极的结构形式；最后根据不同的电极损耗、放电间隙等工艺要求对照型腔尺寸进行缩放。

① 电极的结构形式：根据型孔或型腔的尺寸和复杂程度，根据电极的加工工艺来确定电极的结构形式。如图 5-40 所示，常用的有 3 种形式。

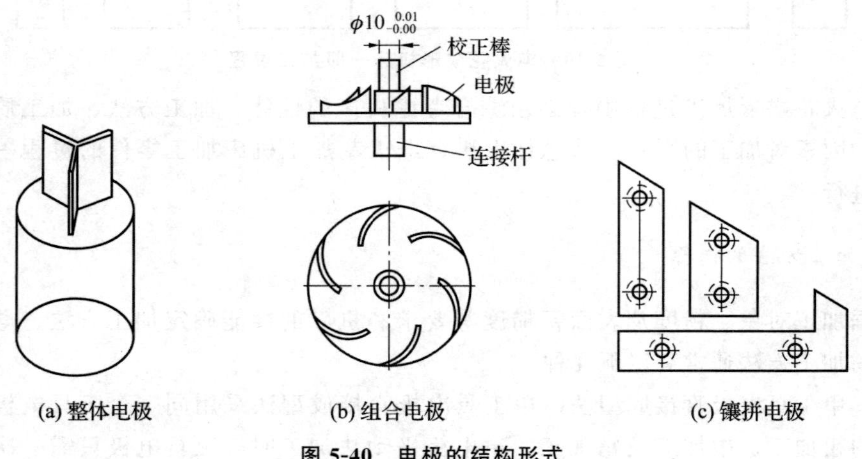

(a) 整体电极　　(b) 组合电极　　(c) 镶拼电极

图 5-40　电极的结构形式

图 5-40（a）为整体电极，即由一整块材料制成。图 5-40（b）为组合电极，是将若干个小电极组装在电极固定板上，可一次性同时完成多个成形表面的电火花加工。优点是生产率高，各型孔间位置精度高；但对电极间的定位精度要求也高。图 5-40（c）为镶拼电极，是将形状复杂、制造困难的电极分成几块分别加工，再镶拼成整体

的电极。可保证电极的制造精度，简化电极的加工；但制造中要保证电极分块之间的位置要准确，配合要紧密牢固。

② 电极的尺寸：首先，要确定电极的公差，通常是工件公差的一半，即精加工电极公差＝1/2 工件公差。粗加工电极公差比精加工电极公差大，最好是负边（一）。定位误差主要是由于装夹系统引起的，同时也与电极制造有关系。其次，要确定减寸量，即电极和欲加工型面之间的尺寸差。

当无平动加工时，精加工电极的减寸量由放电间隙（$2\delta_0$）确定，粗加工电极的减寸量由安全间隙（M）确定。放电间隙是放电时，电极与工件间的间距，是双边放电间隙，由图 5-41 确定。无平动加工时，最后一个电极应比要加工成型的尺寸小 $2\delta_0$。

在无平动加工时，安全间隙是所有电极尺寸比要加工型面尺寸减小的值，安全间隙确定如图 5-42 所示。安全间隙包括：放电间隙 δ_0、粗加工侧面表面粗糙度 δ_2 和安全余量 δ_1（安全余量来自温度影响及表面粗糙度的测量误差值等），即

$$M=2(\delta_0+\delta_2+\delta_1)$$

此外，还要考虑材料的公差，包括热膨胀系数和再加工余量等。

（2）电极的制造。根据电极的材料、制造精度、尺寸大小、加工批量、加工设备等选择合适的加工方法，通常采用数控铣削、车削、线切割等加工方法来制造电极。

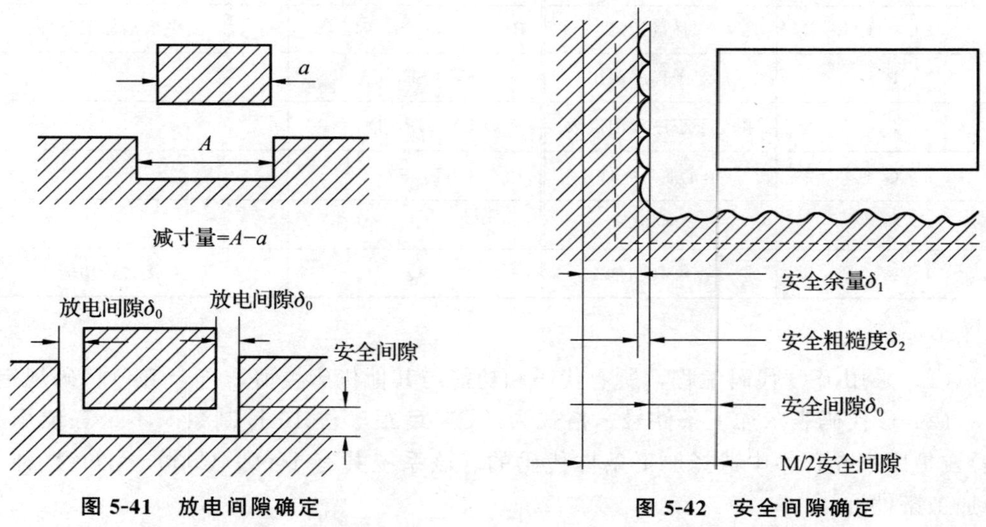

图 5-41　放电间隙确定　　**图 5-42　安全间隙确定**

3. 加工工件准备与装夹

选择好要加工的工件后，根据实际情况需要对工件进行适当的处理，如对工件进行去磁、去锈、热处理等。

装夹工件时，要校正装夹好电极，然后将电极定位于要加工的地方。

4. 开机加工

选择加工极性，调整机床，保持适当液面高度，调整加工参数，保持适当电流，调节进给速度、冲油压力等。在加工中特别是加工开始要随时检查工件稳定情况，正确操作。

5. 电火花机床的编程

SE1 型数控电火花成形机床采用 ISO 代码编程，包括段、顺序号、段跳过指令、G 代码，X，Y，U，V（I，J）坐标轴、M 代码、H 代码、C 代码、T 代码、子程序、关于运算、转角功能等。如表 5-14 所示，为系统可用地址和意义。

表 5-14　系统可用地址和意义

地　址	意　义	地　址	意　义
N，O	顺序号	A	指定加工锥度
G	准备功能	RI，RJ	图形旋转的中心坐标
X，Y，Z，U，V，W	表示轴移动的尺寸	S	R 轴转速
I，J，K	指定圆弧中心坐标	RX，RY	图形或坐标旋转的角度（X，Y 轴）
T	机械设备控制	R4	图形或坐标旋转的角度
D，H	偏移量指定	PW，PG，VS，PI，CC	变更个别加工条件
P	指定子程序调用	SV，SF，CV	
L	指定子程序调用次数	EX，JP，DC	
C	指定加工条件	OBT，STEP	
M	辅助功能	POL，ON，OFF	
R	转角 R 功能	Q	直接跳转功能

说明：

(1) 采用 ISO 代码编程，所有代码和功能与其他机床类似，符合 ISO 代码规定。

(2) C 代码表示加工条件号，格式为“C”后跟 3 位 10 进制数（不足三位用 0 补齐），是用来在程序中选择加工条件代码的。该系统共有 1000（C000～C999）种不同的加工条件。

(3) 系统提供了一些固定子程序，包括定位用固循环子程序和加工用固循子程序。如 N9140，N9141 等。

例题 8　已知图 5-43（a）零件，现有其毛坯如图 5-43（b）所示，试设计加工该零件的精加工电极。

设计要点如下：

(1) 电极材料的选择。由于加工余量少，采用紫铜做电极。

(2) 结构设计。该电极共分 4 个部分（见图 5-43），各个部分的作用如下：

1—该部分为直接加工部分；

2—电极细长，为了提高强度，适当增加电极的直径；

3—因为电极为细长的圆柱，在实际加工中很难校正电极的垂直度，故增加部分 3，其目的是方便电极的校正。

另外，由于该电极形状对称，为了方便识别方向，特意在本电极的部分 3 设计了 5mm 的倒角。

4—电极与机床主轴的装夹部分。该部分的结构形式应根据电极装夹的夹具形式确定。

(3) 尺寸分析。由于该电极加工部分是一锥面，故对电极的横截面尺寸要求不高；为了保证电极在放电过程中排屑较好，电极的结构中第 2 部分直径不能太大，选 ϕ30mm。而长度方向，该电极的实际加工长度虽然只有 5mm，但由于加工部分的位置在型腔的底部，故增加了尺寸。

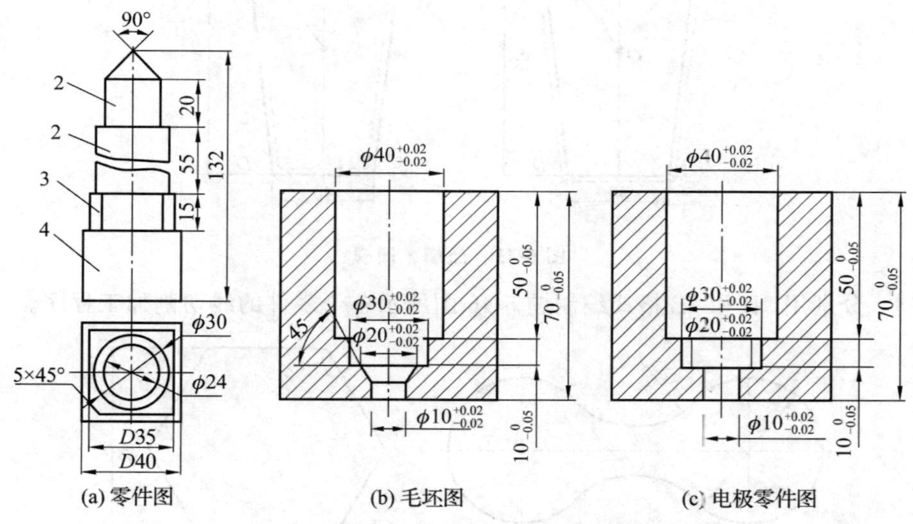

图 5-43　锥孔加工零件图及电极零件图

复习思考题

5-1　试说明线切割机床的加工原理及组成。

5-2　线切割机床的分类及各类线切割机床的特点。

5-3　为保证加工质量如何选择切割路线?

5-4　采用 3B 格式（不使用丝偏移）编制题 5-44 图中零件。

5-5　采用 3B 格式（不使用丝偏移）编制题 5-45 图中凸凹模零件，电极丝直径为 0.18mm，放电间隙为 0.01mm。

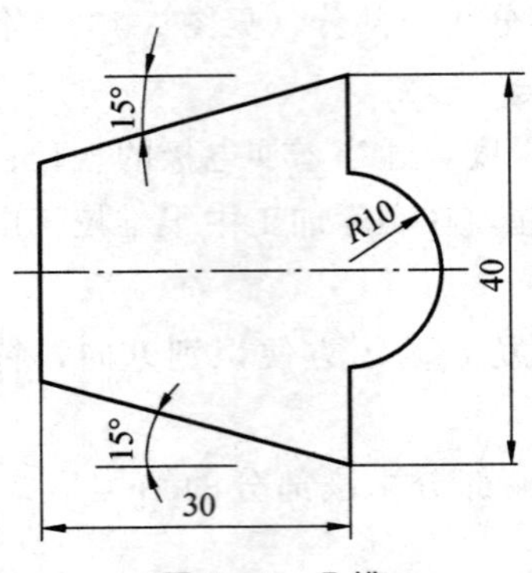

图 5-44 凸模

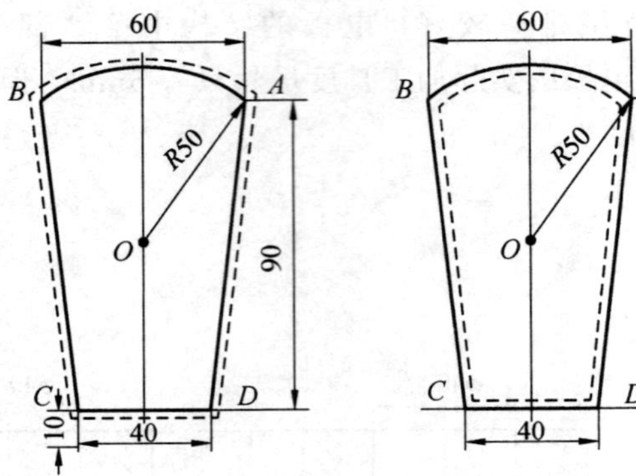

图 5-45 凸模、凹模

5-6 分别用 3B 和 4B 格式编制题 5-46 图所示各个零件的线切割加工程序。

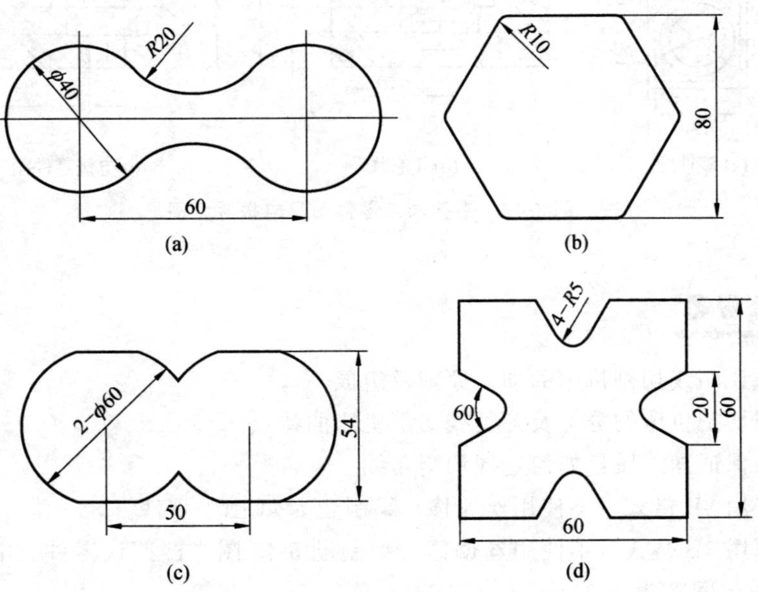

图 5-46 线切割加工程序

5-7　分别采用 3B 格式（不使用丝偏移）、4B 格式编制题 5-47 图和 5-48 中各零件的线切割程序。

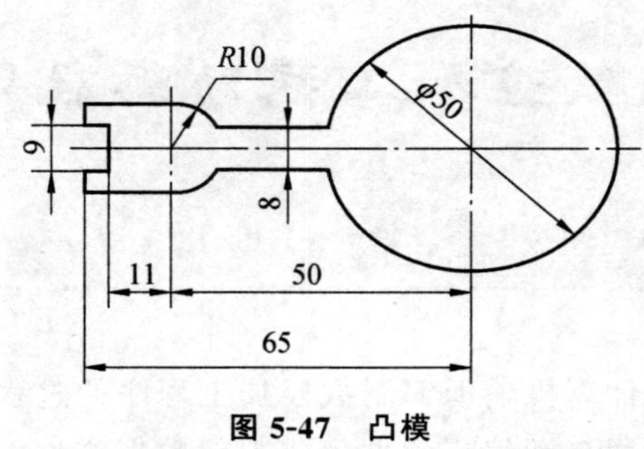

图 5-47　凸模

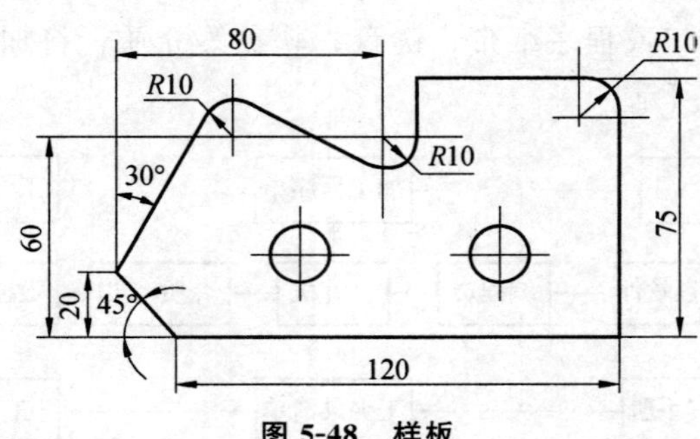

图 5-48　样板

5-8　电火花成形机床由哪些部分组成？各部分的用途是什么？

5-9　电火花成形机床的加工方法有哪些？

模块六　数控加工辅助编程软件简介

自动编程是一个使用计算机辅助编制数控加工程序的过程。编程人员根据零件的设计要求和现有工艺，利用自动编程软件生成刀位数据文件，再进行后置处理，生成加工程序，通过通讯接口或程序纸带、键盘、软盘等介质，将加工程序输出至数控机床执行加工，如图 6-1 所示。

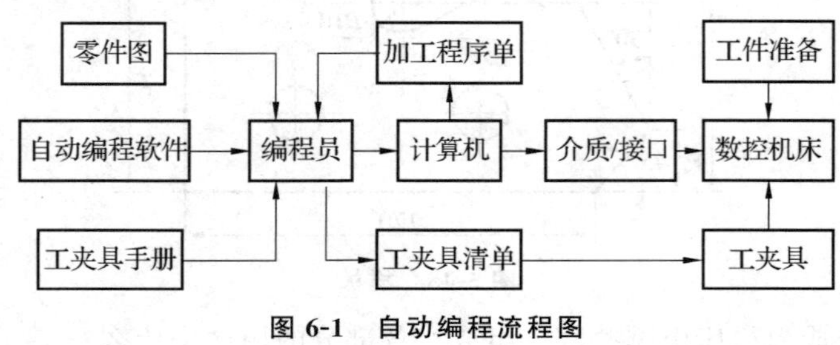

图 6-1　自动编程流程图

一、 了解CAD/CAM软件

1. 高档 CAD/CAM 软件

高档 CAD/CAM 软件的代表有 Unigraphics，I-DEAS，Pro/Engineer、CATIA 等。这类软件的特点是优越的参数化设计、变量化设计及特征造型技术与传统的实体和曲面造型功能结合在一起，加工方式完备，计算准确，实用性强，可以从简单的二轴加工到以五轴五联动方式来加工极为复杂的工件表面，并可以对数控加工过程进行自动控制和优化，同时提供了二次开发工具，允许用户扩展 UG 的功能。这类软件是航空、汽车、船舶制造行业首选的 CAD/CAM 软件。

2. 中档 CAD/CAM 软件

CIMATRON 是中档 CAD/CAM 软件的代表。这类软件实用性强，提供了比较灵活的用户界面，优良的三维造型、工程绘图，全面的数控加工，以及各种通用、专用数据接口和集成化的产品数据管理。

3．相对独立的 CAM 软件

相对独立的 CAM 软件有 Mastercam、Surfcam 等。这类软件主要通过中性文件从其他 CAD 系统获取产品几何模型。系统主要有交互工艺参数输入模块、刀具轨迹生成模块、刀具轨迹编辑模块、三维加工动态仿真模块和后置处理模块。这类软件主要应用于中小企业的模具制造行业。

4．国内 CAD/CAM 软件

CAXA 制造工程师是国内 CAD/CAM 软件的代表。这类软件是面向我国机械制造业而自主开发的中文界面三维复杂形面 CAD/CAM 软件，具备机械产品设计、工艺规划设计和数控加工程序自动生成等功能。这些软件价格便宜，主要面向中小企业，符合我国国情和标准，所以受到了广泛的欢迎，赢得了越来越大的市场份额。

二、CAXA 数控车简介

CAXA 数控车具有 CAD 软件的强大绘图功能和完善的外部数据接口，可以绘制任意复杂的图形，可通过 DXF、IGES 等数据接口与其它系统交换数据。CAXA 数控车具有功能强大，使用简单的轨迹生成和通用后置处理功能。该软件提供了功能强大、使用简洁的轨迹生成手段，可按加工要求生成各种复杂图形的加工轨迹。通用的后置处理模块使 CAXA 数控车可以满足各种机床的代码格式，可输出 G 代码，并可对生成的代码进行校验及加工仿真。CAXA 数控车为您的二维绘图及数控车加工工作提供了一个很好的解决方案，将 CAXA 数控车同 CAXA 专业设计软件与 CAXA 专业制造软件结合起来将会全面地满足您的任何 CAD/CAM 需求。

三、CAXA 线切割简介

CAXA 线切割是一个面向线切割机床数控编程的软件系统，在我国线切割加工领域有广泛的应用。CAXA 线切割可以快速、准确地完成在传统编程方式下很难完成的工作，可为您提供线切割机床的自动编程工具，可使操作者以交互方式绘制需切割的图形，生成带有复杂形状轮廓的两轴线切割加工轨迹。CAXA 线切割支持快走丝线切割机床，可输出 3B、4B 及 ISO 格式的线切割加工程序。其自动化编程的过程一般是：利用 CAXA 线切割的 CAD 功能绘制加工图形→生成加工轨迹及加工仿真→生成线切割加工程序→将线切割加工程序传输给线切割加工机床。

四、CAXA 制造工程师介绍

CAXA 制造工程师是一个功能强大、易学易用的全中文三维复杂形面 CAD/CAM

软件。其主要有以下特点。

（1）利用灵活、强大的实体曲面混合造型功能和丰富的数据接口，可以实现产品复杂的三维造型设计；

（2）通过加工工艺参数和机床后置处理的设定，选取需加工的部分，自动生成适用于任何数控系统的加工代码；

（3）通过直观的加工仿真和代码反读来检验加工工艺和代码质量。

CAXA 制造工程师的主界面如图 6-2 所示。它是 Windows 风格的软件，各种功能通过菜单和工具条来实现。

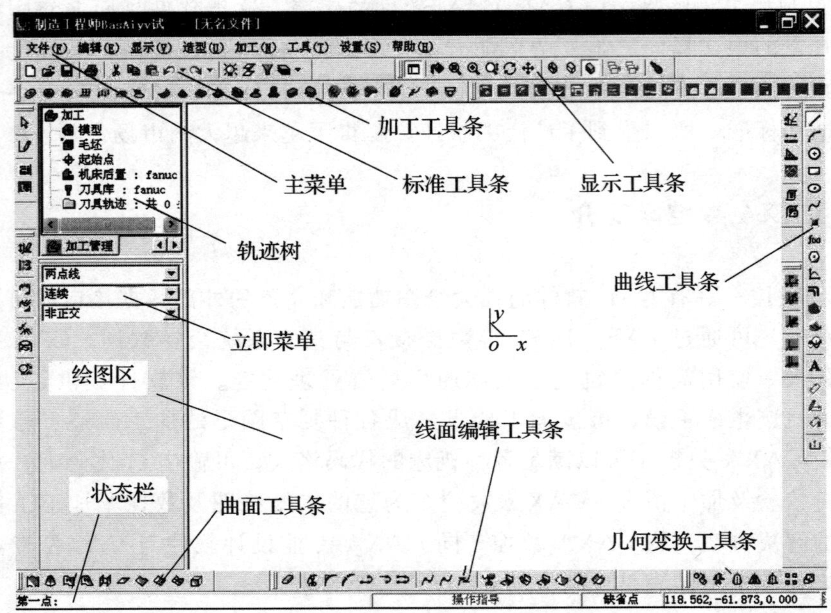

图 6-2　CAXA 制造工程师主界面

1. 绘图区

绘图区是用户绘图设计的工作区域，即图 6-2 所示的空白区域。在绘图区中央设置了一个标准坐标系，在操作过程中以此坐标系的原点为基准。

2. 主菜单

主菜单包括文件、编辑、显示、造型、加工、工具、设置和帮助等 8 个菜单。每个菜单都含有相应的下拉菜单，有黑三角符的说明还有下一级菜单，有 3 个点的表明是对话框。

3. 立即菜单

立即菜单描述了该项命令执行的各种情况和使用条件。用户可根据设计要求正确

地选择。

4. 工具条

工具条包括标准工具、加工工具、状态工具、曲线工具、几何变换工具、线面编辑工具和曲面工具。

五、 Cimatron 软件 NC 模块简介

Cimatron IT 13 和 Cimatron E 软件出自著名软件公司以色列 Cimatron 公司。自从 Cimatron 公司 1982 年创建以来，它的创新技术和战略方向使得 Cimatron 公司在 CAD/CAM 领域内处于公认领导地位。作为面向制造业的 CAD/CAM 集成解决方案的领导者承诺为模具、工具和其它制造商提供全面的、性价比最优的软件解决方案，使制造循环流程化，加强制造商与外部销售商的协作，以极大地缩短产品交付时间。

Cimatron 的数控加工技术一直处于世界领先的地位，被世界普遍认为是最杰出的数控编程设计系统之一。它除了提供加工领域中全面的加工应用，如数控铣削（2.5～5 轴）、数控钻孔、数控车、数控冲裁、数控线切割和电极设计等，还为用户提供了代表当今最领先的加工技术－基于知识的加工、自动化 NC 和基于毛坯残留知识三大技术为基础的智能 NC。

Cimatron NC 完全集成 CAD 环境，在整个 NC 流程中，程序为用户提供了交互式 NC 向导，并结合程序管理器和编程助手把不同的参数选项以图形形式表示出来。用户不需要重新选取轮廓就能够重新构建程序，并且能够连续显示 NC 程序的产生过程和用户任务的状态。可以说，Cimatron NC 提高了整个生产过程的效率突破了我们日常加工中的瓶颈。

在 E8.0 版本中，五轴铣削加工的功能更为完善，其中包括五轴联动铣削、侧刃铣削和深腔铣削等，先进的科学算法使得加工轨迹更为优化。在该版本中还增加了刀具夹头干涉检查功能。这样，即使在刀具较短、切削速率较高的情况下也能完成加工的任务，并且能够延长刀具的使用寿命。

1. 轴钻孔和铣削

Cimatron NC 在 3D 模型环境下为用户提供了高效的 2.5 轴解决方案。快速钻孔能自动识别出 3D 模型、曲面模型和模型中的孔特征，通过预定义的形状模板自动地创建高效钻孔程序。快速钻孔程序是一个基于知识库的自动产生钻孔程序，它能使代码产时间动态地减小 90％，且对任何格式下的 CAD 模型操作都非常简便。程序能够优化钻孔参数和刀具使用，全面兼容 Cimatron 模具实际模块，同时与 Cimatron E CAD/CAM 解决方案无缝集成。

2.3 轴粗加工

Cimatron NC 强大的粗加工程序以其高效的加工策略提高了使用者的生产效率。精确的剩余毛坯模型始终贯穿在整个加工程序中，有效地减少了空切。程序自动创建进、退刀方式，并且根据实际的刀具载荷自由地调整进给速度。粗加工程序提供了多种加工策略，我们可以通过加工区域、边界曲线以及检查曲面来限制加工范围，并且全面支持高速铣削。

3.3 轴精加工

3 轴精加工程序提供了基于模型特征的多种加工策略，几何形状的分析带给我们高效率及高质量的曲面精度。水平和垂直区域可以用等高加工、自适应层、真环切以及 3D 等步距等策略，精加工还包括诸如清根和笔式的残料加工以及为高速铣削的优化选项。

4.5 轴加工

Cimatron 为用户提供了从定位 5 轴到多轴联动的全方位加工功能。5 轴联动铣削包括粗加工，控制前倾角和侧倾角的精加工，侧刃铣削以及刀长较短时自动倾斜功能，5 轴铣削能有效地提高加工效率，延长刀具使用寿命，产生高精度的曲面。

5.3 轴残留毛坯加工

定义正确的加工策略用以产生高品质的曲面都来自于 3 轴残留毛坯加工。残留毛坯加工能确定未加工的区域并自动地计算刀轨，结合整体加工刀具、高速铣削以及残留加工的小型刀具，曲面能够高效安全地被加工。毛坯残留知识（KSR）能够识别任何形状的毛坯，用户预先定义毛坯几何，其在每次加工之后都会自动更新，并用来产生下一个刀路轨迹。

Cimatron NC 加工工序一般分为为粗加工、半精加工和精加工等工序。

用 Cimatron NC 模块进行数控加工自动智能化编程，其步骤如下：①根据模型特点，拟订加工工艺；②进行每步编程，确定加工方法以及刀具、进给速度、刀间距等参数，生成刀具路径，并进行刀具路径的模拟检查；③生成 NC 程序；④用 CNC 传输软件将 NC 程序传输给相应的数控机床；⑤准备好加工毛坯、刀具、夹具后在数控机床上加工。

模块七　宏程序指令编程基础（自学）

在加工非圆曲面或复杂零件加工程序，为减少手工编程的繁琐计算而精简程序，就要借助计算参数，与程序跳转等手段来完成加工。

一、A 类宏程序

宏程序其实说起来宏就是用公式来加工零件的，例如说椭圆，如果没有宏的话，我们要逐点算出曲线上的点，然后慢慢来用直线逼近，如果是个光洁度要求很高的工件的话，那么需要计算很多的点。可是应用了宏后，我们把椭圆公式输入到系统中，然后我们给出 Z 坐标，并且每次加 10μm，那么宏就会自动算出 X 坐标，并且进行切削，实际上宏在程序中主要起到的是运算作用。宏一般分为 A 类宏和 B 类宏. A 类宏是以 G65Hxx P＃xx Q＃xx R＃xx 的格式输入的。

相关 G65 指令，其变量、运算、三角函数、控制指令详见其它参考书。

二、B 类宏程序

B 类宏程序在此引用北京航空航天大学宋放之教授在 2005 届技师培训班资料和漳州职业技术学院曹新林关于宏程序讲课的资料，指导大家学习。

宏程序的编制方法简单地解释就是利用变量编程的方法。

用户利用数控系统提供的变量、数学运算功能、逻辑判断功能、程序循环功能等功能来实现一些特殊的用法（见图 7-1）。

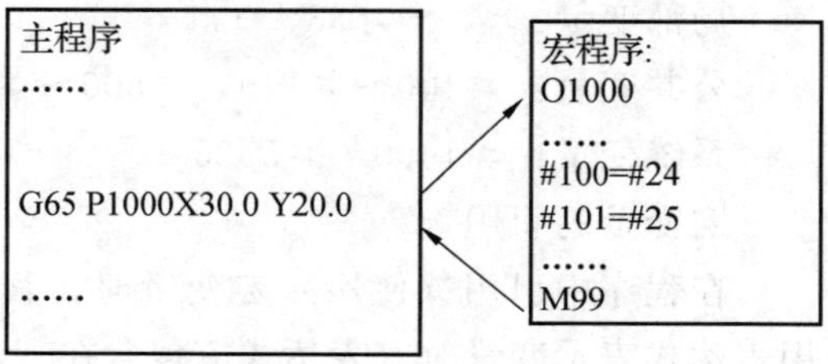

……

N50 ＃100＝30.0

N60 ＃101＝20.0

N70 G01 X＃100　Y＃101 F500.0

……

主程序
……
G65 P1000X30.0 Y20.0
……

宏程序:
O1000
……
#100=#24
#101=#25
……
M99

图 7-1

宏指令既可以在主程序体中使用，也可以当作子程序来调用。

当作子程序调用：

FANUC 数控系统用户宏程序

构成：变量、算术或逻辑运算、关系表达式。

1. 宏变量

普通加工程序中指定 G 代码和移动距离时，直接使用数字值，如：G100 和 X 100.0。而在用户宏程序中，数字值可直接指定或使用变量号（称宏变量）。当采用宏变量时，其值可在程序中修改或利用 MDI 面板操作进行修改。

例如：＃1＝＃2＋100；

G01 X ＃1 F300；

Explanation（说明）

宏变量的表示形式

当指定一宏变量时，用“＃”后跟变量号的形式，如：＃1。在计算机上允许给变量指定变量名，但用户宏程序没有提供这种能力。

宏变量号可用表达式指定，此时，表达式应包含在方括号内。

例如：＃［＃1＋＃2－12］FANUC 数控系统变量表示形式为＃ 后跟 1～4 位数字，变量种类有 4 种，见表 7-1。

表 7-1　FANUC 数控系统表示形式

变量号	变量类型	功　能
＃0	空变量该变量总是空	没有任何值能赋给该变量。
＃1～＃33	局部变量	局部变量只能用在宏程序中存储数据，例如运算结果。当断电时局部变量被初始化为空，调用宏程序时白变量对局部变量赋值。
＃100～＃199	公共变量	公共变量在不同的宏程序中的意义相同当断电时变量＃100＃199 初始化为空变量。
＃500～＃999		＃500＃999 的数据保存即使断电也不丢失。
＃1000——	系统变量	系统变量用于读和写 CNC 运行时各种数据的变化例如刀具的当前位置和补偿值等。

宏程序中变量的类型：

局部变量：＃1～＃33

公共变量：＃100～＃149，＃500～＃999

系统变量：＃1000～＃5335

宏变量的引用

在程序中引用（使用）宏变量时，其格式为：在指令字地址后面跟宏变量号。当用表达式表示变量时，表达式应包含在一对方括号内。

例如：G01 X［＃1＋＃2］F＃3；

宏变量不能用于程序号、程序段顺序号、程序段跳段编号。例如不能用于以下用途：

O＃1；

/＃2 G00 X100.0；

N#3 Y200.0；

2. 运算符

见表 7-2。

表 7-2　各种运算符的含义及格式

逻辑运算符	含 义	格 式
EQ	等于	#j EQ #k
NE	不等于	#j NE #k
GT	大于	#j GT #k
GE	大于或等于	#j GE #k
LT	小于	#j LT #k
LE	小于或等于	#j LE #k

算数式

加法：#i=#j + #k

减法：#i=#j - #k

乘法：#i=#j * #k

除法：#i=#j / #k

正弦　#i=SIN　[#j]　　单位：度

余弦　#i=COS　[#j]　　单位：度

正切　#i=TAN　[#j]　　单位：度

反正切 #i=ATAN　[#j] / [#k]　单位：度

平方根 #i=SQRT　[#j]

绝对值 #i=ABS　[#j]

取整　#i=ROUND　[#j]

3. 算术和逻辑运算

在上表中列出的操作可以使用变量完成。表中右边的表达式可用常量或变量与函数或运算符组合表示。表达式中的变量#j和#k可用常量替换，也可用表达式替换。见表 7-3。

表 7-3　算术和逻辑运算

函 数	格 式	备 注
赋值	#i=#j	
求和	#i=#j+#k	
求差	#i=#j-#k	
乘积	#i=#j*#k	
求商	#i=#j/#k	

续表

函　数	格　式	备　注
正弦	＃i＝SIN［＃j］	角度用十进制度表示。
余弦	＃i＝COS［＃j］	
正切	＃i＝＝TAN［＃j］	
反正切	＃i＝ATAN［＃J］/［＃k］	
平方根 t	＃i＝＝SORT［＃j］	
绝对值	＃i＝ABS［＃J］	
四舍五入	＃I＝ROUND［＃J］	
向下取整	＃I＝FIX［＃J］	
向上取整	＃I＝FUP［＃J］	
或 OR	＃I＝＃J OR ＃K	逻辑运算用二进制数按位操作
异或 XOR	＃I＝＃J XOR ＃K	
与 AND	＃I＝＃J	
十一二进制转换	＃I＝BIN［＃J］	用于转换发送到 PMC 的信号或从 PMC 接收的信号
二一十进制转换	＃I＝BCD［＃J］	

说明：

（1）角度单位。SIN，COS，TAN 和 ATAN 函数使用的角度单位为十进制。

（2）反正切函数 ATAN。在反正切函数后指定两条边的长度，并用斜线隔开（y/x）。结果为 0＜＝result＜360。

如：＃1＝ATAN［1］/［－1］；

＃1 的值为 135.0（第二象限）。

（3）四舍五入函数 ROUND。当 ROUND 函数包含在数学或逻辑操作命令中，IF、WHILE 语句中时，四舍五入在第一个小数位进行。

例如：＃2＝1.2345；

＃1＝ROUND［＃2］；

则＃1＝1.0。

当 ROUND 函数使用于 NC 语句中的指令地址后时，四舍五入按地址的最小精度进行。

例如：钻孔程序，系统精度 0.001mm

＃1＝1.2345；

＃2＝2.3456；

G00 G91 X－＃1；　　移动 1.235mm

G01 X－＃2；　　移动 2.346mm

G00 x［＃1＋＃2］；　　移动 3.580mm

由于 1.2345＋2.3456＝3.5801，四舍五入后为 3.580mm，刀具未返回原位。刀具

位移误差来至于运算时，先加后圆整。为使刀具返回原位，最后的程序段应改为：

G00 X［ROUND［＃1］＋ROUND［＃2］］；

（注：G90 编程时，上述问题不一定存在。）

（4）向上和向下取整。向上取整是指圆整后的整数，其绝对值比原值的绝对值大，而向下圆整是指圆整后的整数，其绝对值比原值的绝对值小。当对负数取整时，需特别注意。

例如：

＃1＝1.2；

＃3＝FUP［＃1］；　　2.0

＃3＝FIX［＃1］；　　1.0

＃2＝－1.2；

＃3＝FUP［＃2］；　　－1.0

＃3＝FIX［＃1］；　　－2.0

（5）函数缩写（Abbreviation）。可用函数的前两个字符表示该函数。

例如：ROUND——RO，FIX——FI

（6）运算优先级。

① 函数；

② 乘除类运算（＊，/，AND，MOD）；

③ 加减类运算（＋，－，OR，XOR）。

（7）方括号嵌套（Bracket nesting）。方括号用于改变运算顺序。方括号的嵌套深度为五层，含函数自己的方括号。当方括号超过五层时，发生 118 号报警。

3. FANUC 宏程序的转移和循环

（1）无条件转移。GOTOn（n 为顺序号，1～99999）

例：GOTO10 为转移到 N10 程序段。

（2）IF 条件转移语句

① IF［条件表达式］GOTOn（见图 7-2）。

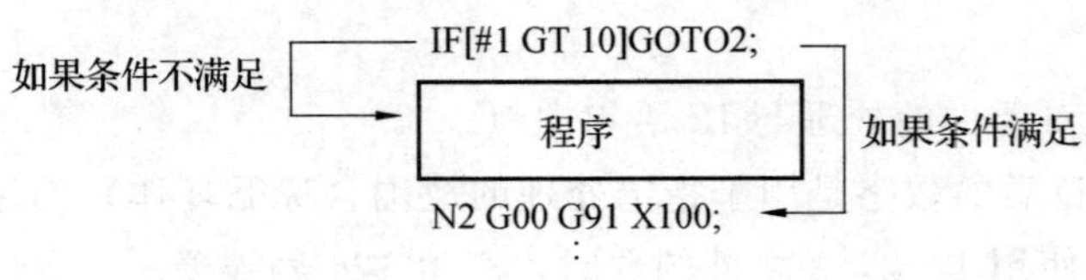

图 7-2

当指定的条件表达式满足时，转移到标有顺序号 n 的程序段，如果指定的条件表达式不满足时，执行下个程序段。

② IF［条件表达式］THEN：当指定的条件表达式满足时，执行预先决定的宏程序语句。

例如：IF［＃1EQ ＃2］THEN ＃3＝0；

（3）WHILE 条件转移语句。程序格式如图 7-3 所示。

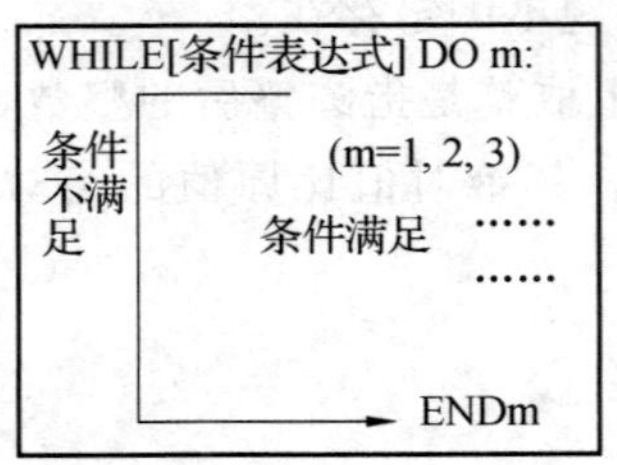

图 7-3　程序格式

注意：循环允许嵌套，最多 3 层，但不允许交叉。

5 点使用注意事项说明如图 7-4 和图 7-5 所示。

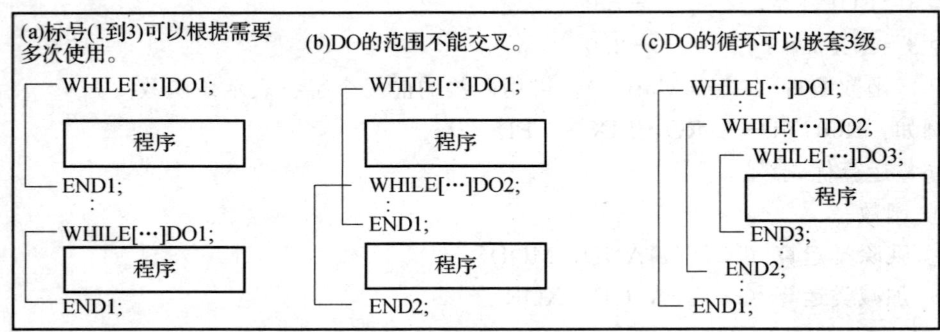

图 7-4

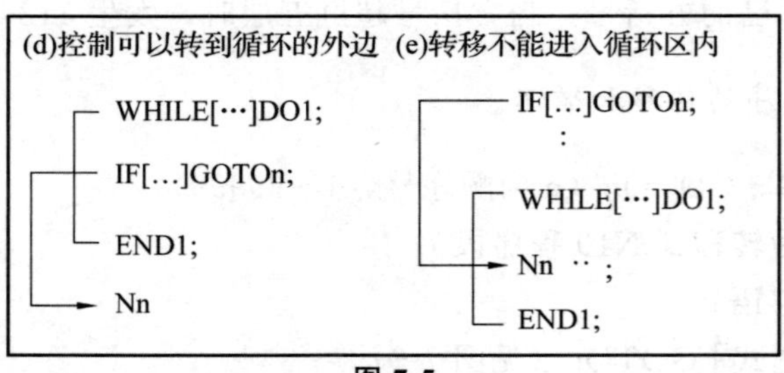

图 7-5

说明：

WHILE 语句对条件的处理与 IF 语句类似。

在 DO 和 END 后的数字是用于指定处理的范围（称循环体）的识别号，数字可用 1，2，3 表示。当使用 1，2，3 之外的数时，产生 126 号报警。

直接用宏变量编程运用实例

例如：求 1～10 的和。

方法一：

O9500；

＃1＝0；　清仓

＃2＝1；　初值

N1 IF［＃2 GT 10］GOTO2；　终值

＃1＝＃1＋＃2；　加法器

＃2＝＃2＋1；　增量值

GOTO1；　返回 1

N2 M30；　结束；

方法二：

O9501；

＃1＝0；　　清仓

＃2＝1；　　初值

WHILE［＃2 LE 10］DO1；　　终值

＃1＝＃1＋＃2；　加法器

＃2＝＃2＋1；　　增量值

END1；

M30；

(4) FANUC 宏程序的调用。

① 非模态调用 G65：格式：G65 Pp Ll <自变量指定>。

其中 p：要调用的程序号

L：调用次数（默认为 1）

自变量：数据传递到宏程序

例如：G65　P8000　L2　A10. B2.；

调用 2 次程序号 8000，经自变量 A 传递到宏程序＃1＝10；自变量 B 传递到宏程序＃2＝2。

变量的赋值（对应）关系Ⅰ见表 7-4。

表 7-4　变量的赋值（对应）关系Ⅰ

程序中的地址	在宏程序体中的变量	程序中的地址	在宏程序体中的变量
A	＃1	Q	＃17
B	＃2	R	＃18
C	＃3	S	＃19
D	＃7	T	＃20
E	＃8	U	＃21
F	＃9	V	＃22
H	＃11	W	＃23
I	＃4	X	＃24
J	＃5	Y	＃25
K	＃6	Z	＃26
M	＃13		

根据使用的字母，CNC 系统自动地决定自变量指定的类型。

地址不需要按字母顺序指定。但应符合字地址的格式。

但是，I，J 和 K 需要按字母顺序指定。

变量的赋值（对应）关系Ⅱ见表 7-5。

表 7-5 变量的赋值（对应）关系Ⅱ

程序中的地址	在宏程序体中的变量	程序中的地址	在宏程序体中的变量	程序中的地址	在宏程序体中的变量
A	＃1	J4	＃14	K8	＃27
B	＃2	K4	＃15	I9	＃28
C	＃3	I5	＃16	J9	＃29
I1	＃4	J5	＃17	K9	＃30
J1	＃5	K5	＃18	I10	＃31
K1	＃6	I6	＃19	J10	＃32
I2	＃7	J6	＃20	K10	＃33
J2	＃8	K6	＃21		
K2	＃9	I7	＃22		
I3	＃10	J7	＃23		
J3	＃11	K7	＃24		
K3	＃12	I8	＃25		
I4	＃13	J8	＃26		

如果自变量指定Ⅰ和自变量指定Ⅱ混合指定的话，后指定的自变量类型有效。

② 模态调用（G66）：G66 Pp Ll ＜自变量指定＞。

程序点

G67；（取消模态）

例：G66　P8000　L2　A10．B2．；

G00 G90 Z－10.

X－5.

G67

一旦发出 G66 则指定模态调用，即指定沿移动轴移动的程序段后调用宏程序。移动到 Z－10，调用 2 次程序号 8000，移动到 X－5，再调用 2 次程序号 8000。如图 7-6 所示。

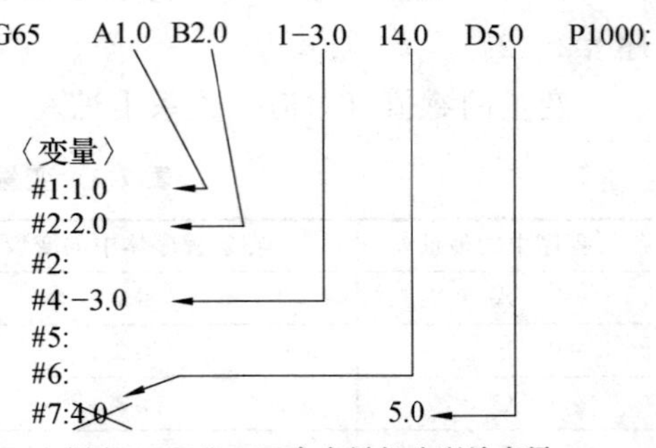

图 7-6　指定模态调用

三、 宏程序运用实例

两种方法：直接使用宏程序变量编程；把图形用宏程序编程为可调用子程序，用宏指令调用并付初值。

例题 1：椭圆编程，（见图 7-7）

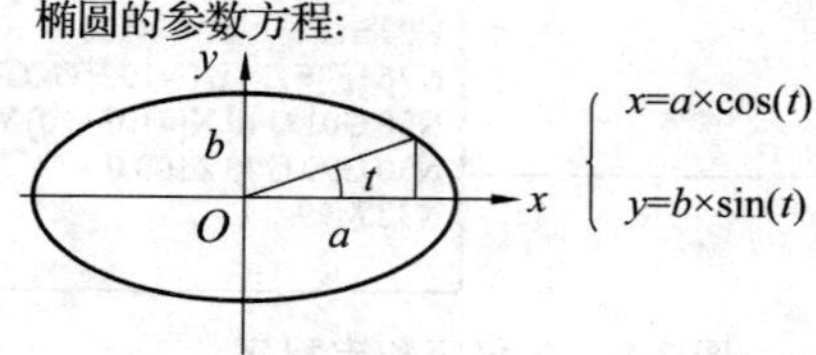

图 7-7　椭圆编程

方法 1：直接使用宏程序变量编程（见图 7-8）

```
O0001
N2＃100＝1          角度步长
N4＃101＝0          初始角度
N6＃102＝361        终止角度
N8＃103＝45         长半轴
N10＃104＝25        短半轴
N12＃105＝－10.0    深度
N13G90G00X［＃103＋20］Y0Z100.0   刀具运行到（65，0，100）的位置
N14S1000M03
N15G01Z［＃105］F1000.0           刀具下到－10mm
N16＃114＝＃101                    赋初始值
N18＃112＝＃103＊COS［＃114］      计算 X 坐标值
N20＃113＝＃104＊SIN［＃114］      计算 Y 坐标值
N22G01G42X［ROUND［＃112］］Y［ROUND［＃113］］D02F500.0；走到第一点并运行一个步长
N24＃114＝＃114＋＃100             变量＃114 增加一个角度步长
N26IF［＃114LT＃102］GOTO18        条件判断＃114 是否小于 361，满足则返回 18
N28G01G40X［＃103＋20］Y0          取消刀具补偿，回到（65，0）
N30G90G00Z100.0M05                 快速抬刀
N32M30                             程序结束
```

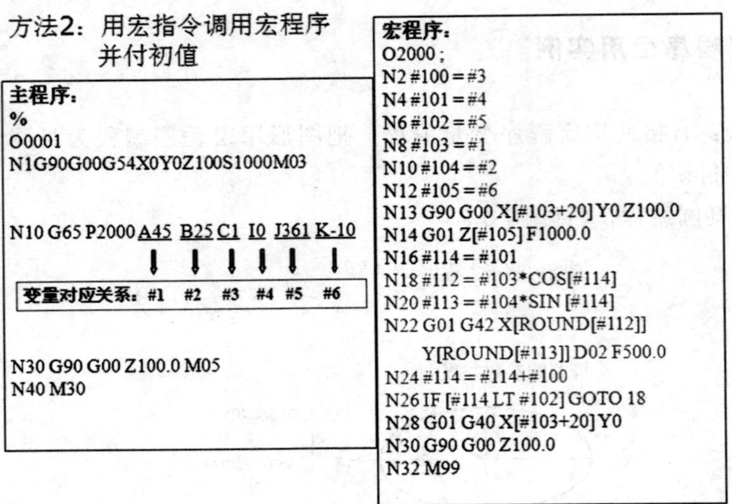

图 7-8　主程序和宏程序

例题 2　精车抛物线编程（见图 7-9）。

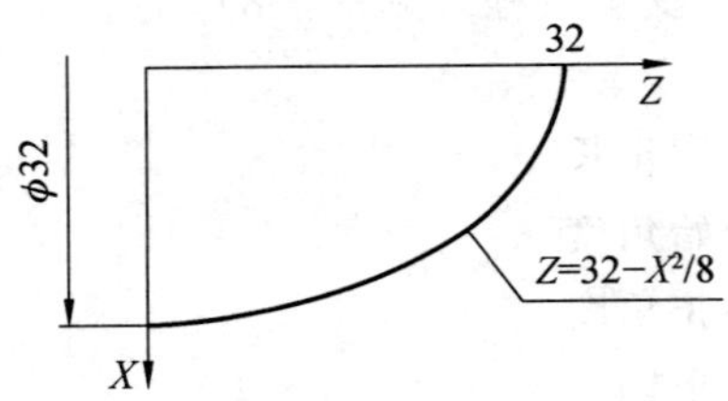

图 7-9　精车抛物线编程

```
00001
＃10＝0；X 坐标（直径值）＊初值
＃11＝0；Z 坐标
T0101
M03 S600
G00 X0 Z34
WHILE ＃10 LE 32   DO1       ＊终值
G90   G01 X ［＃10］ Z ［＃11］ F100
＃10＝＃10＋0.32                     ＊增量值
＃9＝＃10/2；求出 X 坐标的半径值，便于求解＃11
＃11＝32－［＃9＊＃9/8］
END1
G00 X80 Z100
M05
M30
```

参考文献

[1] 夏凤芳. 数控机床 [M]. 北京：高等教育出版社，2005.

[2] 虞建中. 模具制造工艺 [M]. 北京：人民邮电出版社，2008.

[3] 顾京. 数控加工编程及操作 [M]. 北京：高等教育出版社，2008.

[4] 董建国，王凌云. 数控编程与加工技术 [M]. 长沙：中南大学出版社，2006.

[5] 申晓龙. 数控加工技术 [M]. 北京：冶金工业出版社，2008.

[6] 姬彦巧. CAXA 制造工程师 2008 与 CAXA 数控车 [M]. 北京：化学工业出版社，2010.

[7] 沈寿林. CAXA 线切割 V2 实用教程 [M]. 北京：机械工业出版社，2002.

[8] 骏毅科技，郑英华. Cimatron E8.0 中文版数控编程加工入门一点通 [M]. 北京：清华大学出版社，2007.